Teubner-Ingenieurmathematik

Burg/Haf/Wille
Höhere Mathematik für Ingenieure
Band 1: Analysis
717 Seiten. DM 44,—
Band 2: Lineare Algebra
448 Seiten. DM 42,—
Band 3: Gewöhnliche Differentialgleichungen, Distributionen,
Integraltransformationen
394 Seiten. DM 38,—
Band 4: Vektoranalysis und Funktionentheorie
ca. 280 Seiten. ca. DM 38,—

Dorninger/Müller
Allgemeine Algebra und Anwendungen
324 Seiten. DM 48,—

v. Finckenstein
Grundkurs Mathematik für Ingenieure
448 Seiten. DM 42,—

Heuser/Wolf
Algebra, Funktionalanalysis und Codierung
168 Seiten. DM 34,—

Kamke
Differentialgleichungen
Lösungsmethoden und Lösungen
Band 1: Gewöhnliche Differentialgleichungen
694 Seiten. DM 78,—
Band 2: Partielle Differentialgleichungen erster Ordnung
für eine gesuchte Funktion
265 Seiten. DM 58,—

Krabs
Einführung in die lineare und nichtlineare
Optimierung für Ingenieure
232 Seiten. DM 36,—

Schwarz
Numerische Mathematik
496 Seiten. DM 46,—

Preisänderungen vorbehalten

 B. G. Teubner Stuttgart

Statistik-Praktikum mit dem PC

Von Dr. rer. nat. Lothar Afflerbach
Technische Hochschule Darmstadt

Mit zahlreichen Abbildungen

 B. G. Teubner Stuttgart 1987

Dr. rer. nat. Lothar Afflerbach

Geboren 1952 in Feudingen. Studium der Mathematik an der Universität Marburg. Wiss. Mitarbeiter an den Universitäten Marburg und Regensburg sowie an der Technischen Hochschule Darmstadt. 1978 Diplom in Marburg, 1983 Promotion in Darmstadt. Seit 1985 Hochschulassistent am Fachbereich Mathematik der Technischen Hochschule Darmstadt.

CIP-Kurztitelaufnahme der Deutschen Bibliothek

Afflerbach, Lothar:
Statistik-Praktikum mit dem PC / von
Lothar Afflerbach. — Stuttgart : Teubner,
1987
  (Teubner-Studienbücher : Mathematik)
   ISBN 978-3-519-02076-9   ISBN 978-3-322-92111-6 (eBook)
   DOI 10.1007/978-3-322-92111-6

Umschlaggestaltung: M. Koch, Reutlingen

Vorwort

Das vorliegende Buch entstand aus den Arbeitsunterlagen zu einem Statistik-Praktikum, das ich in den vergangenen Jahren mehrfach mit Studierenden der Fachrichtungen Mathematik, Informatik und Wirtschaftsinformatik sowie Studenten aus den natur- und ingenieurwissenschaftlichen Fachbereichen an der Technischen Hochschule Darmstadt durchgeführt habe. Das Praktikum wurde im zeitlichen Umfang von zwei Semesterwochenstunden vorlesungsbegleitend zur Statistik-Grundvorlesung, zu der das Teubner-Studienbuch *Lehn/Wegmann: Einführung in die Statistik* erschienen ist, veranstaltet. Mit den von mir speziell für das Praktikum entwickelten Rechen- und Graphikprogrammen arbeiteten die Studenten an den IBM Personal Computern des Hochschulrechenzentrums, um die in der Vorlesung erworbenen Kenntnisse zu vertiefen. Bei der ersten Durchführung des Praktikums mit den IBM PCs mußten die Praktikumsteilnehmer einfache Programme z.B. zur Berechnung von empirischen Lage- und Streuungsmaßzahlen oder zur Durchführung der einzelnen Tests schreiben. Einige der Teilnehmer kamen mit dem Programmieren sehr gut zurecht, andere jedoch hatten dabei so große Schwierigkeiten, daß die statistischen Verfahren z.T. in den Hintergrund gedrängt zu sein schienen. Diese Erfahrungen führten zu der vorliegenden Version des Praktikums, bei der keine Programmiersprachenkenntnisse von den Teilnehmern vorausgesetzt werden.

Das Statistik-Praktikum besteht aus 13 Einheiten zur Beschreibenden Statistik, Wahrscheinlichkeitstheorie und Schließenden Statistik. In zahlreichen Aufgaben (von unterschiedlichem Schwierigkeitsgrad) wird anhand realer Daten die sachgemäße Anwendung statistischer Verfahren und eine angemessene Beurteilung von Ergebnissen statistischer Untersuchungen geübt. Für die meisten Aufgaben werden die Lösungen bereits in den einzelnen Einheiten in Bemerkungen angegeben und diskutiert. Von besonderer Bedeutung sind die Illustrationen durch rechnererzeugte Graphiken (Histogramme, Punktediagramme, Stabdiagramme bzw. Dichten von Zufallsvariablen, Approximationen von Verteilungen usw.). Bei der Durchführung des Praktikums mit den PCs kann durch einfache Eingabe von Parameterwerten eine Vielzahl solcher Graphiken erstellt werden, wobei die Parameter (in gewissen Grenzen) beliebig variiert werden können. Diese Illustrationen mit rechnererzeugten Graphiken sollen dazu beitragen, *"das richtige Gefühl"* für den Umgang mit statistischen Verfahren zu vermitteln.

Die einzelnen Einheiten des Praktikums sind so konzipiert, daß sie vorlesungsbegleitend zur *Einführung in die Statistik* bearbeitet werden können. Für jede Einheit ist eine Bearbeitungszeit von ca. 1 bis $1^1/_2$ Stunden anzusetzen. Die für die jeweiligen statistischen Untersuchungen benötigten Verfahren, Formeln, Sätze und Bezeichnungen werden in diesem Buch zu Beginn jeder Einheit kurz dargestellt. Die Einheiten behandeln jeweils recht klar abgegrenzte Themenbereiche, so daß ggf. einzelne Einheiten herausgegriffen werden können. Dadurch läßt sich das Praktikum

zu verschiedenen Statistik-Grundvorlesungen auch z.B. in geisteswissenschaftlichen
Fachbereichen einsetzen. Da das vorliegende Buch neben den im Praktikum behandelten Aufgaben und entsprechenden Lösungsvorschlägen auch viele Abbildungen von
rechnererzeugten Graphiken enthält, ist es mit gewissen Einschränkungen auch möglich, anhand dieses Buches das Statistik-Praktikum ohne Personal Computer durchzuführen. Jedoch findet erst mit den zu diesem Praktikum erhältlichen Programmdisketten das Statistik-Praktikum seine eigentliche Bestimmung.

In einem Seminar, das ich gemeinsam mit Herrn Dipl.-Math. H. Grothe beim Zentrum
für Graphische Datenverarbeitung (ZGDV) in Darmstadt durchgeführt habe, zeigte
sich, daß das Statistik-Praktikum auch zur Auffrischung und Vertiefung statistischer Grundkenntnisse für mit statistischen Untersuchungen im Studium oder Beruf
beschäftigten Personen gut geeignet ist.

Für die freundliche Genehmigung, bei meinem Praktikum die 1975 im McGraw-Hill
Verlag veröffentlichten *StatLab*-Daten verwenden zu dürfen, danke ich dem McGraw-Hill Verlag. Den Herren Professor Dr. J. Lehn und Professor Dr. H. Wegmann sowie
Kollegen und Praktikumsteilnehmern danke ich vielmals für Anregungen und Verbesserungsvorschläge. Herr Dipl.-Math. K. Wenzel war mir bei der Programmierung
einiger Einheiten behilflich; dafür danke ich ihm herzlich. Dem Fachbereich Lehre
und Forschung der Firma IBM gilt mein besonderer Dank dafür, daß mir für die
Entwicklung des Statistik-Praktikums ein Leih-PC zur Verfügung gestellt wurde.

Darmstadt, im Sommer 1987   Lothar Afflerbach

Inhalt

EINHEIT 1: Daten einer Population

In dieser Einheit wollen wir uns mit den Daten einer Population beschäftigen. Dabei wollen wir verschiedene Merkmale betrachten. Doch zunächst eine kurze Zusammenstellung der benötigten Definitionen und Bezeichnungen:

Bei einer statistischen Untersuchung, bei der von Personen oder Dingen Eigenschaften oder Sachverhalte (z.B. durch Befragung oder Messung) in Erfahrung gebracht werden, bezeichnet man die einzelnen Personen oder Dinge als Beobachtungseinheiten und deren Gesamtheit als Beobachtungsmenge. Die Eigenschaften oder Sachverhalte heißen (Beobachtungs-) Merkmale. Die Ergebnisse, die bei der Beobachtung eines Merkmals auftreten können, heißen Merkmalsausprägungen. Es werden folgende vier Typen von Merkmalen unterschieden:

Qualitative Merkmale haben als Merkmalsausprägungen gewisse qualitative Eigenschaften der betreffenden Beobachtungseinheiten, wobei diese Eigenschaften nicht sinnvoll in eine Rangordnung gebracht werden können, selbst wenn die Merkmalsausprägungen durch Zahlen verschlüsselt sind. Bei diesen Merkmalen sind Vergleiche wie 'besser/schlechter' oder 'größer/kleiner' sowie Durchschnittswerte nicht sinnvoll.

Rangmerkmale haben (qualitative) Merkmalsausprägungen, die sinnvolle Vergleiche wie 'besser/schlechter' oder 'größer/kleiner' zulassen, jedoch ist bei zahlenmäßiger Verschlüsselung die Differenz der Zahlenwerte nicht sinnvoll als Maß für den Grad der 'Verbesserung/Verschlechterung' oder 'Vergrößerung/Verkleinerung' interpretierbar. Dadurch ist die Betrachtung von Durchschnittswerten hierbei zumindest sehr problematisch.

Quantitativ-diskrete Merkmale haben als (quantitative) Merkmalsausprägungen nur bestimmte auf der Zahlengeraden getrennt liegende Zahlenwerte (z.B. nur die ganzen Zahlen).

Quantitativ-stetige Merkmale haben als Merkmalsausprägungen ein Intervall der Zahlengeraden, d.h. daß (zumindest theoretisch) jeder Wert eines Intervalls als Ausprägung möglich ist. Obwohl es sich selbst bei Längenmessungen, ja bei Messungen generell, streng genommen – bedingt durch die Meßgenauigkeit – auch um quantiativ-diskrete Merkmale handelt, ist es doch sinnvoll, sie als quantitativ-stetige Merkmale zu betrachten.

Trotz zahlreicher Anfragen bei statistischen Ämtern konnten leider keine für die in diesem Praktikum vorgesehenen statistischen Untersuchungen geeigneten Daten von z.B. Körpergrößen, Gewicht, Ausbildung, Beruf, Einkommen usw. mit den hierzulande üblichen Bezeichnungen und Maßeinheiten beschafft werden.

Eine recht umfangreiche Sammlung von Daten amerikanischer Familien findet man in HODGES/KRECH/CRUTCHFIELD: StatLab, An Empirical Introduction to Statistics (McGraw-Hill, New York 1975). Die dort betrachtete StatLab-Population besteht aus 1296 ausgewählten Familien aus dem Großraum der Bucht von San Francisco. Bei diesen Familien wurde zwischen dem 1. April 1961 und dem 15. April 1963 ein Kind im Kaiser Foundation Hospital, Oakland, Californien geboren. Von der Familie wurden 32 medizinische, physiologische bzw. sozialwissenschaftliche Daten von Vater, Mutter und Kind zusammengestellt. Über weitere Kinder der Familie sind keine Angaben gemacht. Die Familien wurden so ausgewählt, daß 648 der betrachteten Kinder Mädchen und 648 Jungen sind. Die Gesamtzahl 1296 = 6·6·6·6 wurde so gewählt, daß für eine Stichprobe eine Familie leicht 'ausgewürfelt' werden kann. Die Gesamtheit der 32·1296 Daten der StatLab-Population wird StatLab-Census genannt.

Wir wollen nun die Daten dieser StatLab-Population etwas genauer betrachten. Die 1296 Familien sind so mit Identifikationsnummern (ID-Nummern) versehen, daß bei den Familien mit ID-Nummer 1 bis 648 das betrachtete Kind ein Mädchen bzw. mit ID-Nummer 649 bis 1296 das betrachtete Kind ein Junge ist.

Von den 32 Merkmalen, die in dem anfangs zitierten StatLab-Buch zu jeder Familie betrachtet werden, sind hier 28 herausgegriffen. Davon beziehen sich 9 auf das Kind, 9 auf die Mutter, 8 auf den Vater und 2 auf die Familie. Dabei wird jeweils unterschieden, ob die Daten zur Zeit der Geburt des Kindes (Geburt) oder 10 Jahre später (Test) ermittelt wurden.

Die Körpergröße ist jeweils in inch (ca. 2.54 cm), das Gewicht in amerikanischen Pfund (ca. 454 g) und das Familieneinkommen in 100 $ pro Jahr angegeben. Die Zahlen beim Peabody- und Raven-Test sind Ergebnisse von zwei Intelligenz-Tests, dem Peabody-Picture-Vocabulary-Test, der die geistigen Fähigkeiten in bezug auf Sprachgewandtheit prüft, und dem Raven-Test, der die geistigen Fähigkeiten in geometrischer Anschauung und räumlichem Vorstellungsvermögen prüft. Diese beiden Tests wurden bei den Kindern der StatLab-Population im Alter von 10 Jahren (Test) durchgeführt. Das Rauchverhalten, die Schulausbildung und der Beruf der Mutter bzw. des Vaters sind verschlüsselt dargestellt. (Die Berufsbezeichnungen im StatLab-Census lassen sich z.T. nur annähernd durch deutsche Berufsbezeichnungen wiedergegeben.)

Für die verschlüsselten Daten sind in der folgenden Tabelle die entsprechenden Kodierungen zusammengestellt.

■■■ (Vgl. Abb. 1.1.)

Zunächst wollen wir für einige der 28 herausgegriffenen Merkmale den jeweiligen Merkmalstyp ermitteln. Dazu können Sie in der folgenden Abbildung nochmals die Tabelle mit den Kodierungen betrachten.

```
───────────────────────────── K O D I E R U N G E N ─────────────────────────────
Kodierung für das Rauchverhalten von Mutter und Vater:
N (never)  ≈ nie Zigaretten geraucht
Q (quit)   ≈ Zigarettenrauchen eingestellt
01 - 99    ≈ Zahl der pro Tag gerauchten Zigaretten

Kodierung für die Schulausbildung von Mutter und Vater:
0 ≈ weniger als 8 Klassen
1 ≈ 8 bis 12 Klassen
2 ≈ Abitur
3 ≈ Hochschulausbildung ohne Abschluß
4 ≈ Hochschulausbildung mit Abschluß

Kodierung für die Berufe von Mutter und Vater;
Beruf der Mutter:                              Beruf des Vaters:
0 ≈ Hausfrau                                   0 ≈ Akademiker
1 ≈ Büroangestellte/Stenotypistin             1 ≈ Lehrer
2 ≈ Verkäuferin                                2 ≈ Manager/Beamter
3 ≈ Lehrerin                                   3 ≈ Selbständiger
4 ≈ Akademikerin/Leitende Angestellte          4 ≈ Verkäufer
5 ≈ Dienstleistungsgewerbe                     5 ≈ Büroangestellter
                                               6 ≈ Facharbeiter/Unternehmer
7 ≈ Fabrikarbeiterin                           7 ≈ Arbeiter
8 ≈ Alles andere                               8 ≈ Dienstleistungsgewerbe
──────────────── Leertaste drücken zur Fortsetzung ────────────────
```

Abbildung 1.1

Aufgabe 1.1:

Bestimmen Sie jeweils den Merkmalstyp der folgenden Merkmale.

a) Alter der Mutter

b) Gewicht der Mutter

c) Schulausbildung der Mutter

d) Beruf der Mutter

e) Rauchverhalten der Mutter

f) Körpergröße der Mutter

■ (Vgl. Abb. 1.1.)

Bemerkung 1.1:

Zur Bestimmung der Merkmalstypen lassen sich folgende Feststellungen machen:

a) Das Alter der Mutter ist ein quantitativ-stetiges Merkmal bzw. ein quantitativ-diskretes, wenn – wie hier – nur volle Lebensjahre betrachtet werden.

b) Das Gewicht der Mutter ist ein quantitativ-stetiges Merkmal, auch wenn dies – bedingt durch die Meßgenauigkeit – nur in diskreten Werten angegeben wird.

c) Die Schulausbildung der Mutter ist ein Rangmerkmal, da sich die qualitativen Merkmalsausprägungen in eine sinnvolle Rangordnung bringen lassen (z.B. wie die Zahlen der Kodierung).

d) Der Beruf der Mutter ist ein qualitatives Merkmal, bei dem keine sinnvolle Rangordnung der Merkmalsausprägungen vorliegt.

e) Das Rauchverhalten der Mutter ist ein qualitatives Merkmal. Die (verschlüsselten) Merkmalsausprägungen 'Q' und '01' lassen sich schlecht vergleichen.
Werden jedoch 'N' und 'Q' durch '00' ersetzt, so erhält man ein quantitativ-
diskretes Merkmal.

f) Die Körpergröße der Mutter ist, wie das Gewicht, ein quantitativ-stetiges
Merkmal (vgl. b)).

In den folgenden Abbildungen wird ein kleiner Ausschnitt aus dem StatLab-Census
dargestellt. Von 33 Familien sind die Daten zu den 28 ausgewählten Merkmalen
abrufbar. Durch Betätigung der Tasten + bzw. - werden die Daten der jeweils
nächsten 5 Familien angezeigt. Durch die Betätigung der Taste K kann die zuvor
angegebene Tabelle mit den Kodierungen (Rauchen, Schule, Beruf) eingeblendet
werden.

Aufgabe 1.2:

Untersuchen Sie die nachfolgend dargestellten Daten der 33 Familien auf Besonderheiten.

a) Was fällt Ihnen bei den Altersangaben der Mütter auf?

b) Was fällt Ihnen bei den Angaben zum Rauchverhalten der Familie mit ID-Nummer
8 auf? Gibt es weitere Familien mit ähnlichen Angaben? Wie lassen sich solche Angaben erklären?

ID-Nummer der Familie (1 - 1296)	1	2	3	4	5
KIND Geburt — Größe (inch)	20.0	20.0	19.8	19.5	19.5
Gewicht (amer. Pfund)	6.6	6.4	6.1	7.0	7.9
Monat-Wochentag-Stunde	3-4- 4	5-7-13	6-2- 4	10-2-19	8-7- 2
Test — Größe (inch)	55.7	48.9	54.9	53.6	53.4
Gewicht (amer. Pfund)	85	59	70	88	68
Peabody-, - Raven-Test	85-34	74-34	64-25	87-43	87-40
MUTTER Geburt — Alter (Jahre)	17	17	18	18	18
Gewicht (amer. Pfund)	119	130	134	135	130
Beruf (kodiert)	0	0	0	1	0
Rauchen (kodiert)	Q	20	10	06	N
Test — Größe (inch)	66.0	62.8	66.1	61.8	62.8
Gewicht (amer. Pfund)	130	159	138	123	146
Schule-Beruf (kodiert)	1-1	3-1	2-0	2-0	2-8
Rauchen (kodiert)	20	10	Q	N	N
VATER Geburt — Alter (Jahre)	19	23	21	26	21
Beruf (kodiert)	8	6	0	5	6
Rauchen (kodiert)	10	11	20	20	N
Test — Größe (inch)	70.1	65.0	70.0	71.8	68.0
Gewicht (amer. Pfund)	171	130	175	196	163
Schule-Beruf (kodiert)	3-8	1-6	2-6	3-2	2-6
Rauchen (kodiert)	10	20	Q	N	N
Familieneinkommen Geb.-Test (100 $)	33-150	40-175	44-116	42-112	50-129
ID erhöhen mit +, erniedrigen mit -, (k Kodes), Fortsetzung mit Leertaste					

Abbildung 1.2

ID-Nummer der Familie (1 - 1296)			6	7	8	9	10
K I N D	Geburt	Größe (inch)	22.0	21.0	20.5	21.5	20.5
		Gewicht (amer. Pfund)	9.5	7.1	6.4	8.2	7.6
		Monat-Wochentag-Stunde	11-6-12	12-7- 8	4-2-18	12-1-10	7-4- 8
	Test	Größe (inch)	59.9	53.1	52.2	56.8	53.8
		Gewicht (amer. Pfund)	93	72	84	68	76
		Peabody-, - Raven-Test	83-37	81-33	74-37	72-21	64-31
M U T T E R	Geburt	Alter (Jahre)	18	18	18	18	18
		Gewicht (amer. Pfund)	104	145	102	128	145
		Beruf (kodiert)	0	0	0	0	0
		Rauchen (kodiert)	N	N	04	06	N
	Test	Größe (inch)	63.4	65.4	62.3	65.4	66.4
		Gewicht (amer. Pfund)	116	220	120	141	184
		Schule-Beruf (kodiert)	2-1	2-0	2-0	3-0	2-2
		Rauchen (kodiert)	N	N	N	N	N
V A T E R	Geburt	Alter (Jahre)	17	23	20	23	28
		Beruf (kodiert)	6	6	0	7	8
		Rauchen (kodiert)	20	20	20	10	20
	Test	Größe (inch)	74.0	68.1	72.0	71.0	75.0
		Gewicht (amer. Pfund)	180	173	150	150	235
		Schule-Beruf (kodiert)	3-0	2-6	3-8	2-7	3-4
		Rauchen (kodiert)	22	20	N	10	20
Familieneinkommen Geb.-Test (100 $)			0-214	55-142	38-120	34-104	48-194

ID erhöhen mit +, erniedrigen mit -, (k Kodes), Fortsetzung mit Leertaste

Abbildung 1.3

ID-Nummer der Familie (1 - 1296)			11	12	13	14	15
K I N D	Geburt	Größe (inch)	19.0	21.0	19.0	20.0	20.0
		Gewicht (amer. Pfund)	5.4	8.1	6.4	6.4	6.9
		Monat-Wochentag-Stunde	12-2-20	1-1- 2	5-3- 4	5-1-11	12-5-24
	Test	Größe (inch)	49.0	51.9	55.7	53.4	50.3
		Gewicht (amer. Pfund)	51	59	78	73	60
		Peabody-, - Raven-Test	72-29	87-38	72-19	78-27	77-35
M U T T E R	Geburt	Alter (Jahre)	18	18	19	19	19
		Gewicht (amer. Pfund)	99	100	145	112	120
		Beruf (kodiert)	0	0	0	0	2
		Rauchen (kodiert)	30	04	20	N	06
	Test	Größe (inch)	64.8	66.9	65.6	63.6	65.4
		Gewicht (amer. Pfund)	107	114	151	123	143
		Schule-Beruf (kodiert)	1-0	2-0	1-0	2-5	2-1
		Rauchen (kodiert)	Q	10	30	N	N
V A T E R	Geburt	Alter (Jahre)	22	23	24	22	23
		Beruf (kodiert)	6	6	2	6	4
		Rauchen (kodiert)	20	20	30	30	09
	Test	Größe (inch)	70.0	72.8	74.0	71.0	65.0
		Gewicht (amer. Pfund)	145	197	204	220	150
		Schule-Beruf (kodiert)	3-5	3-7	2-0	3-6	2-4
		Rauchen (kodiert)	Q	20	Q	50	22
Familieneinkommen Geb.-Test (100 $)			37-140	36-170	46-125	50-170	67-176

ID erhöhen mit +, erniedrigen mit -, (k Kodes), Fortsetzung mit Leertaste

Abbildung 1.4

ID-Nummer der Familie (1 - 1296)	16	17	...	642	643
K ⎤ Geburt ⎰ Größe (inch)	21.8	20.0		18.0	22.0
I ⎟ ⎱ Gewicht (amer. Pfund)	7.9	6.9		5.9	10.6
⎟ Monat-Wochentag-Stunde	9-1- 2	3-4-19		9-5-16	3-2-10
N ⎟ Test ⎰ Größe (inch)	55.8	55.2	...	53.6	56.3
D ⎦ ⎱ Gewicht (amer. Pfund)	70	78		66	77
Peabody-, - Raven-Test	75-29	71-25		68-36	69-21
M ⎤ Alter (Jahre)	19	19		43	43
U ⎟ Geburt ⎰ Gewicht (amer. Pfund)	115	117		133	132
T ⎟ ⎱ Beruf (kodiert)	1	0		0	0
⎟ Rauchen (kodiert)	Q	01		30	N
T ⎟ Test ⎰ Größe (inch)	63.3	63.7	...	63.4	65.6
E ⎟ ⎱ Gewicht (amer. Pfund)	150	149		128	141
R ⎦ Schule-Beruf (kodiert)	2-0	2-0		1-0	1-0
Rauchen (kodiert)	Q	Q		N	N
V ⎤ Alter (Jahre)	20	25		38	39
A ⎟ Geburt ⎰ Beruf (kodiert)	8	8		8	0
⎟ ⎱ Rauchen (kodiert)	N	N		20	N
T ⎟ Test ⎰ Größe (inch)	69.0	69.0	...	70.5	72.0
E ⎟ ⎱ Gewicht (amer. Pfund)	180	170		158	185
R ⎦ Schule-Beruf (kodiert)	3-3	3-7		1-8	2-0
Rauchen (kodiert)	Q	N		40	N
Familieneinkommen Geb.-Test (100 $)	92- 96	39- 84		60- 86	96-150
ID erhöhen mit +, erniedrigen mit -, (k Kodes), Fortsetzung mit Leertaste					

Abbildung 1.5

ID-Nummer der Familie (1 - 1296)	644	645	646	647	648
K ⎤ Geburt ⎰ Größe (inch)	20.0	20.0	21.3	21.0	18.0
I ⎟ ⎱ Gewicht (amer. Pfund)	7.8	7.8	9.1	8.3	6.4
⎟ Monat-Wochentag-Stunde	9-5-14	12-3-15	3-6- 1	5-3-14	9-3-24
N ⎟ Test ⎰ Größe (inch)	59.2	49.9	55.9	47.8	52.0
D ⎦ ⎱ Gewicht (amer. Pfund)	111	55	85	55	66
Peabody-, - Raven-Test	80-14	100-16	70-40	80-19	80-27
M ⎤ Alter (Jahre)	44	44	44	45	46
U ⎟ Geburt ⎰ Gewicht (amer. Pfund)	150	114	150	148	125
T ⎟ ⎱ Beruf (kodiert)	5	0	0	0	2
⎟ Rauchen (kodiert)	05	Q	N	N	N
T ⎟ Test ⎰ Größe (inch)	61.3	63.9	67.4	60.1	62.4
E ⎟ ⎱ Gewicht (amer. Pfund)	180	126	181	147	144
R ⎦ Schule-Beruf (kodiert)	2-5	2-0	4-0	2-2	2-3
Rauchen (kodiert)	06	Q	N	N	N
V ⎤ Alter (Jahre)	42	52	44	46	46
A ⎟ Geburt ⎰ Beruf (kodiert)	0	6	0	4	3
⎟ ⎱ Rauchen (kodiert)	24	Q	N	20	20
T ⎟ Test ⎰ Größe (inch)	66.0	67.0	69.5	63.0	66.0
E ⎟ ⎱ Gewicht (amer. Pfund)	155	137	188	150	160
R ⎦ Schule-Beruf (kodiert)	1-5	3-6	4-3	2-4	0-3
Rauchen (kodiert)	20	Q	N	Q	20
Familieneinkommen Geb.-Test (100 $)	80-100	50- 70	150-190	68-138	72-300
ID erhöhen mit +, erniedrigen mit -, (k Kodes), Fortsetzung mit Leertaste					

Abbildung 1.6

ID-Nummer der Familie	(1 - 1296)	649	650	651	652	653
K Geburt	Größe (inch)	20.0	19.7	21.0	20.5	19.5
I	Gewicht (amer. Pfund)	5.7	6.3	7.7	7.8	6.3
	Monat-Wochentag-Stunde	11-7-15	6-7- 1	12-5-10	4-5-17	9-4-18
N Test	Größe (inch)	54.7	54.3	52.4	50.9	51.1
D	Gewicht (amer. Pfund)	94	89	66	59	56
	Peabody-, - Raven-Test	64-27	64-35	71-28	77-43	74-22
	Alter (Jahre)	15	17	17	17	17
M	Gewicht (amer. Pfund)	125	125	140	112	130
U Geburt	Beruf (kodiert)	0	8	0	0	0
T	Rauchen (kodiert)	Q	N	N	N	Q
T	Größe (inch)	66.0	63.1	64.0	62.0	64.4
E Test	Gewicht (amer. Pfund)	135	157	212	125	146
R	Schule-Beruf (kodiert)	3-5	2-0	1-0	2-0	1-0
	Rauchen (kodiert)	N	N	15	N	N
	Alter (Jahre)	21	20	21	21	27
V Geburt	Beruf (kodiert)	6	6	6	4	7
A	Rauchen (kodiert)	N	N	Q	10	N
T	Größe (inch)	70.0	69.0	65.5	68.3	66.0
E Test	Gewicht (amer. Pfund)	170	157	151	148	128
R	Schule-Beruf (kodiert)	3-5	2-6	2-7	2-6	0-6
	Rauchen (kodiert)	N	N	20	Q	N
Familieneinkommen Geb.-Test (100 $)		22-103	37- 99	44-120	48-144	45- 47
ID erhöhen mit +, erniedrigen mit -, (k Kodes), Fortsetzung mit Leertaste						

Abbildung 1.7

ID-Nummer der Familie	(1 - 1296)	654	...	1294	1295	1296
K Geburt	Größe (inch)	20.5		20.0	19.8	22.5
I	Gewicht (amer. Pfund)	7.6		6.1	7.3	8.9
	Monat-Wochentag-Stunde	6-5- 7		3-4- 7	5-5-15	1-5-10
N Test	Größe (inch)	55.1	...	52.6	54.4	58.2
D	Gewicht (amer. Pfund)	63		65	66	110
	Peabody-, - Raven-Test	92-49		83-30	91-40	64-16
	Alter (Jahre)	18		43	44	45
M	Gewicht (amer. Pfund)	149		116	157	172
U Geburt	Beruf (kodiert)	0		0	0	0
T	Rauchen (kodiert)	Q		20	N	20
T	Größe (inch)	66.9	...	64.0	63.1	68.2
E Test	Gewicht (amer. Pfund)	133		131	175	193
R	Schule-Beruf (kodiert)	1-0		2-0	4-0	3-5
	Rauchen (kodiert)	06		20	N	N
	Alter (Jahre)	25		52	45	51
V Geburt	Beruf (kodiert)	8		3	6	8
A	Rauchen (kodiert)	N		03	27	N
T	Größe (inch)	72.0	...	68.0	71.8	68.4
E Test	Gewicht (amer. Pfund)	180		139	210	217
R	Schule-Beruf (kodiert)	3-3		4-3	2-6	2-7
	Rauchen (kodiert)	N		20	Q	N
Familieneinkommen Geb.-Test (100 $)		42- 96		175-175	47-105	96-121
ID erhöhen mit +, erniedrigen mit -, (k Kodes), Fortsetzung mit Leertaste						

Abbildung 1.8

Bemerkung 1.2:

a) Wie man aus den dargestellten Daten der 33 StatLab-Familien erkennen kann,
sind die Familien mit ID-Nummer 1 bis 648 bzw. 649 bis 1296 offensichtlich
jeweils nach dem Alter der Mutter sortiert.

b) Bei einigen Müttern und Vätern widersprechen sich die beiden Angaben (bei
Geburt und Test) zu Ihrem Rauchverhalten. Von den 33 herausgegriffenen Stat-
Lab-Familien sind außer bei der Familie mit ID-Nummer 8 auch bei der Familie
mit der ID-Nummer 4 sowie bei einigen Müttern (z.B. mit ID-Nummer 9, 15,
642,...) die Angaben zu ihren Rauchgewohnheiten offensichtlich falsch. Es
kann viele Gründe dafür geben, daß jemand bei der Geburt des Kindes z.B. angibt, etwa 6 Zigaretten täglich zu rauchen, und zehn Jahre später behauptet,
niemals geraucht zu haben. Ein Grund dafür kann z.B. Vergeßlichkeit sein.
Vielleicht haben auch einige der Mütter und Väter nur zur Zeit der ersten
Befragung kurzfristig geraucht und sehen dies zehn Jahre später als so nich-
tig an, daß sie angeben, nie geraucht zu haben.

Wir wollen nun bei den Daten der 33 herausgegriffenen Familien die Angaben bei
den Körpergrößen etwas genauer betrachten.

Aufgabe 1.3:

Untersuchen Sie die Genauigkeit der Angaben bei den Körpergrößen der 33 Familien.

a) Halten Sie die Körpergrößen der Väter für (auf 0.1 inch) genau angegeben?

b) Wie beurteilen Sie die Genauigkeit der Angaben zur Körpergröße der Babys,
Kinder, Mütter bzw. Väter?

c) Wie läßt sich die unterschiedliche Genauigkeit bei den Angaben der Körpergrößen erklären?

■■■   (Vgl. Abb. 1.2–1.8.)

Bevor wir auf die Beantwortung der Fragen von Aufgabe 1.3 eingehen, wollen wir
bei den jeweils 33 Werten für die Körpergrößen der Väter, Mütter, Kinder und
Babys jeweils die Häufigkeiten der Ziffern 0 bis 9 als Endziffer (Ziffer nach
dem Dezimalpunkt) ermitteln.

Zur Ermittlung dieser Häufigkeiten erstellen wir für die Endziffern bei den Daten der Körpergrößen der Väter, Mütter, Kinder und Babys jeweils eine 'Strich-
liste'.

Prüfen Sie, ob diese Ergebnisse Anlaß geben, Ihre Antworten zu Aufgabe 1.3 zu
überdenken!

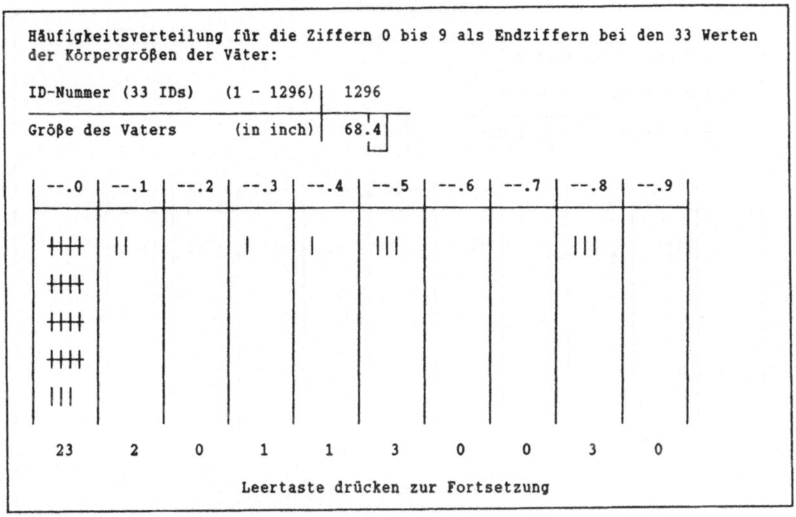

Häufigkeitsverteilung für die Ziffern 0 bis 9 als Endziffern bei den 33 Werten
der Körpergrößen der Väter:

ID-Nummer (33 IDs)   (1 - 1296) | 1296

Größe des Vaters   (in inch) | 68.4

--.0	--.1	--.2	--.3	--.4	--.5	--.6	--.7	--.8	--.9
23	2	0	1	1	3	0	0	3	0

Leertaste drücken zur Fortsetzung

Abbildung 1.9

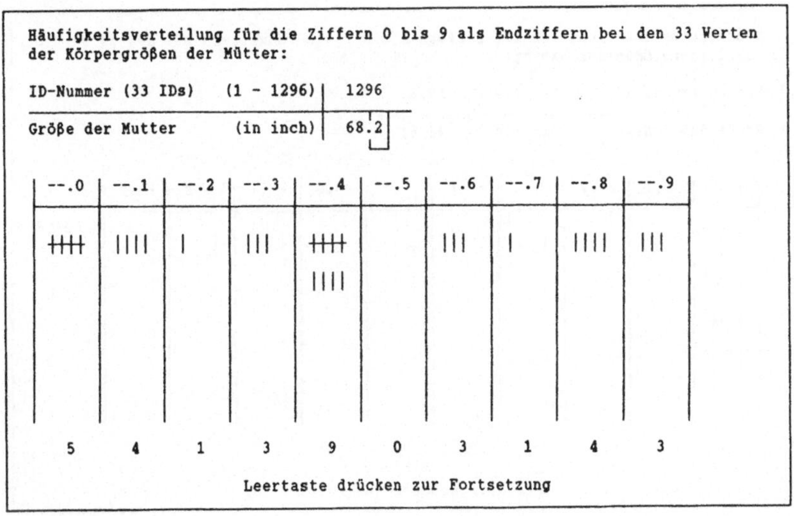

Häufigkeitsverteilung für die Ziffern 0 bis 9 als Endziffern bei den 33 Werten
der Körpergrößen der Mütter:

ID-Nummer (33 IDs)   (1 - 1296) | 1296

Größe der Mutter   (in inch) | 68.2

--.0	--.1	--.2	--.3	--.4	--.5	--.6	--.7	--.8	--.9
5	4	1	3	9	0	3	1	4	3

Leertaste drücken zur Fortsetzung

Abbildung 1.10

```
Häufigkeitsverteilung für die Ziffern 0 bis 9 als Endziffern bei den 33 Werten
der Körpergrößen der Kinder:

ID-Nummer (33 IDs)     (1 - 1296)| 1296
                                 |
Größe des Kindes       (in inch) | 58.2


 --.0 |  --.1 |  --.2 |  --.3 |  --.4 |  --.5 |  --.6 |  --.7 |  --.8 |  --.9

  ||     |||     ||||    |||     ||||            |||      |||     ||||    ++++
                                                                          ||



  2      3       4       3       4       0       3       3       4       7
                     Leertaste drücken zur Fortsetzung
```

Abbildung 1.11

```
Häufigkeitsverteilung für die Ziffern 0 bis 9 als Endziffern bei den 33 Werten
der Körpergrößen der Babys:

ID-Nummer (33 IDs)     (1 - 1296)| 1296
                                 |
Größe des Babys        (in inch) | 22.5


 --.0 |  --.1 |  --.2 |  --.3 |  --.4 |  --.5 |  --.6 |  --.7 |  --.8 |  --.9

 ++++                     |              ++++             |      |||
 ++++                                    ||||
 ++++
 ||||


  19     0       0       1       0       9       0       1       3       0
                     Leertaste drücken zur Fortsetzung
```

Abbildung 1.12

Bemerkung 1.3:

Da das menschliche Wachstum kontinuierlich geschieht und nicht in 'Sprüngen'
von einem inch (ca. 2.54 cm) sollte bei genau angegebenen Körpergrößen die Ziffer nach dem Dezimalpunkt mit etwa derselben Häufigkeit die 10 möglichen Werte
annehmen. Aufgrund dieser Feststellung können aus den vorher erstellten Strichlisten folgende Vermutungen gezogen werden:

a) Die Körpergrößen der Väter sind meist nur in ganzen inch (also auf ca. 2.54
   cm genau) angegeben; sie sind wohl nicht sehr genau.

b) Die Körpergrößen der Kinder und Mütter scheinen recht genau angegeben zu
   sein. Die Körpergrößen der Babys sind wohl weniger genau.

c) Die Körpergrößen der Kinder und Mütter beruhen offensichtlich auf Messungen
   in der Klinik. Die Körpergrößen der Babys konnten wohl nicht besonders genau
   gemessen werden. Bei den Vätern beruhen die Angaben zu der Körpergröße mög-
   licherweise nicht auf genauen Messungen, sondern eher auf persönlichen
   Schätzungen.

Die eben geäußerten Vermutungen über die Genauigkeit der Angaben können (mit
neuen Daten) z.B. mit dem Chi-Quadrat-Anpassungstest genauer überprüft werden
(vgl. Einheit 11).

Zum Abschluß dieser Einheit stehen Ihnen nochmals die Daten der 28 ausgewählten
Merkmale für die 33 Familien zur Verfügung, damit Sie sich noch etwas näher mit
den Daten vertraut machen können.

Sie können wieder mit + und − die ID-Nummern variieren. Nach Betätigung der
Taste K wird die Tabelle mit den Kodierungen zwischendurch eingeblendet.

■■ (Vgl. Abb. 1.2−1.8.)

EINHEIT 2: Darstellung von Meßreihen

In dieser Einheit wollen wir uns mit der graphischen Darstellung von Daten sowie der Ermittlung von statistischen Maßzahlen beschäftigen. Doch zunächst eine kurze Zusammenstellung der benötigten Definitionen und Bezeichnungen:

*Werden bei n Beobachtungseinheiten für ein Merkmal die (nicht notwendig verschiedenen) Beobachtungsergebnisse $x_1,...,x_n$ (in dieser Reihenfolge) festgestellt, so spricht man von einer **Meßreihe** $x_1,...,x_n$, die z.T. auch als **Stichprobe** vom Umfang n bezeichnet wird (ein Beobachtungsergebnis x_j heißt auch Meßwert). Zur graphischen Darstellung von Meßreihen werden hier quantitative Merkmale zugrunde gelegt.*

*Bei einem **quantitativ-diskreten** Merkmal stellt man zunächst für alle Merkmalsausprägungen zwischen dem kleinsten und dem größten Meßwert fest, wie oft diese in der betrachteten Meßreihe vorkommen. Diese **absoluten Häufigkeiten** werden dann durch die Anzahl n der Meßwerte dividiert, um die entsprechenden **relativen Häufigkeiten** zu erhalten. Als **Stabdiagramm** bezeichnet man eine Abbildung, bei der für die auf der Abszissenachse eingetragenen Merkmalsausprägungen die relative Häufigkeiten durch Stäbe dargestellt sind, deren Höhe der relativen Häufigkeit entspricht.*

*Bei einem **quantitativ-stetigen** Merkmal legt man zunächst eine Klasseneinteilung für die Merkmalsausprägungen fest. (Aufgrund beschränkter Meßgenauigkeit ist i.a. in natürlicher Weise eine Klasseneinteilung der Meßwerte gegeben.) Als **Klassen** dieser Klasseneinteilung werden hier links offene und rechts abgeschlossene Intervalle zugrunde gelegt. Aus der Anzahl der Meßwerte, die in einem bestimmten Intervall liegen, wird vermittels Division durch n die relative **Klassenhäufigkeit** bestimmt. In einem **Histogramm** wird die relative Klassenhäufigkeit durch ein Rechteck über dem betreffenden Intervall dargestellt, wobei die Höhe des Rechtsecks die relative Klassenhäufigkeit angibt.*

*Werden bei den n Beobachtungseinheiten zwei Merkmale betrachtet, so erhält man eine zweidimensionale Meßreihe $(x_1,y_1),...,(x_n,y_n)$. Zur graphischen Darstellung dieser Meßreihe kann man die n Paare von Meßwerten als Punkte in ein Koordinatensystem einzeichnen, wobei auf der Abszisse jeweils die erste und auf der Ordinate die zweite Komponente der Punkte abgetragen ist. Diese Darstellung wird **Punktediagramm** und die Menge der eingezeichneten Punkte **Punktewolke** genannt.*

Bei mehr als zwei Merkmalen erhält man entsprechend eine mehrdimensionale Meßreihe, die sich in einem zweidimensionalen Punktediagramm darstellen läßt, wenn man die dritte, vierte, usw. Komponenten der Meßwerte in der Form des eingezeichneten 'Punktes' wiedergibt; z.B. kann man anstelle eines Punktes eine Ellipse einzeichnen, deren Größe durch die dritte und vierte Komponente des betreffenden vierdimensionalen Meßwertes bestimmt wird.

Bei der Beschreibung der graphischen Darstellungen sind folgende Bezeichnungen von Interesse: Eine Funktion $f : \mathbb{R} \longrightarrow \mathbb{R}$ heißt symmetrisch zu $a \varepsilon \mathbb{R}$, falls $f(a+x) = f(a-x)$ für alle $x \varepsilon \mathbb{R}$ gilt. Eine Funktion, die einen Graphen besitzt, der linksseitig stark ansteigt und rechts flacher abfällt, wird rechtsschief genannt; im umgekehrten Fall spricht man von einer Linksschiefe.

Für eine knappe Beschreibung einer Meßreihe $x_1, \ldots, x_n$ sind statistische Lage- und Streuungsmaßzahlen von Interesse. $\bar{x} = \frac{1}{n} \cdot (x_1 + \ldots + x_n)$ heißt arithmetisches **Mittel** *oder* **empirischer Mittelwert.** *Ordnet man die Meßwerte $x_1, \ldots, x_n$ der Größe nach, so heißt die entstehende Meßreihe $x_{(1)}, \ldots, x_{(n)}$ mit $x_{(1)} \leq \ldots \leq x_{(n)}$ die* **zugehörige geordnete Meßreihe.** *Die Differenz $x_{(n)} - x_{(1)}$ zwischen dem größtem und dem kleinsten Wert heißt* **Spannweite.** *Für eine reelle Zahl p mit $0 < p < 1$ ist das* **p-Quantil** *x_p gleich $x_{(np)}$, falls $n \cdot p$ ganzzahlig ist, anderenfalls ist x_p gleich $x_{([np+1])}$, wobei $[a]$ für $a \varepsilon \mathbb{R}$ die größte ganze Zahl kleiner oder gleich a ist. Der* **Median** *$\tilde{x}$ ist das 0.5-Quantil $x_{0.5}$. Die Quantile $x_{0.25}$ und $x_{0.75}$ heißen* **erstes** *bzw.* **drittes Quartil;** *die Differenz $x_{0.75} - x_{0.25}$ wird* **Quartilabstand** *genannt.*

Die oben angegebenen speziellen Quantile einer Meßreihe werden bei der graphischen Darstellung der Meßreihe in einem Boxplot benötigt. Wie der Name bereits andeutet, besteht ein Boxplot im wesentlichen aus einem Kasten. Das erste Quartil gibt den linken und das dritte Quartil den rechten Rand des Kastens an. (Die Höhe des Kastens wird unabhängig von der Meßreihe konstant gehalten.) An der Stelle des Medians wird eine vertikale Linie in den Kasten eingezeichnet. Wenn der Abstand des kleinsten Meßwertes vom ersten Quartil nicht größer ist als der 1.5-fache Quartilabstand, wird links an den Kasten eine Linie bis zum kleinsten Meßwert gezeichnet; anderenfalls wird die Linie nur bis zur Länge des 1.5-fachen Quartilabstandes gezeichnet. Der kleinste Meßwert wird dann durch einen Punkt markiert; auch die anderen 'Ausreißer', die außerhalb der Linie liegen, werden markiert (vgl. Skizze). Analog wird auf der rechten Seite des Kastens eine entsprechende Linie und ggf. Ausreißer eingezeichnet.

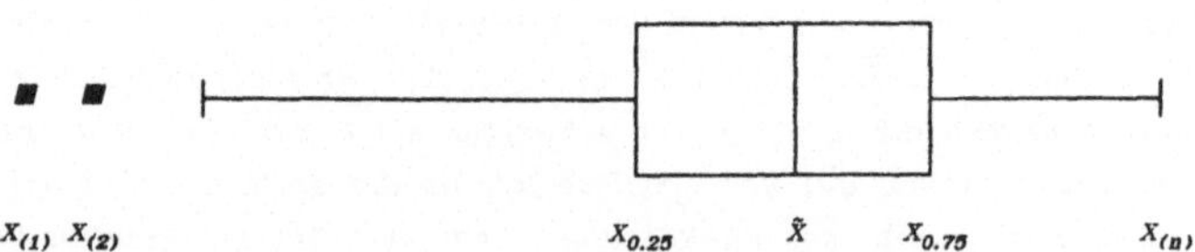

Skizze zur Boxplot-Methode

Wie man an der Skizze erkennen kann, werden in einem Boxplot wichtige Lage- und Streuungsmaßzahlen recht übersichtlich graphisch dargestellt.

In der ersten Einheit haben wir bei der Betrachtung der Daten von 33 herausgegriffenen StatLab-Familien u.a. die jeweiligen Häufigkeiten der Ziffern 0 bis 9
als Endziffern (Ziffer nach dem Dezimalpunkt) bei den Körpergrößen ermittelt.
Für die Körpergrößen der Väter und der Kinder wollen wir nun die erhaltenen Ergebnisse in Stabdiagrammen graphisch darstellen. Dazu sind hier die bei den 33
Vätern und 33 Kindern ermittelten absoluten Häufigkeiten nochmals angegeben:

Endziffer	0	1	2	3	4	5	6	7	8	9
abs. Häufigkeit bei den Vätern	23	2	0	1	1	3	0	0	3	0
abs. Häufigkeit bei den Kindern	2	3	4	3	4	0	3	3	4	7

Aufgabe 2.1:

Erstellen Sie zu den angegebenen Häufigkeiten der Endziffern jeweils ein Stabdiagramm für die beiden Meßreihen.

Bemerkung 2.1:

Zum Erstellen der beiden Stabdiagramme müssen zunächst die absoluten Häufigkeiten vermittels einer Division durch 33 (Anzahl der Meßwerte) in die zugehörigen
relativen Häufigkeiten umgerechnet werden. Vergleichen Sie Ihre Berechnungen zu
Aufgabe 2.1 mit den folgenden Werten der relativen Häufigkeiten, die auf drei
Stellen nach dem Dezimalpunkt gerundet sind.

Körpergrößen der Väter:

Endziffer	0	1	2	3	4	5	6	7	8	9
abs. Häufigkeit	23	2	0	1	1	3	0	0	3	0
rel. Häufigkeit	0.697	0.061	0.000	0.030	0.030	0.091	0.000	0.000	0.091	0.000

Körpergrößen der Kinder:

Endziffer	0	1	2	3	4	5	6	7	8	9
abs. Häufigkeit	2	3	4	3	4	0	3	3	4	7
rel. Häufigkeit	0.061	0.091	0.121	0.091	0.121	0.000	0.091	0.091	0.121	0.212

Damit erhält man die in der nachfolgenden Abbildung dargestellten Stabdiagramme.

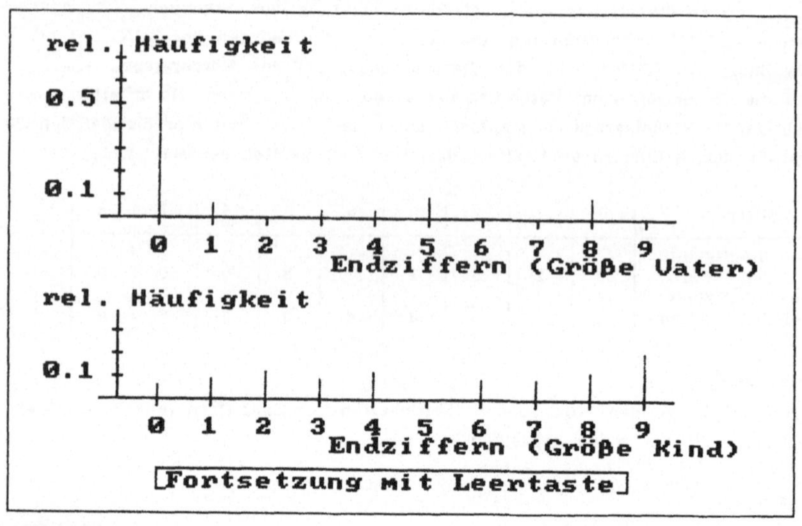

Abbildung 2.1

Bisher haben wir bei den Körpergrößen die Ziffer nach dem Dezimalpunkt als (quantitativ-) diskretes Merkmal (mit den 10 Merkmalsausprägungen 0,1,2,...,9) betrachtet. Die Körpergröße selbst ist ein (quantitativ-) stetiges Merkmal (vgl. Einheit 1).

Wir wollen nun Meßwerte eines solchen quantitativ-stetigen Merkmals durch Histogramme graphisch darstellen. Dazu betrachten wir die Körpergröße der Mutter als Merkmal.

Aus den 1296 Müttern der StatLab-Population wurden 50 zufällig ausgewählt und deren Körpergrößen in inch in eine Datei geschrieben.

Hier sind die 50 Werte der Größe nach geordnet:

59.9	60.3	61.3	62.0	62.3	62.3	62.6	62.8	62.8	63.1
63.3	63.5	63.5	63.7	63.9	64.0	64.0	64.1	64.1	64.2
64.3	64.6	64.7	65.0	65.0	65.2	65.3	65.3	65.3	65.3
65.5	65.9	65.9	66.0	66.0	66.0	66.0	66.2	66.6	66.9
67.0	67.1	67.2	67.3	67.9	68.3	68.3	68.9	69.0	69.1

Aufgabe 2.2:

Stellen Sie diese Meßreihe graphisch dar.

a) Wählen Sie eine geeignete Klasseneinteilung.

b) Erstellen Sie ein Histogramm zu dieser Meßreihe.

Zu der betrachteten Meßreihe der 50 Körpergrößen können Sie durch Angabe der Klassenbreite vom Rechner weitere Histogramme mit äquidistanter Klasseneinteilung erstellen lassen. Sie können die Klassenbreite zwischen 0.05 und 6.0 variieren. Die Klasseneinteilung beginnt stets an der Stelle 59. Die letzte eingezeichnete Klasse endet bei der jeweils rechts unten stehenden Zahl. Die Klassen sind links offen und rechts abgeschlossen. Es wird jeweils die relative Klassenhäufigkeit durch ein Rechteck mit der entsprechenden Höhe dargestellt.

Aufgabe 2.3:

Lassen Sie insbesondere zu den 3 Klassenbreiten 0.2, 1 und 5 jeweils ein Histogramm erstellen, und wählen Sie in den angegebenen Schranken weitere Klasseneinteilungen.

a) Schätzen Sie den empirischen Mittelwert der Meßreihe. Welche Klasseneinteilung ist für die Schätzung gut geeignet? Wie beurteilen Sie nachträglich Ihre Wahl der Klasseneinteilung bei dem selbst gezeichneten Histogramm?

b) Wie muß die Klassenbreite modifiziert werden, um ein Histogramm zu rechts offenen, links abgeschlosssenen Klassen darzustellen?

Geben Sie die Klassenbreite und dann ↵ ein (zwischen 0.05 und 6.0):

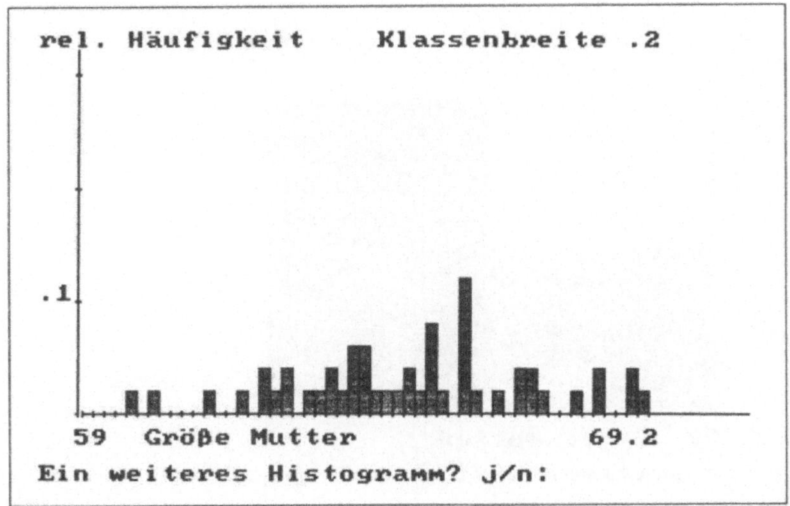

Abbildung 2.2

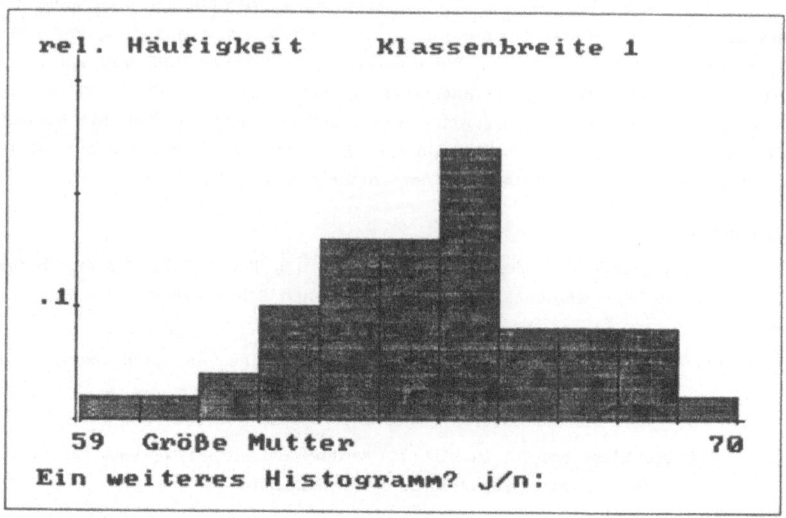

Abbildung 2.3

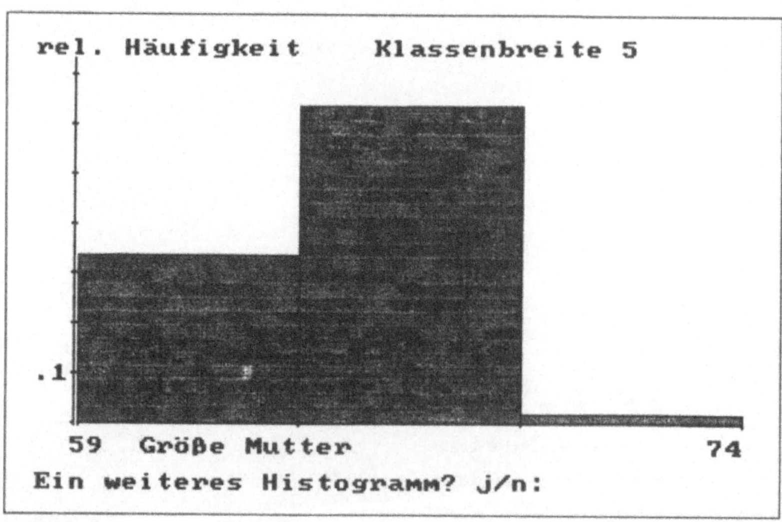

Abbildung 2.4

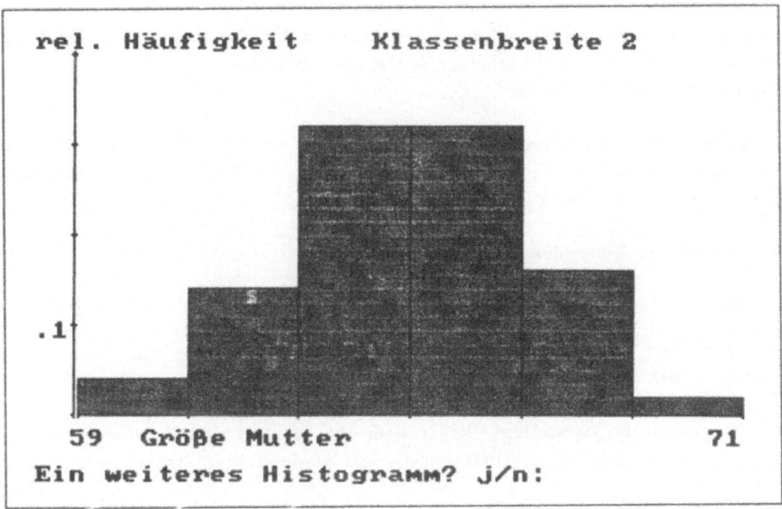

Abbildung 2.5

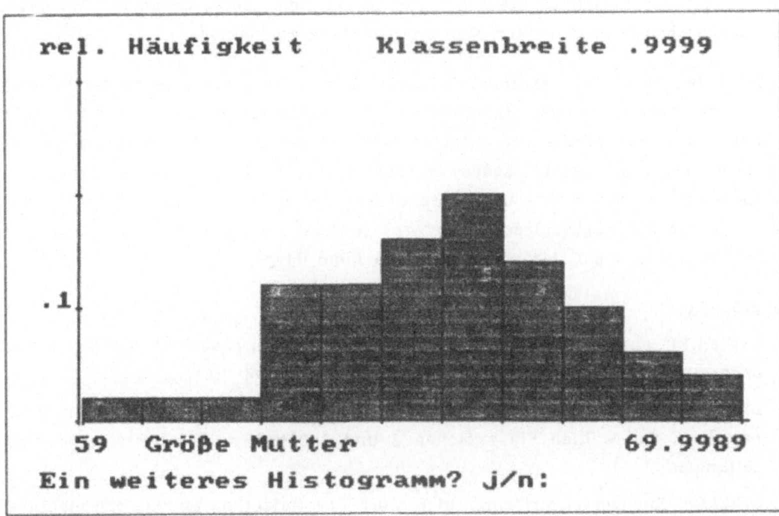

Abbildung 2.6

Bemerkung 2.2:

Durch die Summierung aller Meßwerte und Division durch die Anzahl 50 erhält man den Wert 64.976 als arithmetisches Mittel der Meßreihe. Vergleichen Sie diesen Wert mit Ihrer Schätzung aus Aufgabe 2.3.

Wir wollen nun das Jahreseinkommen der StatLab-Familien betrachten. Aus den 1296 Familien der StatLab-Population wurden 40 zufällig ausgewählt und deren Jahreseinkommen in 100 \$ in eine Datei geschrieben.

Hier sind die 40 Werte der Größe nach geordnet:

44	70	83	84	87	90	100	100	100	108
110	110	112	114	120	120	135	140	145	146
146	147	150	150	164	180	188	192	192	200
200	202	211	220	224	230	240	247	250	300

Für die graphische Darstellung dieser Meßreihe steht Ihnen wieder ein Graphik-Programm zur Verfügung, das Histogramme mit äquidistanter Klasseneinteilung erstellt.

Aufgabe 2.4:

Wählen Sie eine geeignete Klassenbreite, um aus dem entsprechenden Histogramm den empirischen Mittelwert der Meßreihe schätzen zu können.

Zu der Meßreihe der 40 Familieneinkommen können Sie durch Angabe der Klassenbreite vom Rechner wieder Histogramme mit äquidistanter Klasseneinteilung erstellen lassen. Sie können die Klassenbreite zwischen 2 und 200 variieren. Die Klasseneinteilung beginnt stets an der Stelle 0. Die letzte eingezeichnete Klasse endet bei der rechts unten stehenden Zahl. Die Klassen sind wieder links offen und rechts abgeschlossen. Es wird jeweils die relative Klassenhäufigkeit durch ein Rechteck mit der entsprechenden Höhe dargestellt.

Aufgabe 2.5:

a) Lassen Sie ein Histogramm mit der von Ihnen (in Aufgabe 2.4) gewählten Klassenbreite erstellen (sofern diese zwischen 2 und 200 liegt).

b) Lassen Sie auch zu den 3 Klassenbreiten 8, 40 und 80 jeweils ein Histogramm erstellen, und wählen Sie zwischen 2 und 200 ggf. noch weitere Klasseneinteilungen.

c) Schätzen Sie den empirischen Mittelwert der Meßreihe. Welche Klasseneinteilung ist für die Schätzung gut geeignet?

Geben Sie die Klassenbreite und dann ↵ ein (zwischen 2 und 200):

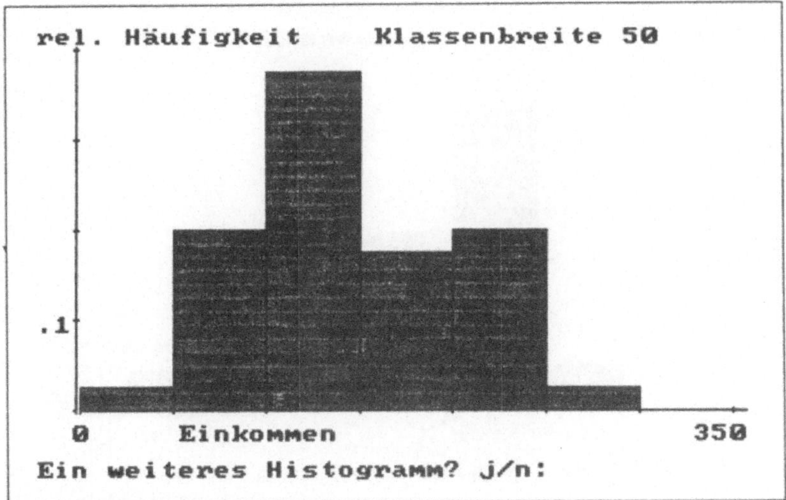

Abbildung 2.7

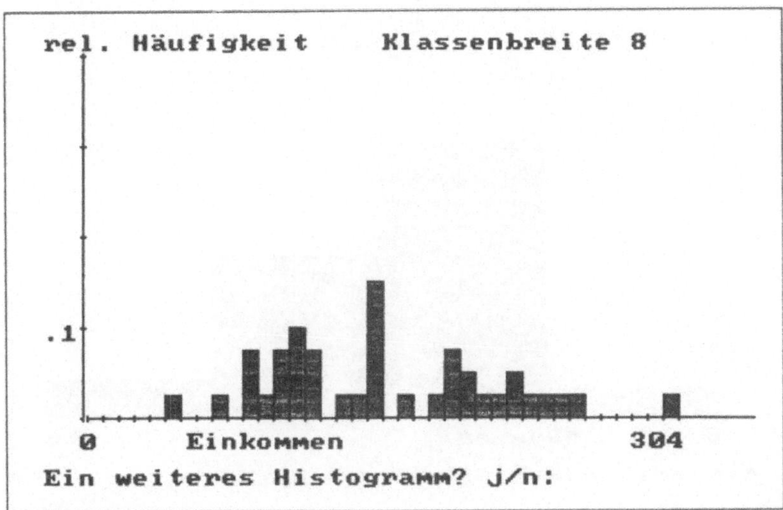

Abbildung 2.8

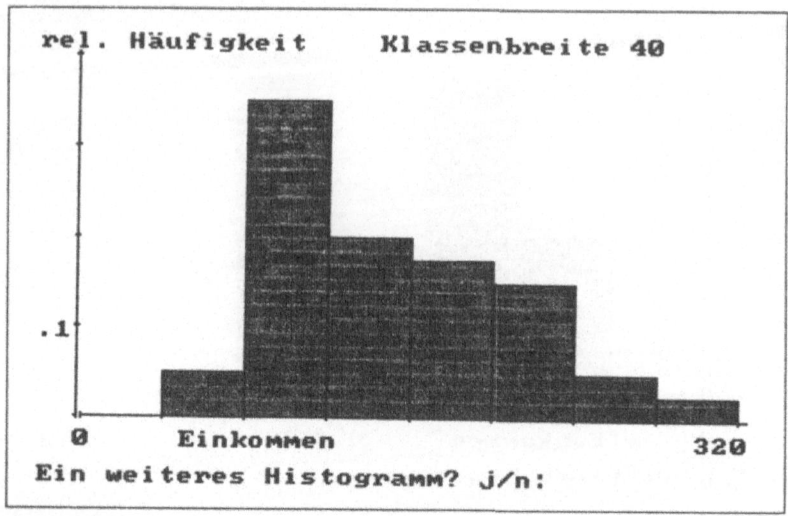

Abbildung 2.9

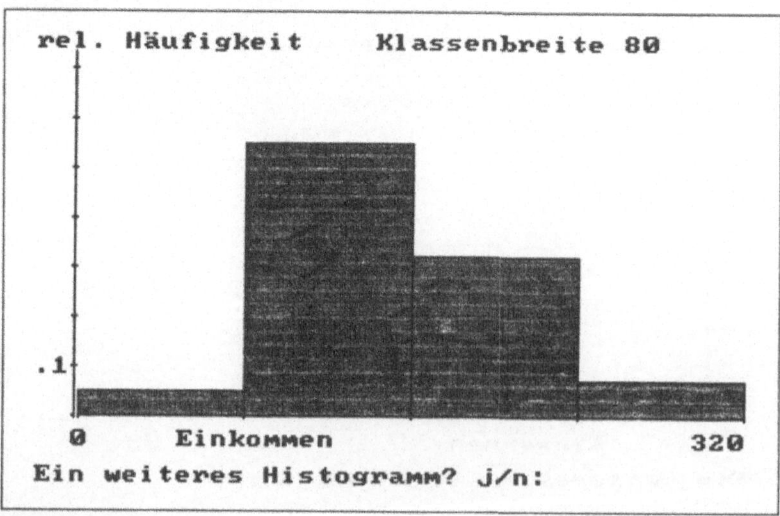

Abbildung 2.10

Bemerkung 2.3:

Durch die Summierung aller Meßwerte und Division durch die Anzahl 40 erhält man
den Wert 153.775 als arithmetisches Mittel der Meßreihe. Vergleichen Sie diesen
Wert mit Ihrer Schätzung aus Aufgabe 2.5.

Für die folgende Aufgabe können Sie durch die Eingabe von G (für die Größe der
Mutter) bzw. E (für Einkommen) auswählen, für welche der beiden vorher betrachteten Meßreihen das nächste Histogramm erstellt werden soll. Danach können Sie
dann jeweils die Klassenbreite auswählen.

Aufgabe 2.6:

Betrachten Sie nochmals einige Histogramme zu den beiden Meßreihen und beurteilen Sie diese nun in bezug auf Symmetrie, Schiefe und eventuelle Besonderheiten.

  G   eingeben für die erste Meßreihe (Größe Mutter),
  E   eingeben für die zweite Meßreihe (Einkommen),
     (danach jeweils Klassenbreite wählen)
  n   eingeben, falls kein weiteres Histogramm gewünscht

Mit welcher Meßreihe beginnen Sie ? G / E :

■ (Vgl. Abb. 2.2-2.6 und 2.7-2.10.)

Bemerkung 2.4:

Durch Variation der Klassenbreite der Histogramme kann man erkennen, daß die
Meßwerte der ersten Meßreihe (Größe Mutter) eher symmetrisch zum empirischen
Mittelwert liegen als dies bei den Werten der zweiten Meßreihe (Einkommen) der
Fall ist. Bei den Histogrammen für das Einkommen mit der Klassenbreite 40 bzw.
80 zeigt sich eine deutliche Rechtsschiefe. Die Histogramme für die Größen der
Mütter wirken bei den Klassenbreiten 2 und 0.9999 sehr symmetrisch; bei der
Klassenbreite 1 deutet das Histogramm auf eine leichte Linksschiefe.

Wir wollen nun die beiden gerade betrachteten Meßreihen mit einer weiteren
Methode graphisch darstellen.

Zum Zeichnen eines Boxplots einer Meßreihe wird der Median, das erste und
dritte Quartil sowie der kleinste und größte Meßwert benötigt. Daher wollen wir
zunächst diese statistischen Maßzahlen für die beiden Meßreihen bestimmen.

Hier sind nochmals die Körpergrößen der 50 zufällig ausgewählten Mütter der
StabLab-Population. Die Meßwerte sind der Größe nach geordnet:

59.9	60.3	61.3	62.0	62.3	62.3	62.6	62.8	62.8	63.1
63.3	63.5	63.5	63.7	63.9	64.0	64.0	64.1	64.1	64.2
64.3	64.6	64.7	65.0	65.0	65.2	65.3	65.3	65.3	65.3
65.5	65.9	65.9	66.0	66.0	66.0	66.0	66.2	66.6	66.9
67.0	67.1	67.2	67.3	67.9	68.3	68.3	68.9	69.0	69.1

Aufgabe 2.7:

Bestimmen Sie den Median, das erste und dritte Quartil sowie den Quartilabstand der obigen Meßreihe.

Median . . . . . :
1. Quartil . . :
3. Quartil . . :
Quartilabstand :
Geben Sie jeweils den Wert und dann ←⏎ ein.

Hier sind nochmals die Meßwerte für das Jahreseinkommen der 40 zufällig ausgewählten Familien der StabLab-Population. Die Meßwerte sind der Größe nach geordnet:

44	70	83	84	87	90	100	100	100	108
110	110	112	114	120	120	135	140	145	146
146	147	150	150	164	180	188	192	192	200
200	202	211	220	224	230	240	247	250	300

Aufgabe 2.8:

Bestimmen Sie den Median, das erste und dritte Quartil sowie den Quartilabstand der obigen Meßreihe.

Median . . . . . :
1. Quartil . . :
3. Quartil . . :
Quartilabstand :
Geben Sie jeweils den Wert und dann ←⏎ ein.

Bemerkung 2.5:

Für das Zeichnen der Boxplots der beiden Meßreihen werden nur die folgenden Werte benötigt:

Meßreihe	1 (Größe Mutter)	2 (Einkommen)
Median	65.0	146
1. Quartil	63.5	108
3. Quartil	66.2	200
Quartilabstand	2.7	92
kleinster Meßwert	59.9	44
größter Meßwert	69.1	300

Aufgabe 2.9:

Zeichnen Sie die zu den beiden Meßreihen gehörigen Boxplots.

Bemerkung 2.6:

Der Abstand des größten Meßwertes vom 3. Quartil und der Abstand des kleinsten Meßwertes vom 1. Quartil ist bei beiden Meßreihen kleiner als das 1.5-fache des Quartilabstandes. Es gibt also keine Ausreißer. Daher bestehen die beiden Boxplots jeweils nur aus einem Kasten vom ersten Quartil bis zum dritten Quartil mit eingezeichnetem Median und links angesetzter Linie zum kleinsten Meßwert sowie rechts angesetzter Linie zum größten Meßwert.

In der folgenden Abbildung sind die Boxplots zu den beiden Meßreihen dargestellt.

Aufgabe 2.10:

Vergleichen Sie die Boxplots der beiden Meßreihen mit den vorher betrachteten Histogrammen. Was sind jeweils die Vor- und Nachteile der beiden Methoden (Histogramm, Boxplot) zur Darstellung von Meßreihen?

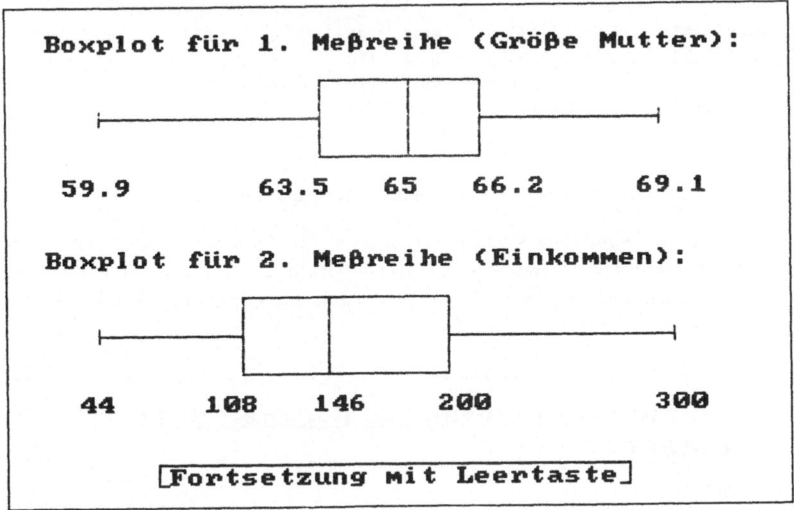

Abbildung 2.11

Bemerkung 2.7:

Die graphische Darstellung von Meßreihen durch Histogramme hat gegenüber der Darstellung durch Boxplots den Vorteil, durch Variation der Klassenbreite detailliertere Informationen erhalten zu können. Nachteilig ist dabei der größere Aufwand, der zur Erstellung eines Histogrammes bzw. mehrerer Histogramme mit verschiedenen Klassenbreiten nötig ist. Entsprechend liegt der Vorteil der graphischen Darstellung von Meßreihen durch Boxplots im geringeren Aufwand zur Erstellung eines Boxplots, da hierzu nur sehr wenige Werte der Meßreihe benötigt werden (Median, 1. und 3. Quartil, kleinster und größter Meßwert sowie ggf. Ausreißer). Diese Einschränkung ist natürlich etwas nachteilig in bezug auf die Fülle der Informationen. Diese Beschränkung auf gewisse wesentliche Informationen ist jedoch vorteilhaft bei der Bearbeitung vieler Meßreihen.

Speziell bei den zuvor betrachteten Boxplots zu den beiden Meßreihen sind insbesondere in bezug auf Symmetrie und Schiefe dieselben Feststellungen zu machen wie in Bemerkung 2.4 aufgrund der Betrachtung von Histogrammen.

Bisher haben wir uns mit der graphischen Darstellung von eindimensionalen Meßreihen beschäftigt. Wir wollen nun die Daten einer zweidimensionalen und einer vierdimensionalen Meßreihe graphisch darstellen.

Aus den 1296 Müttern der StatLab-Population wurden 20 zufällig ausgewählt und deren Körpergrößen in inch sowie deren Gewichte in amerikanischen Pfund beim Test (10 Jahre nach der Geburt des Kindes) zu Datenpaaren zusammengestellt; hier sind die 20 Datenpaare:

67.8	137	65.3	183	62.5	146	66.0	130	64.0	127
63.0	122	66.7	159	66.4	113	60.1	112	66.7	141
70.0	140	60.5	116	64.3	179	65.9	143	61.3	144
63.6	144	67.0	140	62.0	125	65.1	129	63.3	121

Aufgabe 2.11:

Erstellen Sie zu den obigen 20 Datenpaaren ein Punktediagramm.

In der folgenden Abbildung sind die Datenpaare von Körpergröße und Gewicht der 20 zufällig ausgewählten Mütter der StatLab-Population in einem Punktediagramm graphisch dargestellt. Vergleichen Sie Ihre Darstellung der Datenpaare mit dieser Abbildung.

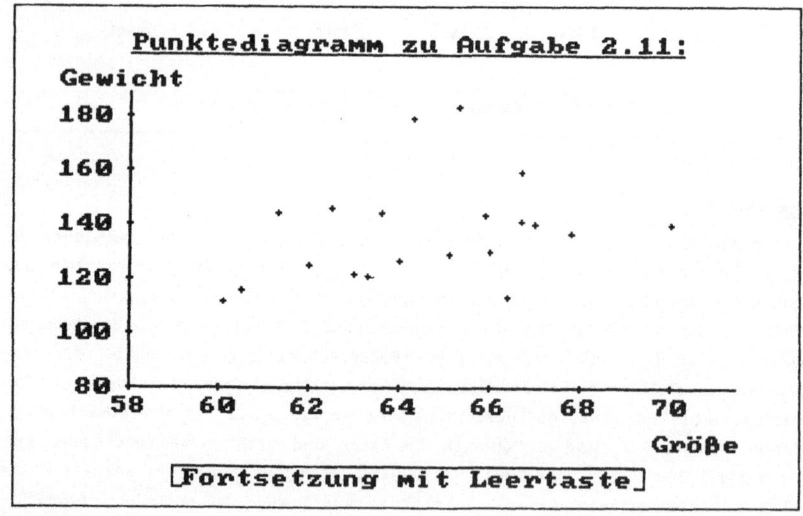

Abbildung 2.12

Wir wollen die Daten der zweidimensionalen Meßreihe in dieser Einheit nicht weiter analysieren. In der nächsten Einheit werden wir die Daten nochmals betrachten, wenn wir Zusammenhänge zwischen Merkmalen untersuchen.

Nun wollen wir eine vierdimensionale Meßreihe mit einem zweidimensionalen Punktediagramm darstellen, bei dem die einzelnen Punkte als Ellipsen eingezeichnet sind, wobei die Breite der Ellipse die dritte Komponente und die Höhe der Ellipse die vierte Komponente des vierdimensionalen Meßwertes wiedergibt. Durch die beiden ersten Komponenten wird das Zentrum der Ellipse festgelegt.

Aus den 1296 Müttern der StatLab-Population wurden 12 zufällig ausgewählt und deren Alter (in Jahren) und Gewichte (in amer. Pfund) bei der Geburt des Kindes sowie die Gewichte (in amer. Pfund) und Körpergrößen (in inch) dieser Mütter beim Test (10 Jahre später) zu Datenquadrupeln zusammengestellt. Hier sind die 12 Datenquadrupel:

22	172	145	65.8		39	105	118	58.9	38	109	107	59.6
35	140	167	65.3		39	151	175	69.4	20	118	125	63.4
28	135	150	66.8		25	93	104	60.6	36	144	144	61.1
32	126	126	66.7		30	120	122	63.8	24	98	106	62.0

Aufgabe 2.12:

Stellen Sie die obigen Werte der vierdimensionalen Meßreihe graphisch dar.

Es können auch noch mehr als vier Daten pro Person graphisch dargestellt werden. Dazu können die Ellipsen durch Sterne ersetzt werden. Die Längen der einzelnen Zacken der Sterne geben die Werte der entsprechenden Komponenten an. Dadurch stellt ein Stern z.B. 6 oder 7 Komponenten eines Daten-k-Tupels dar.

Mit Hilfe von anderen Methoden lassen sich pro Person noch viel mehr Daten darstellen (z.B. mit Gesichtern bis zu 36 Daten). Darauf wollen wir hier jedoch nicht weiter eingehen.

Zum Abschluß dieser Einheit wird Ihnen die graphische Darstellung der vierdimensionalen Meßreihe in einer rechnererzeugten Graphik präsentiert. (Auch die Daten der vierdimensionalen Meßreihe wollen wir hier nicht weiter analysieren.)

Vergleichen Sie die folgende Abbildung mit Ihrer graphischen Darstellung zur Aufgabe 2.12.

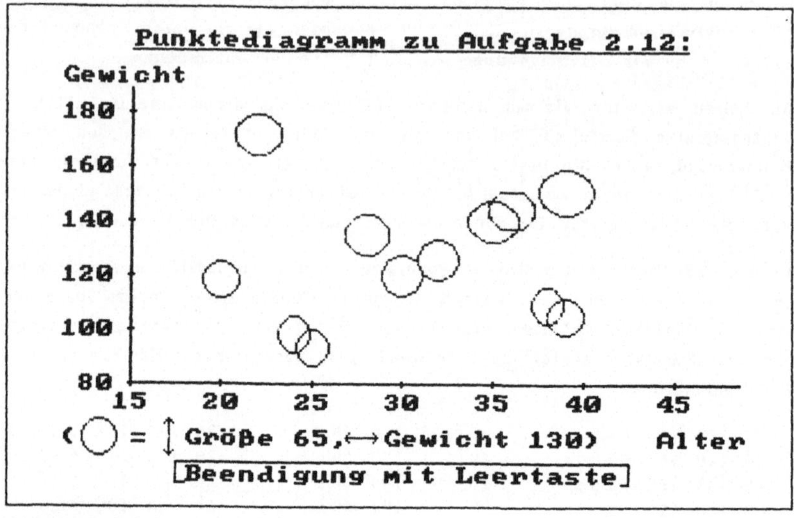

Abbildung 2.13

EINHEIT 3: Empirischer Korrelationskoeffizient

In der Einheit 2 haben wir bei der graphischen Darstellung von Meßreihen u.a. auch Punktediagramme zu zweidimensionalen Meßreihen betrachtet. In solchen Punktediagrammen kann man oft gewisse Abhängigkeiten zwischen den betreffenden Merkmalen erkennen. In dieser Einheit wollen wir Zusammenhänge zwischen Merkmalen durch die Betrachtung von Punktediagrammen und die Berechnung von empirischen Korrelationskoeffizienten untersuchen. Doch zunächst eine kurze Zusammenstellung der benötigten Definitionen und Bezeichnungen:

Bei einer zweidimensionalen Meßreihe $(x_1,y_1),...,(x_n,y_n)$ *mit dem Paar* $(\bar{x},\bar{y})$ *der empirischen Mittelwerte* $\bar{x}$ *und* $\bar{y}$ *erhält man mit den empirischen Varianzen*

$$s_x^2 = \frac{1}{n-1} \sum_{i=1}^{n} (x_i - \bar{x})^2 = \frac{1}{n-1} \left(\sum_{i=1}^{n} x_i^2 - n \cdot \bar{x}^2 \right)$$

$$s_y^2 = \frac{1}{n-1} \sum_{i=1}^{n} (y_i - \bar{y})^2 = \frac{1}{n-1} \left(\sum_{i=1}^{n} y_i^2 - n \cdot \bar{y}^2 \right)$$

die empirischen Standardabweichungen (oder Streuungen) $s_x = \sqrt{s_x^2}$ *und* $s_y = \sqrt{s_y^2}$. *(Betrachtet man nur eine eindimensionale Meßreihe, so kann der Index* x *bzw.* y *weggelassen werden.) Die empirische Kovarianz*

$$s_{xy} = \frac{1}{n-1} \sum_{i=1}^{n} (x_i - \bar{x})(y_i - \bar{y}) = \frac{1}{n-1} \left(\sum_{i=1}^{n} x_i y_i - n \cdot \bar{x} \cdot \bar{y} \right)$$

und der empirische Korrelationskoeffizient $r_{xy} = s_{xy} / s_x \cdot s_y$ *geben Auskunft über einen bestimmten Zusammenhang zwischen den* x- *und* y-*Komponenten der betrachteten zweidimensionalen Meßreihe. Der Korrelationskoeffizient nimmt stets Werte zwischen* −1 *und* 1 *an (Cauchy−Schwarzsche Ungleichung). Werte nahe bei* −1 *oder* 1 *sagen aus, daß zwischen den* x- *und* y-*Werten ein starker linearer Zusammenhang besteht. Wird diese Linearität in einem Punktediagramm durch eine Gerade dargestellt, so ist deren Steigung positv (bzw. negativ), wenn der Korrelationskoeffizient positv (bzw. negativ) ist.*

Falls die Meßwerte der zweidimensionalen Meßreihe $(x_1,y_1),...,(x_n,y_n)$ *nicht von quantitativen Merkmalen stammen, sondern lediglich von Rangmerkmalen, betrachtet man den* **Spearman−Rangkorrelationskoeffizienten**

$$r'_{xy} = 1 - \left(6 \cdot \sum_{i=1}^{n} d_i^2 \right) / (n \cdot (n^2 - 1))$$

wobei d_i *die Differenz der Ränge von* x *und* y *sind. (Wir wollen hier nur den Fall betrachten, daß alle* x−*Werte und alle* y−*Werte verschieden sind. Wegen der Differenzbildung ist es gleichgültig, ob man die Ränge von 1 bis n oder von 0 bis n−1 durchnumeriert.)*

————————————

Zunächst wollen wir noch einmal das Punktediagramm zu Aufgabe 2.11 betrachten,
bei dem die Datenpaare von Körpergrößen und Gewichten der 20 zufällig ausgewählten StatLab-Mütter dargestellt sind.

Aufgabe 3.1:

a) Vermuten Sie einen Zusammenhang zwischen den beiden Merkmalen?

b) Betrachten Sie in der nachfolgenden Abbildung das Punktediagramm. Beschreiben
    Sie die Punktewolke. Wird Ihre Vermutung aus Teil a) bestätigt?

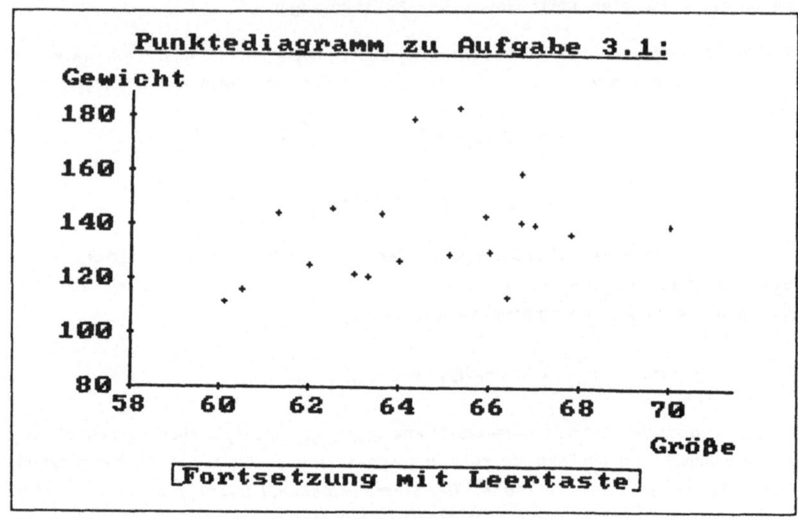

Abbildung 3.1

Bemerkung 3.1:

a) Man kann zunächst vermuten, daß größere Mütter i.a. auch etwas mehr wiegen
    als kleinere Mütter.

b) Die Vermutung von a) kann man bei der Betrachtung der Punktwolke in gewisser
    Weise bestätigt sehen, da sich die Punktwolke i.w. in einem Band von links
    unten nach rechts oben erstreckt. Jedoch ist das Band recht breit im Ver-
    hältnis zur Steigung. Besonders auffällig sind die beiden Punkte, die zwei
    Mütter von mittlerer Größe und sehr großem Gewicht darstellen.

Nach Betrachtung der graphischen Darstellung der zweidimensionalen Meßreihe
durch ein Punktediagramm wollen wir uns nun der Berechnung des empirischen
Korrelationskoeffizienten zuwenden.

Dazu berechnen wir zunächst die zu der zweidimensionalen Meßreihe zugehörigen
zwei empirischen Standardabweichungen und die empirische Kovarianz.

Durch die Summierung aller Meßwerte der ersten Komponente (Größe) und Division durch 20 erhält man den Wert 64.575 als empirischen Mittelwert. Die Summe der Quadrate dieser 20 Meßwerte ist: 83525.03

Aufgabe 3.2:

Berechnen Sie mit Hilfe der oben angegebenen Werte die empirische Standardabweichung der Meßwerte der ersten Komponente (Größe).

Ergänzen Sie dazu die folgende Formel, wobei SQR(z) für die Wurzel aus z steht:

s_x = SQR((83525.03   )/)

Schreiben Sie dabei z•z für z^2 !

Durch analoge Rechnung erhält man den Wert 137.55 als empirischen Mittelwert sowie 19.31312 als empirische Standardabweichung bei den 20 Meßwerten der zweiten Komponente.

Zur Berechnung der empirischen Kovarianz werden die beiden empirischen Mittelwerte (64.575 bei der ersten Komponente) und (137.55 bei der zweiten Komponente) benötigt. Ferner wird noch folgende Summe benötigt: Die Summe der 20 Produkte aus jeweils dem i-ten Meßwert der ersten Komponente und dem i-ten Meßwert der zweiten Komponente hat den Wert: 177926.1

Aufgabe 3.3:

Berechnen Sie mit Hilfe der oben angegebenen Werte die empirische Kovarianz zu der betrachteten zweidimensionalen Meßreihe.

Ergänzen Sie dazu die folgende Formel:

s_{xy} = (177926.1   )/

Aufgabe 3.4:

Wie berechnet man den empirischen Korrelationskoeffizienten aus der empirischen Kovarianz und den beiden empirischen Standardabweichungen?

1   r_{xy} = $s_x \cdot s_y \cdot s_{xy}$

2   r_{xy} = $s_x \cdot s_y$ / s_{xy}

3   r_{xy} = s_{xy} / $s_x \cdot s_y$

Geben Sie Ihr Ergebnis (1−3) ein!

Bemerkung 3.2:

Mit den zuvor berechneten Werten für die empirischen Standardabweichungen und die empirische Kovarianz erhält man bei den betrachteten 20 Datenpaaren von Körpergrößen und Gewichten den Wert 0.2960939 für den empirischen Korrelationskoeffizienten.

Aufgabe 3.5:

Vergleichen Sie den oben angegebenen Wert des empirischen Korrelationskoeffizienten mit Ihren Antworten zu Aufgabe 3.1.

Bestätigt der Wert des empirischen Korrelationskoeffizienten Ihre in Aufgabe 3.1 a) angegebene Vermutung über den Zusammenhang zwischen den beiden Merkmalen?

Wir wollen nun die beiden Merkmale 'Alter der Mutter' und 'Gewicht des Babys' auf Korrelation untersuchen.

Aufgabe 3.6:

Äußern Sie zunächst eine Vermutung über den Zusammenhang zwischen den beiden Merkmalen, und geben Sie eine Schätzung für den Wert des empirischen Korrelationskoeffizienten an.

Aus der StatLab-Population wurden 30 Geburten zufällig ausgewählt. Dabei wurde jeweils das Alter der Mutter und das Gewicht des Babys zusammengestellt. In der folgenden Tabelle sind die Werte der zweidimensionalen Meßreihe angegeben:

33	6.9	34	8.1	20	7.1	23	7.8	25	4.5
26	7.4	27	6.9	28	5.4	30	8.1	35	7.3
22	6.6	23	6.1	28	7.0	29	5.9	32	5.6
33	7.8	39	8.3	20	5.6	24	7.4	26	7.6
26	6.9	27	6.9	28	5.4	32	8.1	36	4.7
22	6.9	25	9.4	28	9.3	29	6.6	32	5.6

Bemerkung 3.3:

Der zugehörige empirische Korrelationskoeffizient hat den Wert: 0.07749

Vergleichen Sie den Wert des empirischen Korrelationskoeffizienten mit Ihrer Vermutung aus Aufgabe 3.6, und betrachten Sie dazu das nachfolgend dargestellte Punktediagramm der 30 Datenpaare.

■ (Vgl. Abb. 3.2.)

Im folgenden soll anhand von Punktediagrammen der empirische Korrelationskoeffizient der jeweils dargestellten zweidimensionalen Meßreihe geschätzt werden. Dazu werden in 6 Punktediagrammen jeweils 20 Datenpaare eines zweidimensionalen Merkmals graphisch dargestellt.

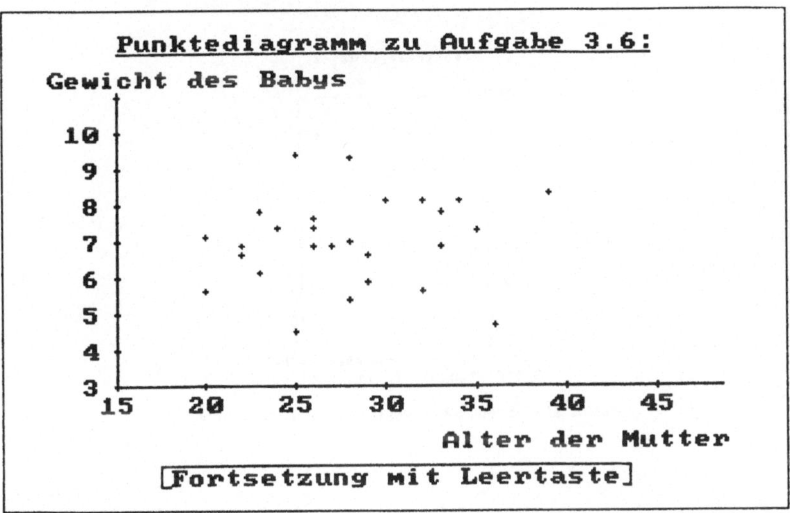

Abbildung 3.2

Aufgabe 3.7:

Schätzen Sie für die in den nachfolgenden Abbildungen dargestellten zweidimensionalen Meßreihen jeweils den Wert des empirischen Korrelationskoeffizienten.

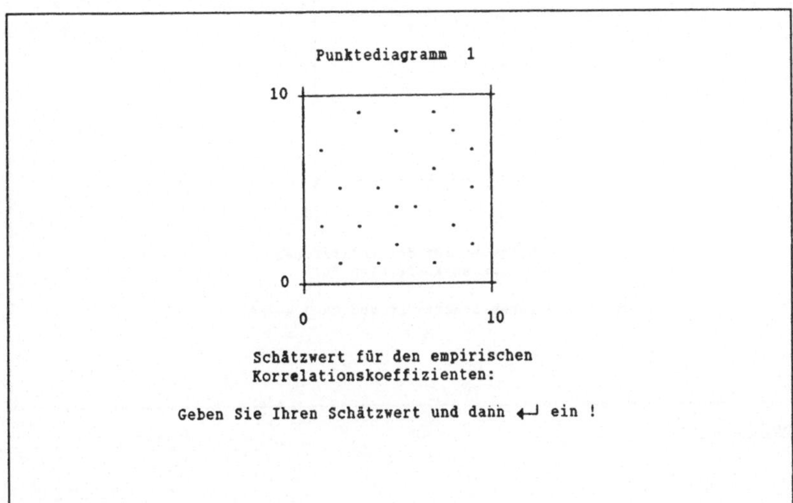

Abbildung 3.3

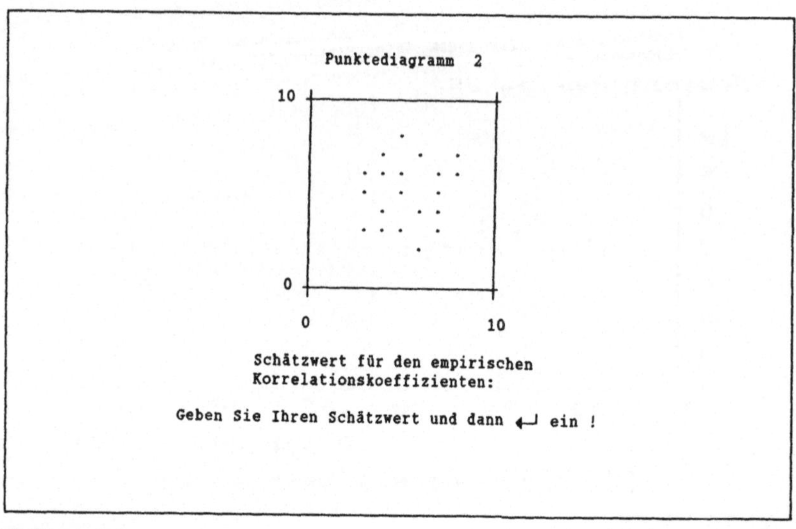

Abbildung 3.4

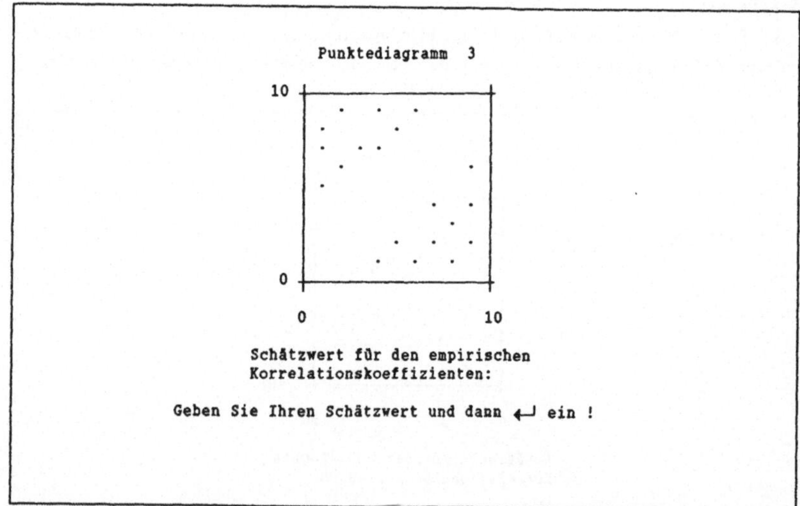

Abbildung 3.5

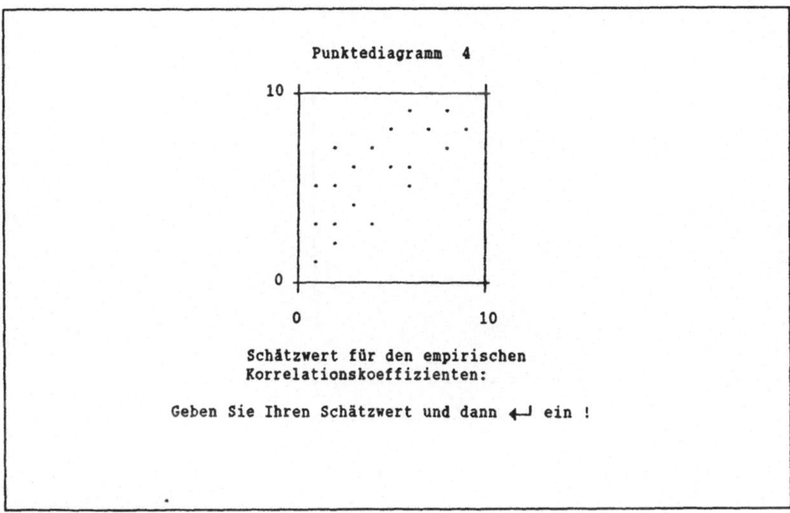

Abbildung 3.6

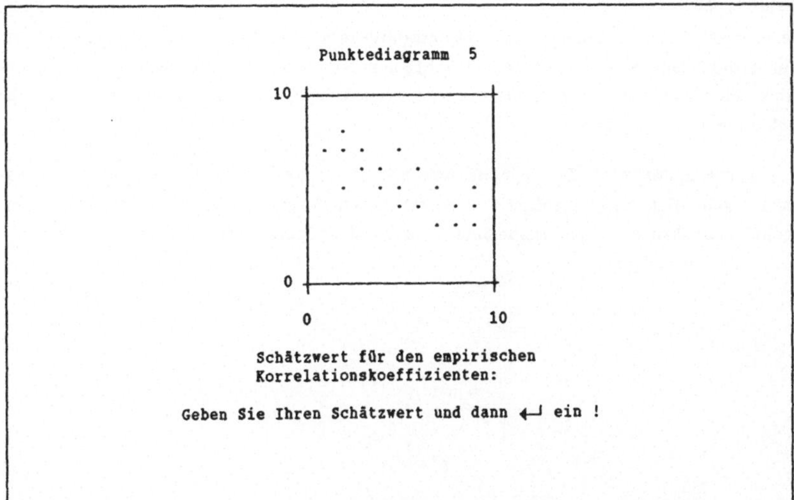

Abbildung 3.7

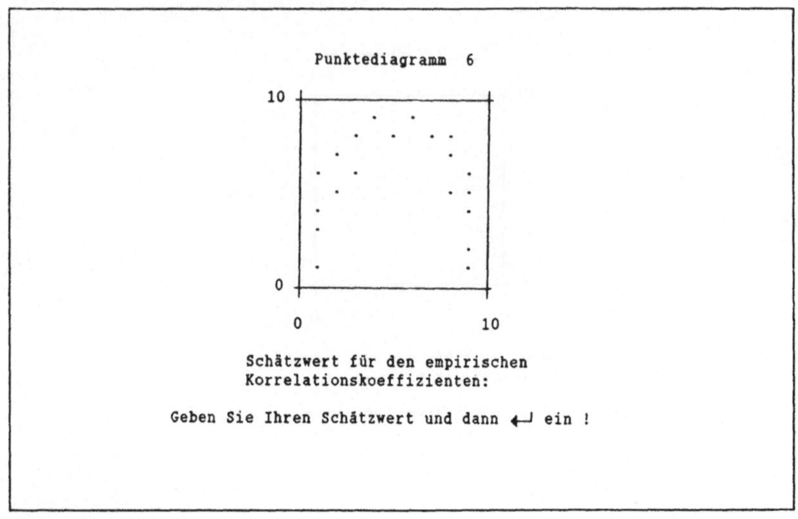

Abbildung 3.8

Aufgabe 3.8:

Betrachten Sie noch einmal die 6 Punktediagramme bei denen jetzt die berechneten
Werte des empirischen Korrelationskoeffizienten und Ihre Schätzwerte angegeben
sind. Vergleichen Sie die Werte, und versuchen Sie, eventuell auftretende Abweichungen zu begründen.

Angenommen der Wert des empirischen Korrelationskoeffizienten sei 0. Kann man
daraus schließen, daß zwischen den betreffenden Merkmalen kein Zusammenhang besteht? Beachten Sie dazu insbesondere das Punktediagramm 6 !

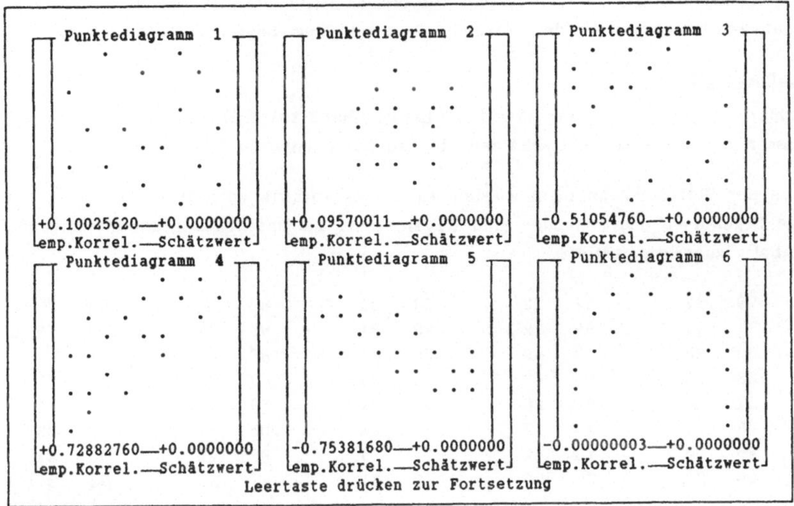

Abbildung 3.9

Bemerkung 3.4:

Aus den zuvor abgebildeten 6 Punktediagrammen kann man erkennen, daß der empirische Korrelationskoeffizient nahe bei 1 bzw. −1 ist, wenn die Punktwolke die Form eines langgestreckten, geraden Bandes besitzt. Bei positiver Steigung dieses Bandes ist der empirische Korrelationskoeffizient positiv, bei negativer Steigung negativ. Eine betragsmäßig größere Steigung hat nicht einen größeren Betrag des empirischen Korrelationskoeffizienten zur Folge, wie man in den Punktediagrammen 4 und 5 erkennen kann. Je schmaler das Band (relativ zu seiner Länge) ist, um so näher ist der empirische Korrelationskoeffizient bei 1 bzw. −1. Liegen die Punkte recht dicht zusammen (wie im Punktediagramm 2), so ist trotzdem ein sehr kleiner empirischer Korrelationskoeffizient möglich. Bei dem Punktediagramm 6 wird deutlich, daß der offensichtliche quadratische Zusammenhang zwischen den betreffenden Merkmalen keinen betragsmäßig großen empirischen Korrelationskoeffizienten zur Folge hat; wenn der empirische Korrelationskoeffizient 0 ist, so heißt das lediglich, daß kein linearer Zusammenhang erkennbar ist.

Nach diesen Betrachtungen wollen wir uns einem weiteren Beispiel mit Daten aus dem StatLab-Census zuwenden.

Die Kinder der StatLab-Population wurden im Alter von 10 Jahren zwei Intelligenz-Tests unterzogen: dem Peabody-Test und dem Raven-Test (vgl. Einheit 1).

Aufgabe 3.9:

Äußern Sie eine Vermutung über den Zusammenhang zwischen den beiden Testergebnissen eines Kindes, und schätzen Sie den Korrelationskoeffizienten.

Aus der StatLab-Population wurden 40 Kinder zufällig ausgewählt. Dabei wurden die Ergebnisse des Peabody- und Raven-Tests zu Datenpaaren in der folgenden Tabelle zusammengestellt:

79	42	62	12	64	22	82	44	64	22
71	27	59	12	78	37	95	32	79	19
80	28	83	49	85	37	86	29	91	31
58	13	85	42	63	33	69	32	71	33
67	26	86	28	74	29	79	29	82	27
79	31	64	13	91	23	108	41	98	33
86	46	73	42	74	29	92	42	87	41
65	27	72	25	88	41	77	25	76	26

Aufgabe 3.10:

Schätzen Sie erneut den empirischen Korrelationskoeffizienten, diesmal mit Hilfe des nachfolgenden Punktediagramms.

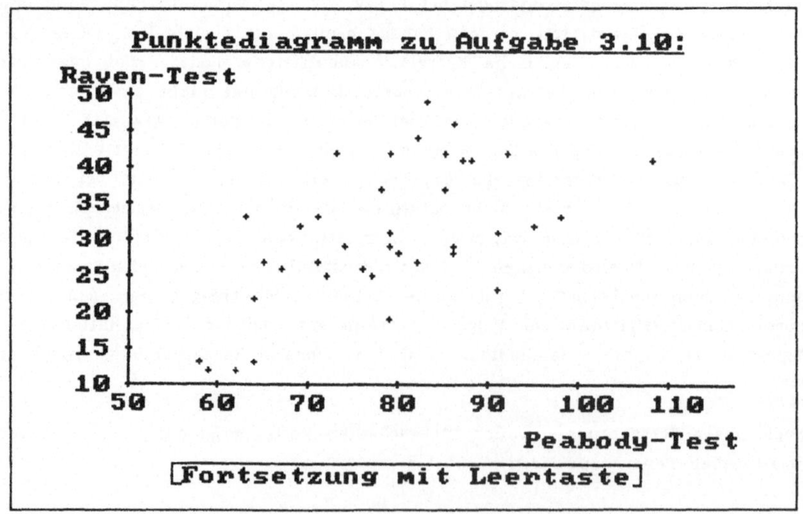

Abbildung 3.10

Bemerkung 3.5:

Der zur zweidimensionalen Meßreihe von Peabody- und Raven-Test-Werten gehörige empirische Korrelationskoeffizient hat den Wert: 0.6014473

Vergleichen Sie den oben angegebenen Wert mit Ihren Schätzwerten aus den Aufgaben 3.9 und 3.10.

Im folgenden wollen wir Zusammenhänge zwischen 3 Merkmalen X,Y,Z untersuchen. Dazu betrachten wir paarweise die Merkmale X,Y und Y,Z sowie X,Z. Wir betrachten also nacheinander zweidimensionale Meßreihen aus Datenpaaren von der Form (x,y), (y,z) bzw. (x,z).

Aufgabe 3.11:

a) Schätzen Sie bei den nachfolgenden zwei Punktediagrammen mit den Datenpaaren (x,y) bzw. (y,z) die empirischen Korrelationskoeffizienten, und geben Sie Ihre Schätzwerte ein.

b) Schätzen Sie den empirischen Korrelationskoeffizienten für die Datenpaare (x,z) zunächst aufgrund der Ergebnisse von Teil a) und dann mit Hilfe des dargestellten Punktediagramms. Geben Sie Ihre Schätzwerte ein.

c) Vergleichen Sie die nachträglich berechneten empirischen Korrelationskoeffizienten mit Ihren Schätzwerten.

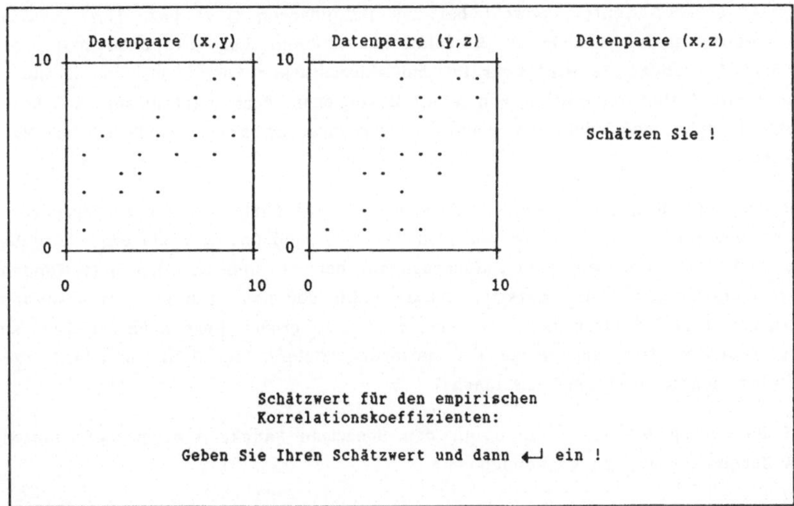

Abbildung 3.11

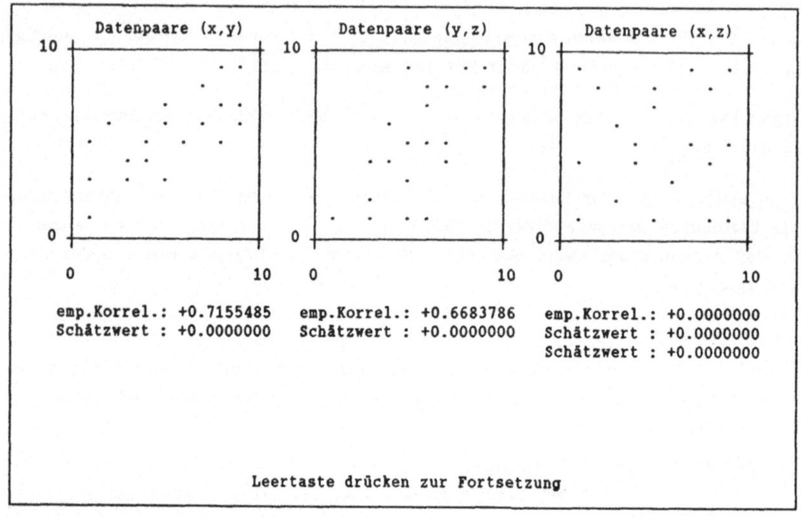

Abbildung 3.12

Bemerkung 3.6:

Bei den Datenpaaren (x,z) erhält man den Wert 0.0000000 für den empirischen
Korrelationskoeffizienten, obwohl bei den Datenpaaren (x,y) bzw. (y,z) jeweils
ein relativ großer empirischer Korrelationskoeffizient von 0.7155485 bzw. von
0.6683786 vorliegt. Es wird zwar i.a. bei einer starken Korrelation von X mit Y
und Y mit Z eine Korrelation von X mit Z vorliegen, doch zeigt dieses (konstru-
ierte) Beispiel, daß auch hier genauere Betrachtungen besser sind als voreilige
Schlüsse.

Bei der Betrachtung des empirischen Korrelationskoeffizienten der zweidimensionalen Meßreihe mit Ergebnissen aus den Peabody- und Raven-Tests (vgl. Aufgabe
3.9 und 3.10) sind wir davon ausgegangen, daß es sich bei den betreffenden
Merkmalen um qualitative Merkmale handelt, d.h. daß nicht nur eine Rangordnung
vorgegeben ist, sondern daß z.B. ein zweimal so großer Wert auch 'zweimal so
gut' bedeutet. (Der empirische Korrelationskoeffizient ist nicht invariant gegenüber monotonen Transformationen!)

Bei Rangmerkmalen ist es sinnvoll, den Spearman-Rangkorrelationskoeffizienten
als Korrelationsmaß zu verwenden.

Für eine Meßreihe von n Datenpaaren (x_i, y_i) müssen für den Spearman–Rangkorrelationskoeffizienten zunächst die Differenzen d_i der Ränge von x_i und y_i bestimmt werden. Damit berechnet man den Spearman–Rangkorrelationskoeffizient gemäß der Gleichung:

$$r'_{xy} = 1 - \left(6 \cdot \sum_{i=1}^{n} d_i^2\right) / (n \cdot (n^2 - 1))$$

Aufgabe 3.12:

Welche Werte kann der Spearman–Rangkorrelationskoeffizient annehmen?

Hinweis: $1^2 + 3^2 + 5^2 + \ldots + (2k-1)^2 = k(4k^2 - 1)/3$
$1^2 + 2^2 + 3^2 + \ldots + k^2 = k(k+1)(2k+1)/6$

Aus den 648 Jungen der StatLab–Population wurden 10 zufällig ausgewählt und die Ergebnisse der beiden Intelligenztests (Peabody– und Raven–Test) zu Datenpaaren zusammengestellt. Wir wollen nun zu diesen Datenpaaren den Spearman–Rangkorrelationskoeffizienten berechnen.

Aufgabe 3.13:

In der folgenden Tabelle sind die Werte des Peabody– und Raven–Tests der 10 Jungen eingetragen. Ergänzen Sie die entsprechenden Ränge (jeweils von 0 bis 9).

Tabelle zu Aufgabe 3.13

Peabody–Test	Rang	Raven–Test	Rang	d_i^2
76	⇒	31		
92		45		
63		20		
98		41		
84		28		
81		27		
55		12		
66		40		
103		42		
70		33		

Bestimmen Sie den Rang für die markierte Position, und geben Sie diesen ein (0 bis 9).

Abbildung 3.13

Tabelle zu Aufgabe 3.13

Peabody- Test	Rang	Raven- Test	Rang	d_i^2
76	4	31	4	0
92	7	45	9	4
63	1	20	1	0
98	8	41	7	1
84	6	28	3	9
81	5	27	2	9
55	0	12	0	0
66	2	40	6	16
103	9	42	8	1
70	3	33	5	4
				44

Die Tabelle wird nun vervollständigt!

Die Summe der Zahlen in der letzten Spalte wird für die weitere Berechnung benötigt. Sie beträgt 44 .

Leertaste drücken zur Fortsetzung

Abbildung 3.14

Bemerkung 3.7:

Gemäß der oben angegeben Formel zur Berechnung des Spearman–Rangkorrelationskoeffizienten erhalten wir für die 10 Datenpaare:

$$r'_{xy} = 1 - (6 \cdot 44) / (10 \cdot (10^2-1)) = 0.7333333$$

Welche Schlüsse ziehen Sie aus dem obigen Ergebnis in bezug auf den Zusammenhang der Testergebnisse des Peabody- und Raven-Tests?

Bemerkung 3.8:

Da der Spearman-Rangkorrelationskoeffizient Werte zwischen −1 und 1 annehmen kann, spricht der erhaltene, relativ große Wert für einen Zusammenhang zwischen Sprachgewandtheit (Peabody-Test) und geometrischer Anschauung (Raven-Test). Auf eine genauere Bewertung der Spearman-Rangkorrelationskoeffizienten werden wir nach der Einführung von Signifikanztests in einer späteren Einheit eingehen.

EINHEIT 4: Regression

In der letzten Einheit haben wir Zusammenhänge zwischen Merkmalen durch die Betrachtung von Punktediagrammen und die Berechnung von empirischen Korrelationskoeffizienten untersucht. In dieser Einheit wollen wir diese Abhängigkeiten etwas genauer betrachten und Regressionsgeraden und Regressionspolynome berechnen. Doch zunächst eine kurze Zusammenfassung der benötigten Definitionen und Bezeichnungen:

Zu einer zweidimensionalen Meßreihe $(x_1,y_1),...,(x_n,y_n)$ bestimmt man bei einem vermuteten linearen Zusammenhang zwischen den betreffenden Merkmalen mit der Methode der kleinsten Quadrate eine Näherungsgerade $y = a \cdot x + b$ für die Punkte der Meßreihe so, daß die Summe

$$s(a,b) = \sum_{i=1}^{n} (y_i - a \cdot x_i - b)^2$$

der Abweichungsquadrate minimal wird. Die Summe nimmt ihr Minimum an für

$$a = \hat{a} = \left(\sum_{i=1}^{n} x_i y_i - n \cdot \bar{x} \cdot \bar{y} \right) / \left(\sum_{i=1}^{n} x_i^2 - n \cdot \bar{x}^2 \right)$$

und

$$b = \hat{b} = \bar{y} - \hat{a} \cdot \bar{x}$$

Mit diesen Werten a und b erhält man die Regressionsgerade $y = a \cdot x + b$ für die Regression von x nach y. Zur quantitativen Beurteilung der Anpassung dieser Regressionsgeraden an die Punkte der Meßreihe kann man z.B. das Bestimmtheitsmaß

$$1 - s(a,b) / \sum_{i=1}^{n} (y_i - \bar{y})^2$$

wählen, das nur Werte zwischen 0 und 1 annimmt.

Die Methode der kleinsten Quadrate läßt sich leicht von den Geraden auf Polynome übertragen: Wird bei den Merkmalen ein Zusammenhang der Form $y = f(x)$ angenommen, wobei f ein Polynom k-ten Grades in x ist, so wird analog zur linearen Regression die Summe

$$s(f) = \sum_{i=1}^{n} (y_i - f(x_i))^2$$

der Abweichungsquadrate minimiert. Das Polynom f vom Grad kleiner oder gleich k, für das die Summe minimal wird heißt Regressionspolynom (vom Grad k).

Wir wollen zunächst den Fall betrachten, daß die Annahme einer linearen Abhängigkeit zwischen den betreffenden Merkmalen vernünftig ist. Von einer linearen Abhängigkeit zwischen den betreffenden Merkmalen kann man ausgehen, wenn der empirische Korrelationskoeffizient nahe bei 1 oder −1 liegt.

Aus den 1296 Babys der StatLab-Population wurden 50 zufällig ausgewählt und deren Gewichte (in amer. Pfund) und Körpergrößen (in inch) zu Datenpaaren zusammengefaßt. Hier sind die 50 Datenpaare:

6.1	19.5	6.0	19.0	7.6	21.0	7.5	21.5	10.9	23.0
9.9	22.0	8.1	21.0	4.9	18.5	7.0	20.5	7.8	21.0
7.4	20.5	6.9	20.0	5.4	19.5	8.1	19.8	8.3	22.0
7.0	19.0	9.4	22.0	7.4	21.0	6.9	19.0	8.4	21.5
6.9	19.3	9.1	21.5	9.3	21.0	7.6	20.8	7.3	20.0
7.1	21.0	9.1	20.5	5.4	19.3	5.5	19.0	7.6	20.0
6.6	19.5	7.1	20.5	7.8	21.0	8.6	22.0	5.6	19.0
7.8	20.5	7.8	21.0	7.3	20.0	7.6	21.0	4.5	17.5
7.1	20.0	8.9	22.5	10.3	21.0	8.1	20.0	4.7	17.5
6.9	19.5	7.3	20.0	9.3	22.5	5.8	19.5	7.4	20.8

In der nachfolgenden Abbildung sind die 50 Datenpaare in einem Punktediagramm graphisch dargestellt.

Aufgabe 4.1:

a) Schätzen Sie aus dem nachfolgend angegebenen Punktediagramm den empirischen Korrelationskoeffizienten.

b) Lassen sich die dargestellten Datenpaare gut durch eine Gerade annähern? Falls ja, schätzen Sie a und b für die Näherungsgerade der Form $y = a \cdot x + b$.

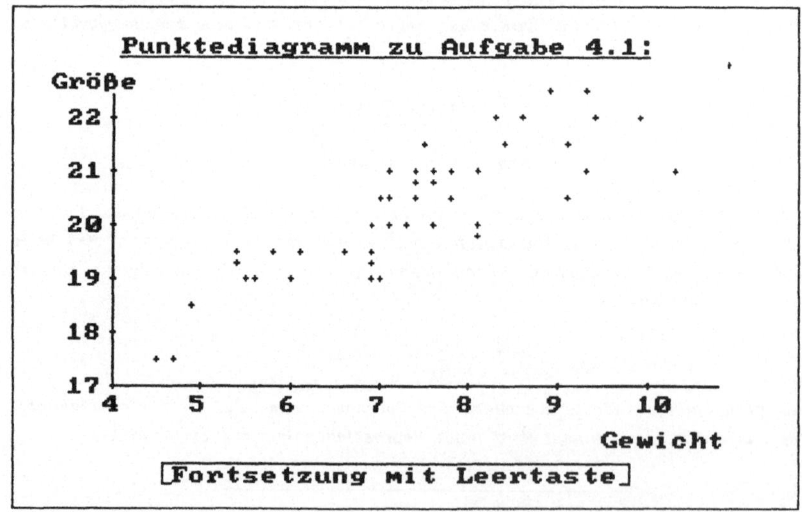

Abbildung 4.1

Bemerkung 4.1:

a) Als Schätzwert für den empirischen Korrelationskoeffizienten kann man aufgrund der langgestreckten Punktewolke etwa den Wert 0.9 wählen.

b) Wie man aus dem Punktediagramm erkennen kann, lassen sich die dargestellten Datenpaare aus den Gewichten und Körpergrößen der 50 zufällig ausgewählten StatLab-Babys recht gut durch eine Gerade annähern. Für eine Näherungsgerade $y = a \cdot x + b$ können etwa a=3/4 und b=15 geschätzt werden. (Achtung: Die eingezeichneten Koordinatenachsen sind aus dem Nullpunkt verschoben! x- und y-Achse haben unterschiedliche Einheitslängen!).

c) Die Berechnung des empirischen Korrelationskoeffizienten (vgl. Einheit 3) liefert den Wert: 0.8600576

Vergleichen Sie den berechneten Wert mit Ihrem Schätzwert für den empirischen Korrelationskoeffizienten.

Wir wollen uns nun der Berechnung einer Näherungsgeraden für die zuvor dargestellte Punktewolke zuwenden. Als Näherungsgerade wollen wir die Regressionsgerade $y = a \cdot x + b$ (Regression von x nach y) berechnen, bei der a und b so gewählt sind, daß die Summe

$$s(a,b) = \sum_{i=1}^{n} (y_i - a \cdot x_i - b)^2$$

der Abweichungsquadrate minimal wird (METHODE DER KLEINSTEN QUADRATE). Dabei ist bei den 50 Datenpaaren n=50 zu setzen; die 50 x-Werte sind die Meßwerte der Gewichte und die 50 y-Werte die entsprechenden Meßwerte der Körpergrößen der zufällig ausgewählten StatLab-Babys.

Aufgabe 4.2:

Wie werden die Werte a und b für die Regressionsgerade bestimmt?

Zur Berechnung der Regressionsgeraden wurden für die 50 (x,y)-Paare folgende Werte berechnet:

Arithmetisches Mittel der x-Werte: 7.448
Arithmetisches Mittel der y-Werte: 20.38
Summe der 50 Quadrate der x-Werte: 2870.481
Summe der 50 Quadrate der y-Werte: 20838.8
Summe der 50 Produkte aus jeweils dem i-ten x- und y-Wert: 7661.12

Aufgabe 4.3:

Berechnen Sie mit Hilfe der oben angegebenen Werte die Koeffizienten a und b für die Regressionsgerade $y = a \cdot x + b$ (Regression von x nach y) zu den betrachteten 50 Datenpaare.

Ergänzen Sie dazu die folgenden Formeln:

a = (7661.12   )/(   )

b =

Schreiben Sie dabei z·z für z^2 sowie z.B. 0.5 statt .5 !

In der nachfolgenden Abbildung ist die Regressionsgerade in das Punktediagramm zu den 50 Datenpaaren von Gewichten und Körpergrößen der Babys eingezeichnet.

Wie beurteilen Sie die Güte der Annäherung der Punktewolke durch die eingezeichnete Regressionsgerade?

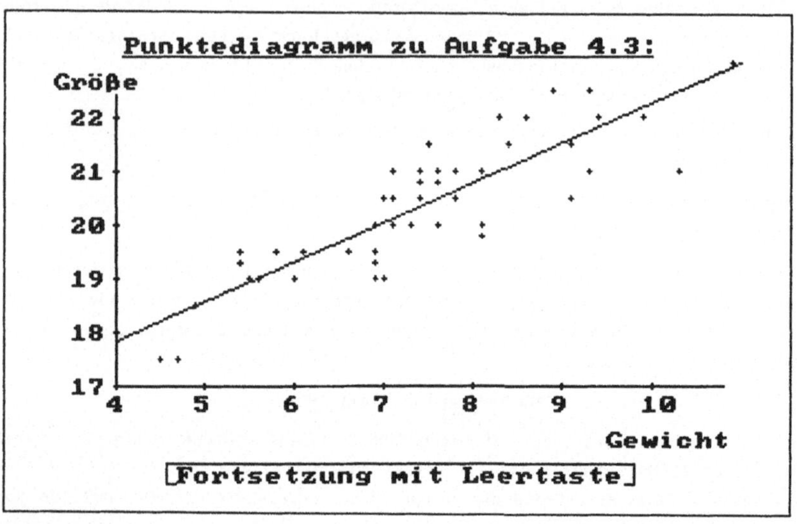

Abbildung 4.2

Zur quantitativen Beurteilung der Anpassung der Punktewolke durch die Regressionsgerade kann man z.B. das 'Bestimmtheitsmaß'

$$1 \;-\; s(a,b) \,/\, \sum_{i=1}^{n} (y_i - \bar{y})^2$$

wählen. (Dies ist der Quotient von der empirischen Varianz der n transformierten x-Werte $a \cdot x_i + b$ und der empirischen Varianz der y_i.)

In dem zuvor betrachteten Beispiel mit den 50 Datenpaaren erhält man für das Bestimmtheitsmaß den Werte: 0.7397135

Vergleichen Sie den obigen Wert mit Ihrer früheren Aussage zur Anpassung der Regressionsgeraden. Beachten Sie dabei, daß das Bestimmtheitsmaß nur Werte zwischen 0 und 1 annimmt; es hat den Wert 1, falls die Summe s(a,b) der Abweichungsquadrate 0 ist (optimale Anpassung).

Wir wollen nun die berechnete Regressionsgerade y = a·x + b dazu benutzen, um Schätzwerte für die Größe eines Babys aus der Gewichtsangabe zu erhalten. Dazu setzen wir die Gewichte der Babys als x-Werte in die Gleichung der Regressionsgeraden y = a·x + b mit a=0.7394071 und b=14.8729 ein und berechnen die zugehörigen y-Werte, die Schätzwerte für die Körpergrößen der betreffenden Babys sind.

Von den StatLab-Babys wurden 10 weitere zufällig ausgewählt. Hier sind die Gewichte dieser Babys:

8.6   8.3   5.6   7.4   8.3   8.0   7.3   9.4   7.3   6.3

In der nachfolgenden Tabelle ist zu jedem dieser Werte ein mit Hilfe der oben angegebenen Regressionsgeraden berechneter Schätzwert für die Körpergrößen und der jeweils wahre Werte der Körpergröße aufgeführt.

Gewicht	Schätzung der Größe	Körpergröße
8.6	21.2317	21.8
8.3	21.0099	21.0
5.6	19.0135	19.0
7.4	20.3445	20.0
8.3	21.0099	21.0
8.0	20.7881	20.0
7.3	20.2705	21.5
9.4	21.8233	21.0
7.3	20.2705	20.0
6.3	19.5311	19.5

Aufgabe 4.4:

Vergleichen Sie die Schätzwerte mit den wirklichen Körpergrößen. Wie gut stimmen die Schätzwerte mit den wirklichen Werten überein? Betrachten Sie dazu auch das nachfolgende Punktediagramm, in dem die 10 Datenpaare zusammengestellt sind.

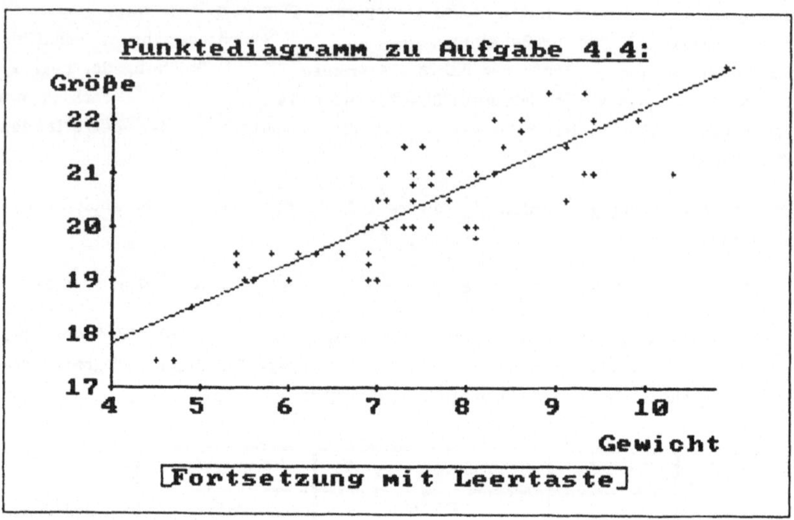

Abbildung 4.3

Bemerkung 4.2:

Ein Vergleich der Schätzwerte mit den wirklichen Körpergrößen zeigt, daß die jeweiligen Werte recht gut übereinstimmen. Dies erkennt man auch im Punktediagramm der vorherigen Abbildung; die Punkte der 10 Datenpaare liegen recht dicht an der Regressionsgeraden.

Wir wollen jetzt das Gewicht des Babys als lineare Funktion der Körpergröße auffassen, d.h. $x = c \cdot y + d$ (Regression von y nach x).

Aufgabe 4.5:

Schätzen Sie zunächst aufgrund der Regression $y = a \cdot x + b$ mit a=0.7394071 und b=14.8729 (Regression von x nach y) die Werte c und d für die Regressionsgerade $x = c \cdot y + d$ (Regression von y nach x).

Bemerkung 4.3:

Die Berechnung der Werte c und d für die Regressionsgerade der Regression von y nach x verläuft analog zu der Berechnung in Aufgabe 4.3. Als Regressionsgerade erhält man dann:

$$x = c \cdot y + d \qquad \text{mit} \qquad c = 1.000368 \qquad \text{und} \qquad d = -12.9395$$

Aufgabe 4.6:

Vergleichen Sie die berechneten Werte von c und d mit Ihren Schätzwerten zu
Aufgabe 4.5. Erklären Sie ggf. auftretende Abweichungen. Betrachten Sie dazu
auch die nachfolgende Abbildung.

Wie liegt der Punkt $(\bar{x},\bar{y}) = (7.448, 20.38)$ in bezug auf die Regressionsgeraden?

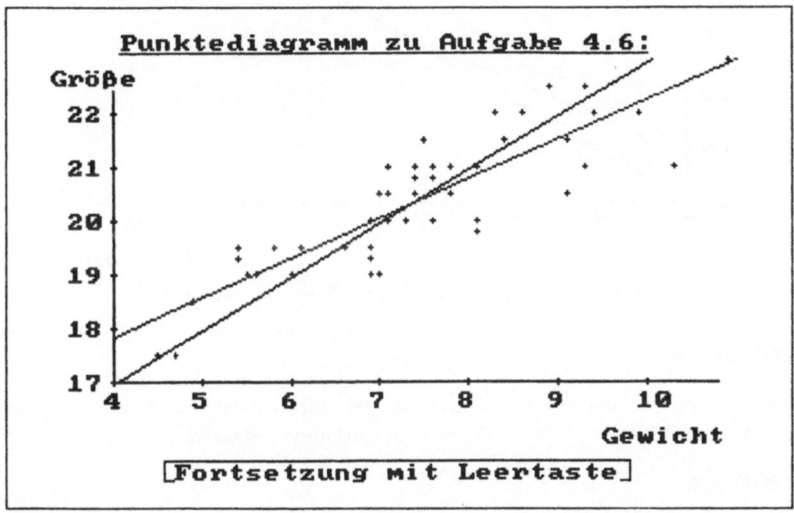

Abbildung 4.4

Bemerkung 4.4:

Wenn man die Gleichung $y = a{\cdot}x + b$ nach x auflöst erhält man i.a. nicht die gesuchten Koeffizienten c und d der Regressionsgeraden $x = c{\cdot}y + d$ für die Regression von y nach x. Dies liegt daran, daß nicht der Abstand der Punkte zur
Regressionsgeraden minimiert wird. Für die Regression von x nach y wird die
Summe von Quadraten von y-Wert-Differenzen minimiert. Für die Regression von y
nach x wird die Summe von Quadraten von x-Wert-Differenzen minimiert. In der
nachfolgenden Abbildung sind für zwei Punkte die entsprechenden Differenzen
dargestellt.

Wegen $b = \bar{y} - a{\cdot}\bar{x}$ (bzw. $d = \bar{x} - c{\cdot}\bar{y}$) liegt der Punkt $(\bar{x},\bar{y})$ stets auf beiden
Regressionsgeraden.

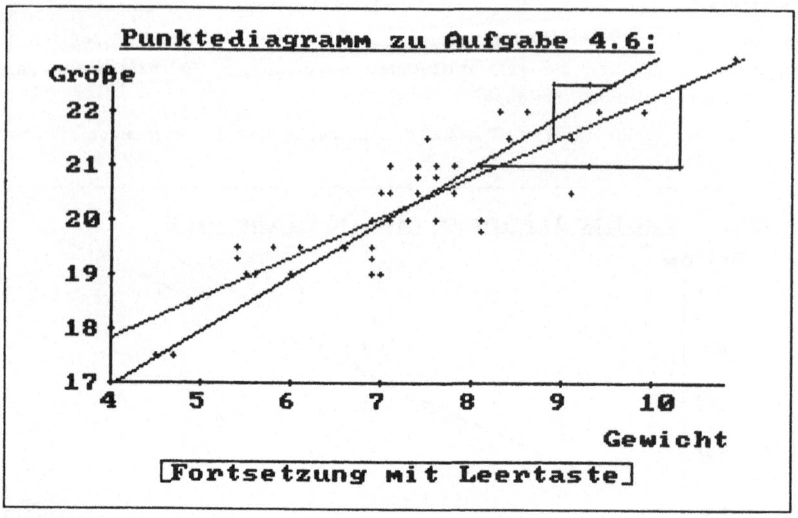

Abbildung 4.5

Bisher haben wir uns mit der Regression bei linearer Abhängigheit beschäftigt.
Wir wollen uns nun mit nichtlinearen Abhängigkeiten befassen.

Aufgabe 4.7:

Nehmen wir an, Sie vermuten zwischen zwei Merkmalen z.B. einen quadratischen
Zusammenhang. Wie lassen sich die Betrachtungen zur linearen Regression übertragen?

Im nachfolgenden Punktediagramm sind 50 Datenpaare eingetragen.

Aufgabe 4.8:

Schätzen Sie anhand des folgenden Punktediagramms den zu den Datenpaaren gehörigen empirischen Korrelationskoeffizienten.

Ist hier eine lineare Regression sinnvoll?

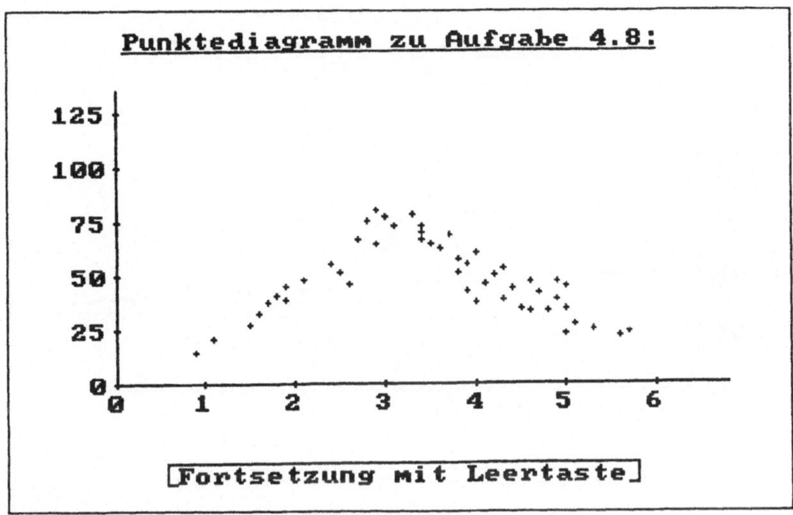

Abbildung 4.6

Bemerkung 4.5:

Bei der Berechnung des empirischen Korrelationskoeffizienten zu den in der vor-
vorherigen Abbildung dargestellten Datenpaaren erhält man den relativ kleinen
Wert: −0.1430796

Eine lineare Regression ist hier nicht besonders sinnvoll.

Bestimmt man trotz des recht kleinen empirischen Korrelationskoeffizienten eine
Regressionsgerade (Regression von x nach y) so erhält man die in der folgenden
Abbildung eingezeichnete Gerade, die die Datenpaare nur sehr schlecht annähert.

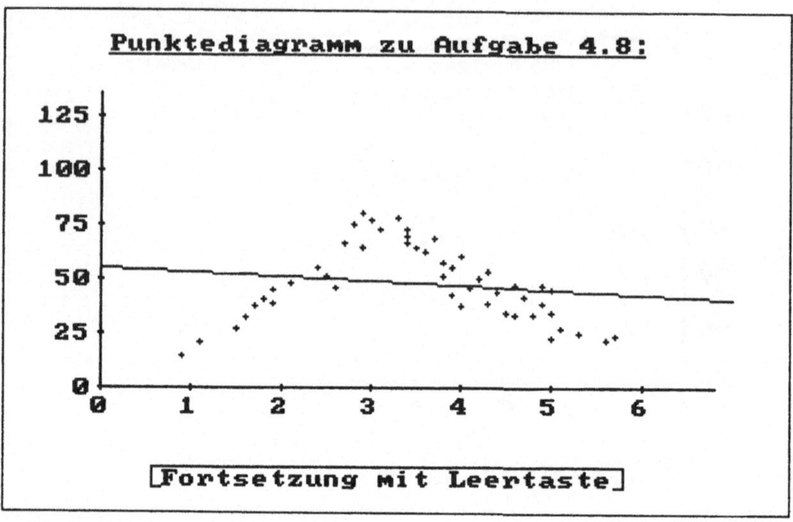

Abbildung 4.7

Bemerkung 4.6:

Die in der vorherigen Abbildung eingezeichnete Regressionsgerade nähert die Punktewolke der 50 Datenpaare nur sehr schlecht an.

Statt y durch a·x + b anzunähern, setzen wir allgemeiner y = f(x), wobei f ein Polynom k-ten Grades in x ist. Analog zum Fall der linearen Regression minimieren wir die Summe

$$\underset{\sim}{s}(f) \; = \; \sum_{i=1}^{n} (y_i - f(x_i))^2$$

der quadratischen Abweichungen.

Für k=2 liefert diese Minimierung das Polynom:

$$f(x) \; = \; -9.018978 \cdot x^2 + 58.57522 \cdot x - 32.94877$$

Aufgabe 4.9:

Vergleichen Sie in der folgenden Abbildung die Anpassung der Geraden bzw. des Polynoms zweiten Grades an die Datenpaare.

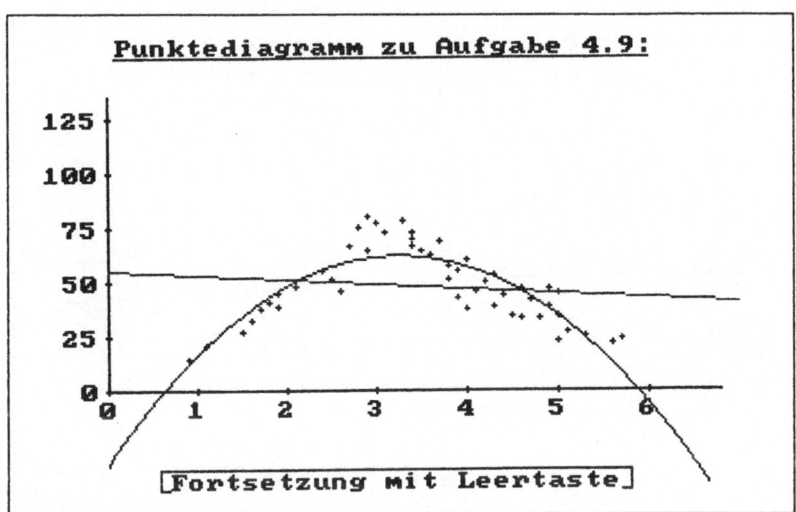

Abbildung 4.8

Bemerkung 4.7:

Wie man in der vorherigen Abbildung erkennen kann, nähert das Polynom zweiten Grades (im Gegensatz zur Geraden) die Punktewolke recht gut an.

Bei der Approximation der Datenpaare durch ein Polynom dritten Grades erhält man:

$$f(x) = 1.577599 \cdot x^3 - 24.85362 \cdot x^2 + 109.53087 \cdot x - 74.72199$$

In der nachfolgenden Abbildung sind die Gerade sowie die Polynome zweiten und dritten Grades zusammen im Punktediagramm dargestellt.

Aufgabe 4.10:

Vergleichen Sie jeweils die Approximation der Punktwolke durch die Regressionsgerade bzw. durch die Regressionspolynome zweiten und dritten Grades.

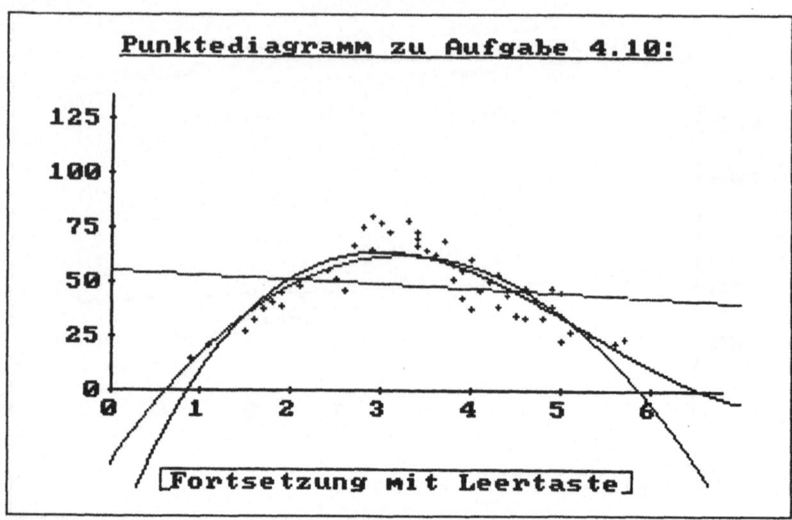

Abbildung 4.9

Bemerkung 4.8:

Es ist klar, daß das Polynom dritten Grades die Punktewolke besser annähert, als dies bei dem Polynom zweiten Grades und der Geraden der Fall ist. Der Unterschied zwischen den Polynomen zweiten und dritten Grades ist in bezug auf die Approximation der Punktewolke nur sehr geringfügig.

Bemerkung 4.9:

a) Für die Berechnung von Regressionspolynomen höheren Grades ist ein hoher Rechenaufwand nötig.

b) Wenn zwischen den betrachteten Merkmalen eine Abhängigkeit besteht, die sich durch Exponential- oder Logarithmische Funktionen beschreiben läßt, kann man zunächst die Meßwerte durch die entsprechende inverse Funktion transformieren und für die transformierten Datenpaare eine lineare Regression durchführen.

EINHEIT 5: Bertrand'sches Paradoxon

In dieser Einheit wollen wir uns mit der mathematischen Beschreibung des Be-
griffes 'zufällig auswählen' beschäftigen. Dazu wollen wir insbesondere auch
das sogenannte 'Bertrand'sche Paradoxon' betrachten. Doch zunächst eine kurze
Zusammenstellung der benötigten Definitionen und Bezeichnungen:

*Unter einem **Zufallsexperiment** versteht man einen (aufgrund präziser Beschreibung als beliebig oft wiederholbar angesehenen) Vorgang, dessen **Ergebnis** vom
Zufall abhängt und daher nicht vorhersagbar ist. Die (als bekannt vorausgesetz-
te) Menge aller möglichen Ergebnisse ω heißt **Ergebnismenge** Ω. Ein **Ereignis** A
ist eine Teilmenge von Ω. Das Ereignis A tritt ein, wenn ein Ergebnis ω mit $\omega \varepsilon A$
auftritt. $A^c = \Omega \setminus A$ wird das zu A **komplementäre Ereignis** genannt. Die leere
Menge $\emptyset$ heißt **unmögliches** und Ω **sicheres Ereignis**. **Elementarereignisse** sind
einelementige Teilmengen $\{\omega\}$ von Ω. Zwei Ereignisse A und B mit $A \cap B = \emptyset$ heißen
unvereinbar. Zu einer nichtleeren Ergebnismenge Ω heißt ein System $\mathcal{O}$ von Teilmengen der Ergebnismenge σ–**Algebra** über Ω, falls gilt:*

(i) $\Omega \varepsilon \mathcal{O}$

(ii) Für $A \varepsilon \mathcal{O}$ gilt auch $A^c \varepsilon \mathcal{O}$.

(iii) Aus $A_i \varepsilon \mathcal{O}$ für alle $i \varepsilon \mathbb{N}$ folgt $\bigcup\limits_{i=1}^{\infty} A_i \varepsilon \mathcal{O}$.

*Falls Ω endlich oder abzählbar unendlich ist, wird meist die Menge aller Teil-
mengen von Ω als σ–Algebra gewählt (Potenzmenge von Ω).*

*Führt man ein Zufallsexperiment unter denselben Bedingungen immer wieder durch
und bezeichnet dabei n_A die Anzahl der Versuchsdurchführungen unter den ersten
n, bei denen ein bestimmtes Ereignis A auftritt, so strebt erfahrungsgemäß die
Folge der relativen Häufigkeiten $h_n(A) = n_A /n$ mit wachsendem n gegen einen für
A charakteristischen Zahlenwert (zwischen 0 und 1). Bei der mathematischen Beschreibung eines Zufallsexperimentes ordnet man jedem Ereignis A die **Wahrscheinlichkeit** $P(A)$ zu, wobei P eine Abbildung von einer σ–Algebra $\mathcal{O}$ über Ω in $[0,1]$
ist, mit den Eigenschaften:*

(i) $P(A) \geq 0$ für alle $A \varepsilon \mathcal{O}$,

(ii) $P(\Omega) = 1$,

(iii) $P(\bigcup\limits_{i=1}^{\infty} A_i) = \sum\limits_{i=1}^{\infty} P(A_i)$ für paarweise unvereinbare Ereignisse $A_1, A_2, \ldots \varepsilon \mathcal{O}$.

*Das Tripel $(\Omega, \mathcal{O}, P)$ heißt **Wahrscheinlichkeitsraum**.*

Falls für eine endliche Ergebnismenge $\Omega = \{\omega_1,...,\omega_n\}$ die Wahrscheinlichkeit aller Elementarereignisse als gleich groß angenommen wird, d.h. $P(\{\omega_i\}) = 1/n$ für $i = 1,...,n$, so spricht man von der Laplace-Annahme. Damit berechnet man die Wahrscheinlichkeit eines beliebigen Ereignisses A, das aus k Ergebnissen besteht, als $P(A) = k/n$ (Anzahl der für A günstigen Ergebnisse durch Anzahl der möglichen Ergebnisse).

Eine ähnlich einfache Berechnung der Wahrscheinlichkeit $P(A)$ ist auch bei überabzählbarer Ergebnismenge Ω möglich. Dazu sei Ω als Teilmenge des n-dimensionalen Euklidischen Raumes $\mathbb{R}^n$ vorausgesetzt (z.B. ein Intervall aus $\mathbb{R}$ oder ein Rechteck aus $\mathbb{R}^2$). Jeder Punkt aus Ω sei als Ergebnis möglich. Ereignisse A und B (aus einer geeigneten σ-Algebra über Ω) gleichen Maßes m (d.h. Intervalle gleicher Länge, Gebiete gleicher Fläche) sollen dieselbe Wahrscheinlichkeit haben. Dann ist für $m(\Omega) < \infty$ die geometrische Wahrscheinlichkeit definiert durch $P(A) = m(A)/m(\Omega)$. (Auf Details bezüglich des Maßes m und der σ-Algebra kann hier nicht eingegangen werden; in der 'Maßtheorie' oder der 'Wahrscheinlichkeitstheorie' wird als Maß m das n-dimensionale Lebesgue-Maß auf Ω betrachtet.)

In den vorangegangenen Einheiten haben wir immer wieder davon gesprochen, aus der StatLab-Population 'zufällig' eine gewisse Anzahl von Personen auszuwählen. Da jede der jeweils 1296 zur Verfügung stehenden Familien mit derselben Wahrscheinlichkeit ausgewählt wurde, stand 'zufällig auswählen' für die Beschreibung eines eindeutig bestimmten Laplace-Experiments.

Wie in der ersten Einheit bereits erwähnt wurde, gilt $1296 = 6 \cdot 6 \cdot 6 \cdot 6$. Im Stat-Lab-Buch von HODGES/KRECH/CRUTCHFIELD (vgl. Einheit 1) sind die 1296 StatLab-Familien in 36 Blöcken zu 36 Familien angeordet. Die einzelnen Blöcke und Familien in den Blöcken sind jeweils mit den Würfelzahlen 11, 12, ..., 16, 21, 22, 23, ..., 26, . . . ,61 ,62, ..., 66 numeriert. Daher kann man mit einem Wurf zweier (unterscheidbarer) Würfel zunächst einen der 36 Blöcke auswürfeln und dann eine der 36 Familien aus dem betreffenden Block.

Die verwendeten Würfel sollten natürlich so gut gefertigt sein, daß beim Auswürfeln die Laplace-Annahme gerechtfertigt erscheint.

Die Zahlen, die aus einem Zufallsexperiment, wie z.B. einem Würfel- oder Münzwurf, gewonnen werden nennt man (echte) Zufallszahlen.

Heutzutage werden insbesondere beim Umgang mit Rechnern anstelle von echten Zufallszahlen meistens sogenannte Pseudo-Zufallszahlen verwendet, die mit Hilfe einer Rechenvorschrift in Rechnern erzeugt werden. Worauf bei der Auswahl der Rechenvorschrift (auch Zufalls-Generator genannt) geachtet werden muß, damit die erzeugten Pseudo-Zufallszahlen in sinnvoller Weise anstelle von echten Zufallszahlen verwendet werden können, kann man z.B. in AFFLERBACH/LEHN (Hrsg.): Zufallszahlen und Simulationen (Teubner, Stuttgart 1986) nachlesen. Wir wollen hier jedoch auf die Problematik der Erzeugung von Pseudo-Zufallszahlen nicht weiter eingehen.

Bevor wir uns dem Bertrand'schen Paradoxon zuwenden, wollen wir uns zur Vorbereitung mit der 'geometrischen Wahrscheinlichkeit' befassen. Dazu betrachten wir als Ergebnismengen Ω Teilmengen des n-dimensionalen Euklidischen Raumes $\mathbb{R}^n$ (z.B. Intervalle aus $\mathbb{R}$, Rechtecke aus $\mathbb{R}^2$). In Verallgemeinerung der Laplace-Annahme für endliche Ergebnismengen geht man bei dem Modell der geometrischen Wahrscheinlichkeit davon aus, daß sich die Wahrscheinlichkeit $P(A)$ eines Ereignisses A als Verhältnis des Maßes von A zum Maß von Ω (Länge, Flächeninhalt) berechnet.

Dieses Modell der geometrischen Wahrscheinlichkeit wollen wir im folgenden zugrunde legen.

Aufgabe 5.1:

a) Berechnen Sie für $\Omega=[0,1]$ die Wahrscheinlichkeit dafür, daß ein zufällig gewählter Punkt aus Ω im Intervall $[0.3,0.5)$ liegt.

b) Berechnen Sie für $\Omega=[0,1]^2$ die Wahrscheinlichkeit dafür, daß ein zufällig gewählter Punkt (x,y) aus Ω im Viertelkreis $\{(x,y)\varepsilon\Omega : x^2+y^2\leq1\}$ liegt.

Erzeugt man entsprechend dem betrachteten Zufallsexperiment eine Folge von zufälligen Punkten in Ω und berechnet die relative Häufigkeit des Eintretens des interessierenden Ereignisses A, so erhält man damit einen Schätzwert für die gesuchte Wahrscheinlichkeit. Diese Vorgehensweise wird auch Monte-Carlo-Simulation genannt. Monte-Carlo-Simulationen gründen sich auf Grenzwertsätze, auf die erst später eingegangen werden kann.

In der nachfolgenden Abbildung wird für Aufgabe 5.1 a) und b) jeweils eine Monte-Carlo-Simulation durchgeführt. Dabei wird die Anzahl n der zufällig ausgewählten Punkte aus dem Einheitsintervall bei a) bzw. aus dem Einheitsquadrat bei b) und die zugehörige relative Häufigkeit laufend angezeigt.

Vergleichen Sie die Simulationsergebnisse mit Ihren Berechnungen. Geben die Simulationsergebnisse Anlaß, Ihre Berechnungen zu Aufgabe 5.1 zu überdenken?

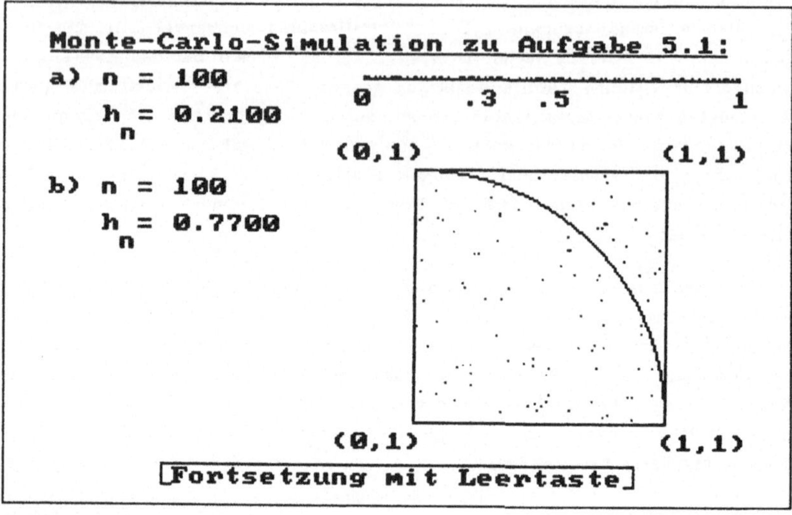

Abbildung 5.1

Bemerkung 5.1:

Die erhaltenen Simulationsergebnisse stellen aufgrund der kleinen Anzahl n nur recht grobe Näherungen dar. Die genauen Ergebnisse zu Aufgabe 5.1 berechnet man als Verhältnis der Länge des Intervalls [0.3,0.5) zur Gesamtlänge des Einheitsintervalls bzw. als Verhältnis der Fläche des Viertelkreises zur Gesamtfläche des Einheitsquadrates:

a) $p = 0.2$

b) $p = \pi/4 \approx 0.785398$

Nach den vorbereitenden Betrachtungen wollen wir uns dem sogenannten 'Bertrand'-schen Paradoxon' beschäftigen (vgl. HELLER/LINDENBERG/NUSKE/SCHRIEVER Wahrscheinlichkeitsrechnung 1, Birkhäuser, Basel 1979). Wir werden sehen, daß die Beantwortung der Frage

"Wie groß ist die Wahrscheinlichkeit dafür, daß eine zufällig in den Einheitskreis eingezeichnete Sehne länger ist als eine Seite eines dem Einheitskreis einbeschriebenen gleichseitigen Dreiecks?"

von der Interpretation von 'zufällig' abhängt; es gibt daher verschiedene Ergebnisse bei der Beantwortung der Frage, je nachdem wie man das entsprechende Zufallsexperiment wählt bzw. mit welchem Wahrscheinlichkeitsraum man das Experiment beschreibt.

In den folgenden Aufgaben wird das 'zufällige Auswählen' einer Sehne soweit
präzisiert, daß es möglich ist, die betreffende Wahrscheinlichkeit zu berechnen.
Die einzelnen Ergebnisse der Aufgaben werden erst am Schluß der Einheit aufgeführt. Jedoch wird nach jeder Aufgabe eine Monte-Carlo-Simulation zu dem in der
entsprechenden Aufgabe beschriebenen Zufallsexperiment durchgeführt. Dabei wird
die Anzahl n der zufällig ausgewählten Sehnen und die zugehörige relative Häufigkeit laufend angezeigt.

Aufgabe 5.2:

Zunächst wird ein Durchmesser des Einheitskreises (z.B. der von −1 nach +1)
festgelegt. Auf diesem Durchmesser wird dann ein Punkt zufällig ausgewählt.
Durch diesen Punkt wird senkrecht zum Durchmesser eine Sehne eingezeichnet.
Geben Sie eine angemessene Ergebnismenge Ω an, und beschreiben Sie das Ereignis
A, bei dessen Eintreten die Sehne länger als die Dreiecksseite ist. Berechnen
Sie die gesuchte Wahrscheinlichkeit P(A). Zur Illustration des beschriebenen
Zufallsexperiments wird Ihnen nachfolgend eine Skizze angegeben.

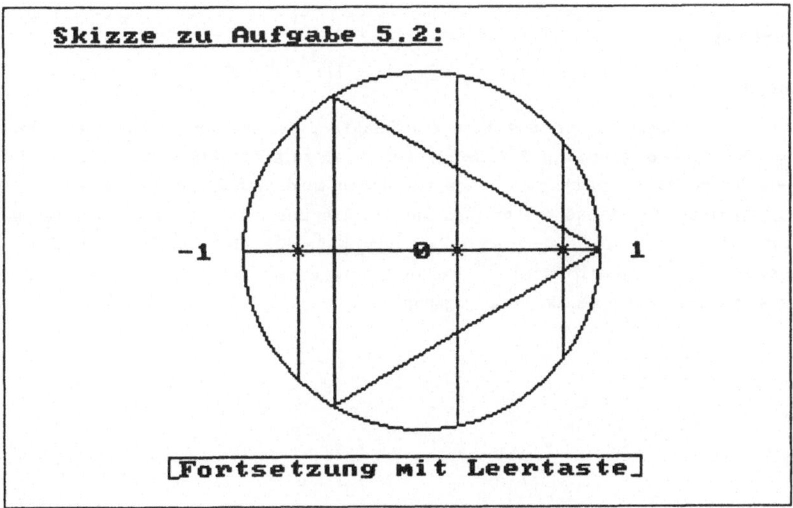

Abbildung 5.2

Vergleichen Sie Ihr Ergebnis zu Aufgabe 5.2 mit dem Näherungswert der nachfolgenden Monte-Carlo-Simulation. Gibt die Simulation Anlaß, Ihre Berechnung zu
überdenken?

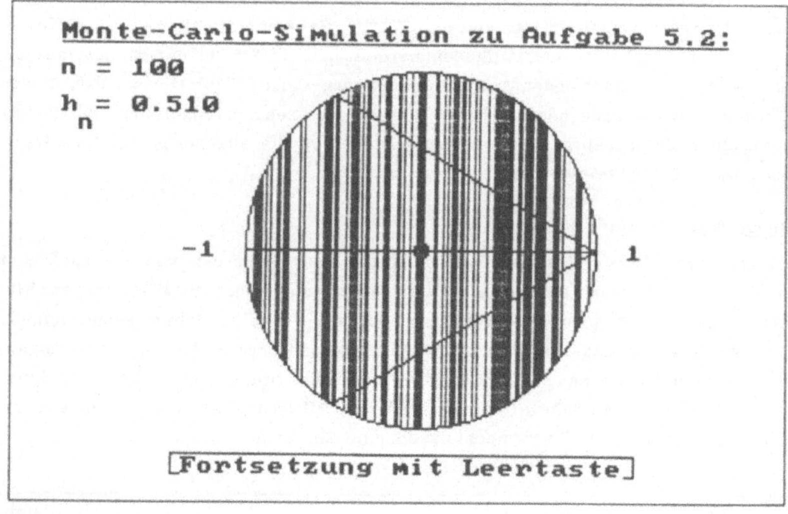

Abbildung 5.3

Aufgabe 5.3:

Auf dem Umfang des Kreises wird ein Punkt, z.B. der Punkt (1,0), festgelegt. Dann wird auf dem Umfang des Kreises ein Punkt zufällig ausgewählt, der mit dem festgelegten Punkt durch eine Sehne verbunden wird. Geben Sie eine angemessene Ergebnismenge Ω an und beschreiben Sie das Ereignis A, bei dessen Eintreten die Sehne länger als die Dreiecksseite ist. Berechnen Sie die gesuchte Wahrscheinlichkeit P(A). Zur Illustration des beschriebenen Zufallsexperimentes wird Ihnen nachfolgend eine Skizze angegeben.

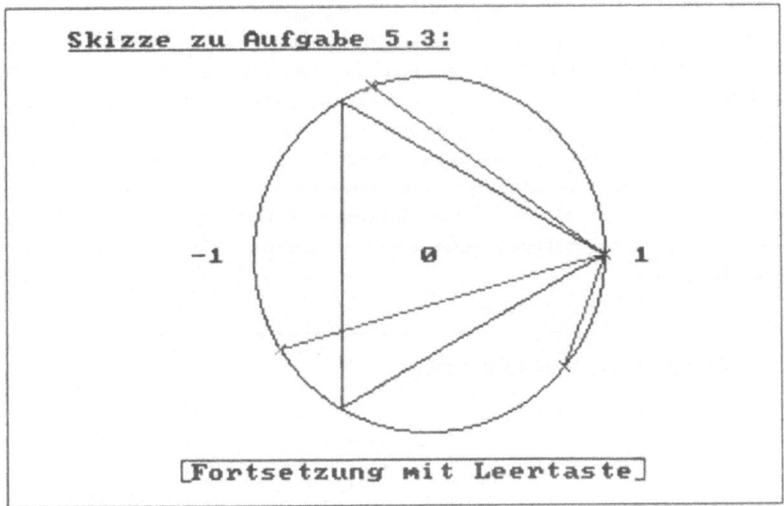

Abbildung 5.4

Vergleichen Sie Ihr Ergebnis zu Aufgabe 5.3 mit dem Näherungswert der nachfolgenden Monte-Carlo-Simulation. Gibt die Simulation Anlaß, Ihre Berechnung zu
überdenken?

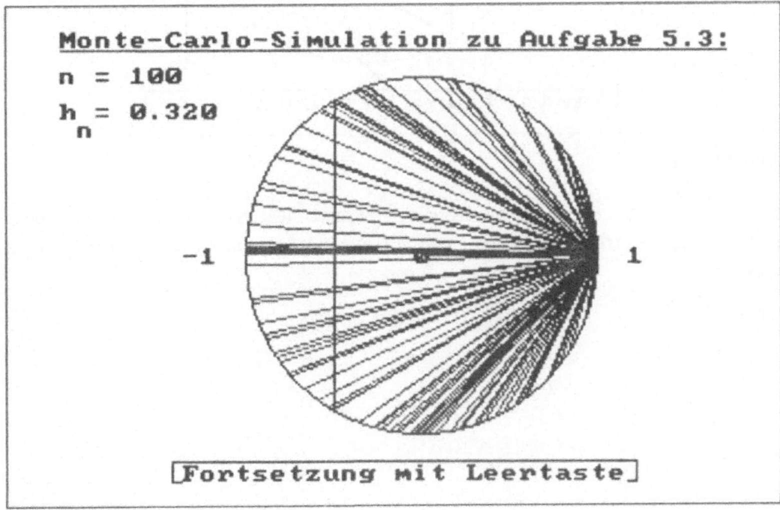

Abbildung 5.5

Aufgabe 5.4:

Auf dem Umfang des Kreises wird ein Punkt, z.B. der Punkt (1,0), festgelegt und
eine (gerichtete) Tangente in diesem Punkt an den Kreis gezeichnet. Dann wird
ein Winkel zwischen 0° bis 180° zufällig ausgewählt und ein Strahl von dem festgelegten Punkt mit dem gewählten Winkel zur Tangente gezeichnet, so daß eine
Sehne des Kreises bestimmt wird. Geben Sie eine angemessene Ergebnismenge Ω an,
und beschreiben Sie das Ereignis A, bei dessen Eintreten die Sehne länger als
die Dreiecksseite ist. Berechnen Sie die gesuchte Wahrscheinlichkeit P(A). Zur
Illustration des beschriebenen Zufallsexperiments wird Ihnen nachfolgend eine
Skizze angegeben.

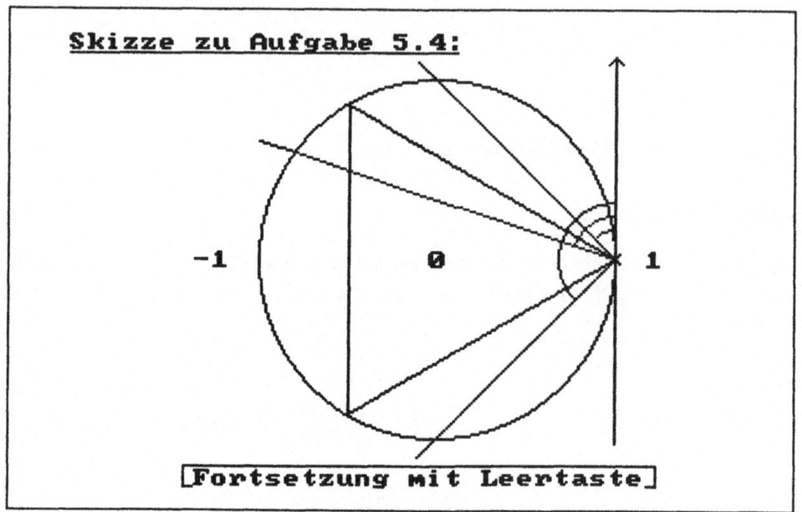

Abbildung 5.6

Vergleichen Sie Ihr Ergebnis zu Aufgabe 5.4 mit dem Näherungswert der nachfolgenden Monte-Carlo-Simulation. Gibt die Simulation Anlaß, Ihre Berechnung zu
überdenken?

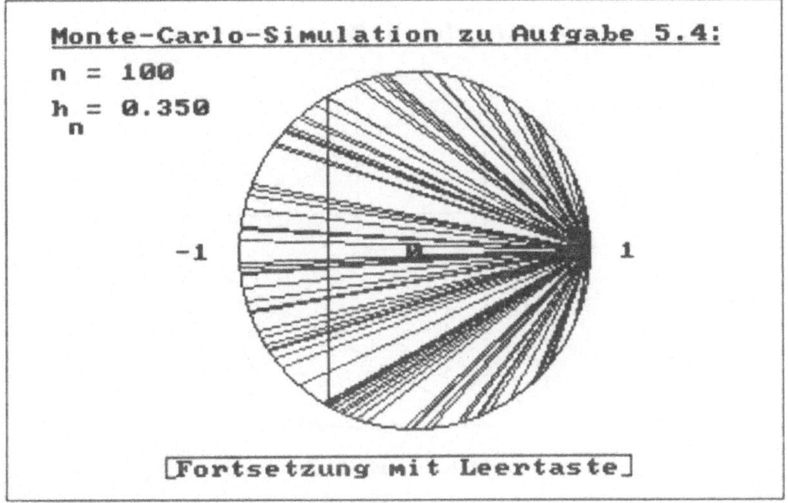

Abbildung 5.7

In den Aufgaben 5.2, 5.3 und 5.4 mußte zur Berechnung der gesuchten Wahrscheinlichkeit P(A) das Verhältnis von Intervallängen betrachtet werden. In den nachfolgenden Aufgaben werden Verhältnisse von Flächeninhalten von Interesse sein.

Aufgabe 5.5:

Auf der Fläche des Einheitskreises wird ein Punkt zufällig ausgewählt. In diesem Punkt wird senkrecht zu dem durch den Punkt verlaufenden Radius eine Sehne
eingezeichnet. Geben Sie eine angemessene Ergebnismenge Ω an, und beschreiben
Sie das Ereignis A, bei dessen Eintreten die Sehne länger als die Dreiecksseite
ist. Berechnen Sie die gesuchte Wahrscheinlichkeit P(A). Zur Illustration des
des beschriebenen Zufallsexperiments wird Ihnen nachfolgend eine Skizze angegeben.

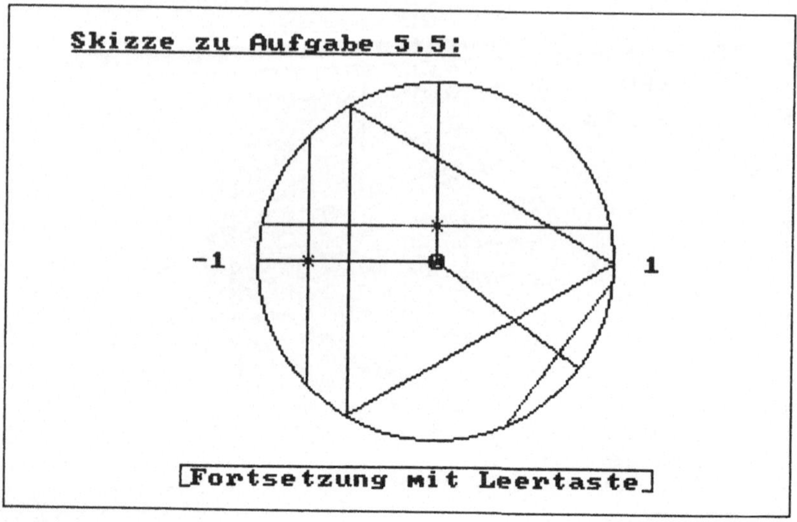

Abbildung 5.8

Vergleichen Sie Ihr Ergebnis zu Aufgabe 5.5 mit dem Näherungswert der nachfolgenden Monte-Carlo-Simulation. Gibt die Simulation Anlaß, Ihre Berechnung zu überdenken?

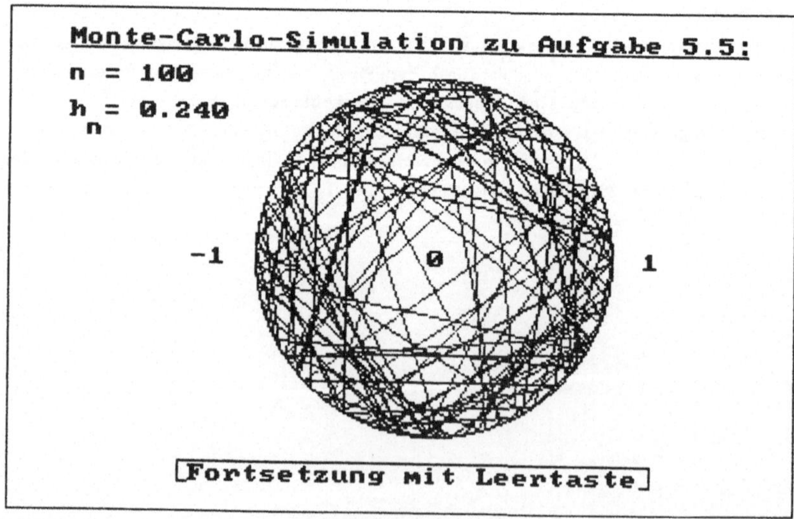

Abbildung 5.9

Aufgabe 5.6:

Auf dem Umfang des Kreises wird ein Punkt, z.B. der Punkt (1,0), festgelegt. Dann wird auf der Fläche des Kreises ein Punkt zufällig ausgewählt,der mit dem festgelegten Punkt verbunden wird. Nun wird die Verbindungslinie verlängert, so daß man eine Sehne erhält. Geben Sie eine angemessene Ergebnismenge Ω an, und beschreiben Sie das Ereignis A, bei dessen Eintreten die Sehne länger als die Dreiecksseite ist. Berechnen Sie die gesuchte Wahrscheinlichkeit P(A). Zur Illustration des beschriebenen Zufallsexperimentes wird Ihnen nachfolgend eine Skizze angegeben.

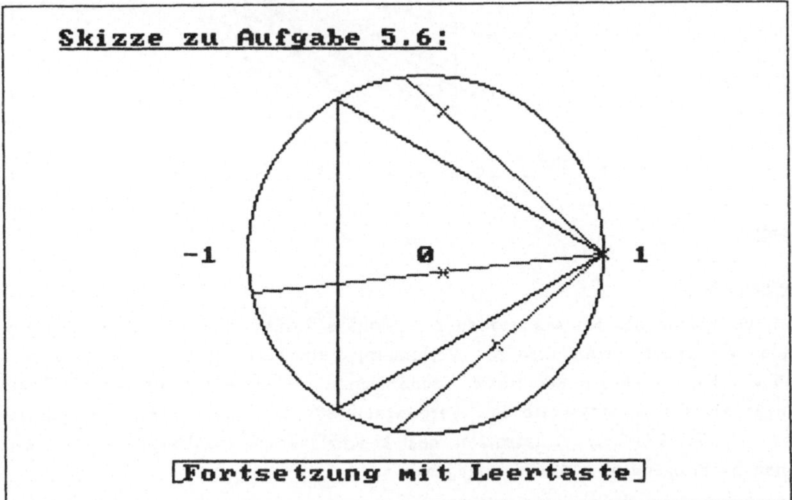

Abbildung 5.10

Vergleichen Sie Ihr Ergebnis zu Aufgabe 5.6 mit dem Näherungswert der nachfolgenden Monte-Carlo-Simulation. Gibt die Simulation Anlaß, Ihre Berechnung zu überdenken?

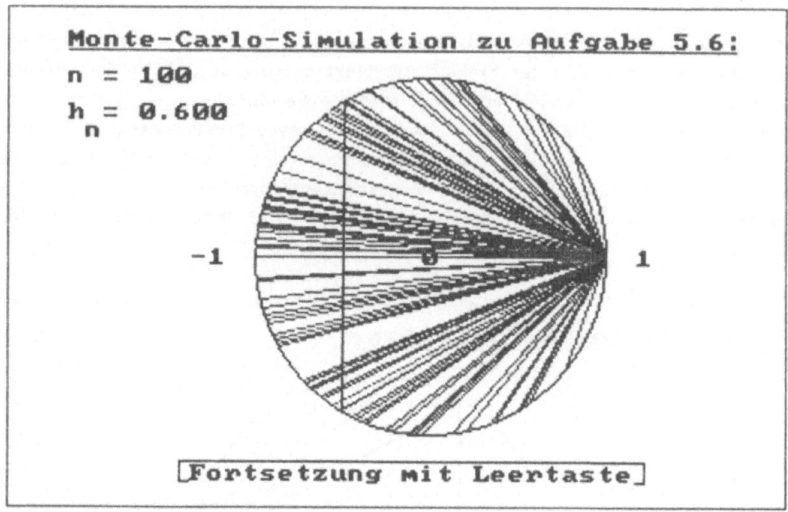

Abbildung 5.11

Aufgabe 5.7:

Auf der Fläche des Kreises werden zwei Punkte zufällig ausgewählt und mitein-
ander verbunden. Dann wird die Verbindungslinie verlängert, so daß man eine
Sehne erhält. Schätzen Sie die Wahrscheinscheinlichkeit P(A), mit der die Sehne
länger als die Dreiecksseite ist. Vergleichen Sie dazu auch Ihre Berechnungen
zu Aufgabe 5.5. Zur Illustration des beschriebenen Zufallsexperiments wird
Ihnen nachfolgend eine Skizze angegeben.

Anschließend wird zu dem beschriebenen Zufallsexperiment eine Monte-Carlo-
Simulation durchgeführt. Vergleichen Sie Ihren Schätzwert mit dem Näherungswert
der Monte-Carlo-Simulation.

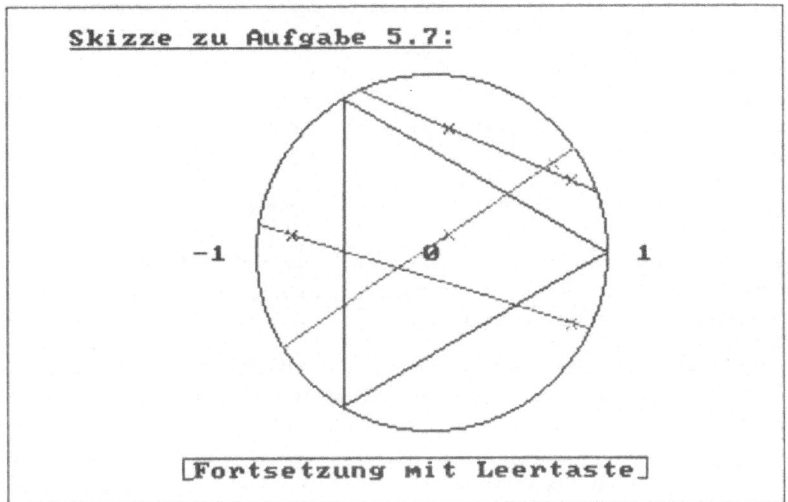

Abbildung 5.12

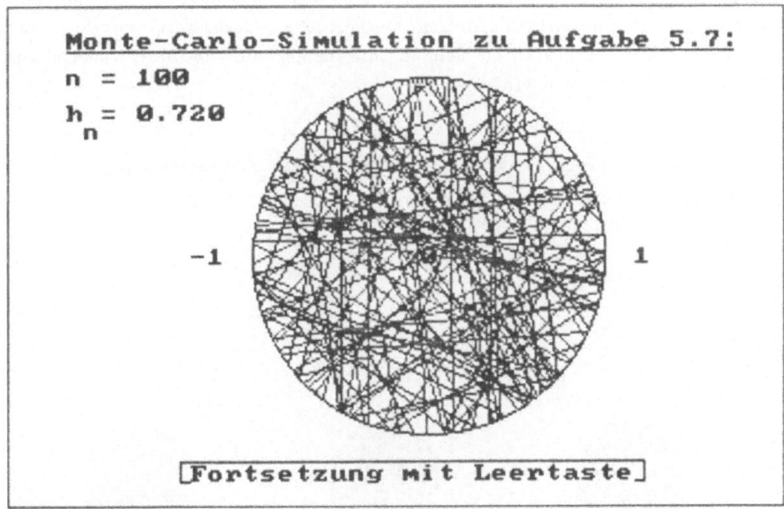

Abbildung 5.13

Bemerkung 5.2:

Durch eine etwas aufwendige Berechnung erhält man bei dem in Aufgabe 5.7 beschriebenen Zufallsexperiment die gesuchte Wahrscheinlichkeit

$$P(A) \; = \; \frac{4 \cdot \pi + 9 \cdot \sqrt{3}}{12 \cdot \pi} \; \approx \; 0.746$$

Zum Vergleich sind hier die entsprechenden Ergebnisse zu den Aufgaben 5.2, 5.3, 5.4, 5.5 und 5.6 aufgeführt:

Aufgabe 5.2: $P(A)$ = $1/2$ = 0.5

Aufgabe 5.3: $P(A)$ = $1/3$ $\approx$ 0.333

Aufgabe 5.4: $P(A)$ = $1/3$ $\approx$ 0.333

Aufgabe 5.5: $P(A)$ = $1/4$ = 0.25

Aufgabe 5.6: $P(A)$ = $\dfrac{1}{3} + \dfrac{\sqrt{3}}{2\pi}$ $\approx$ 0.609

Die vorher angegebenen Ergebnisse zeigen, daß man ein Zufallsexperiment genau beschreiben muß; i.a reicht die Formulierung 'zufällig' nicht aus, um ein Zufallsexperiment eindeutig zu beschreiben.

In der nachfolgenden Abbildung werden für die Aufgaben 5.2, 5.3, 5.4, 5.5 und 5.6 die Ergebnismengen und das Ereignis A, bei dessen Eintreten die Sehne länger als die Dreiecksseite ist, graphisch dargestellt. Dabei ist A stets grün eingezeichnet. das Komplement von A ist rot dargestellt. Zusammengenommen erhält man die jeweilige Ergebnismenge Ω.

Die Ergebnismenge Ω und das Ereignis A zum dem in Aufgabe 5.7 beschriebenen Zufallsexperiment lassen sich nicht so einfach graphisch darstellen. Eine etwas umfangreichere Monte-Carlo-Simulation verdeutlicht jedoch aufgrund der häufig auftretenden, grün dargestellten Sehnen, die länger als die Dreiecksseite sind, den recht großen Wert von P(A).

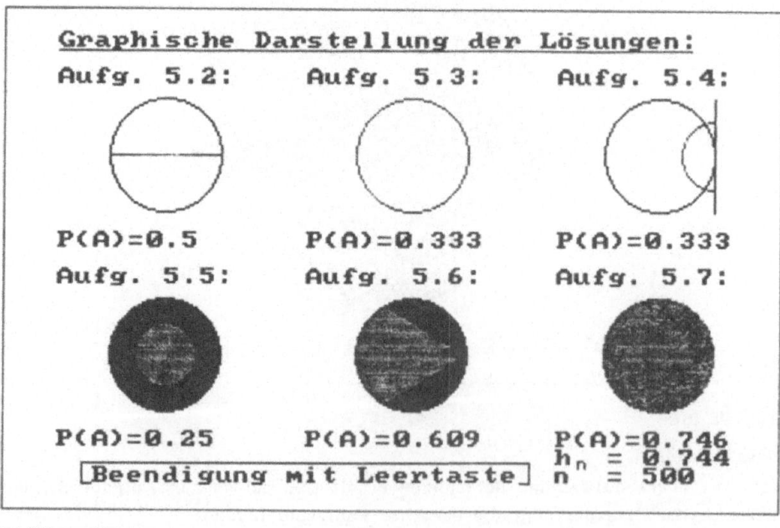

Abbildung 5.14

EINHEIT 6: Verteilungen von Zufallsvariablen

In den ersten Einheiten haben wir uns anhand von graphischen Darstellungen sowie durch die Berechnung von Lage- und Streuungsmaßzahlen einen ersten Eindruck von Merkmalen wie z.B. Körpergröße und Einkommen bei den StatLab-Familien verschafft. Im Hinblick auf die Durchführung statistischer Tests ist es sinnvoll, die Merkmale durch Zufallsvariablen zu beschreiben. Daher wollen wir uns in dieser Einheit etwas näher mit Zufallsvariablen und ihren Verteilungen beschäftigen. Doch zunächst eine kurze Zusammenstellung der benötigten Definitionen, Bezeichnungen, Sätze und Formeln:

Wird ein Zufallsexperiment durch den Wahrscheinlichkeitsraum $(\Omega,\mathcal{O},P)$ beschrieben und ordnet man jedem Ergebnis $\omega\varepsilon\Omega$ einen durch das Ergebnis bestimmten reellen Zahlenwert $X(\omega)$ zu, so heißt diese Abbildung $X:\ \Omega \longrightarrow \mathbb{R}$ Zufallsvariable (Zufallsgröße) über $(\Omega,\mathcal{O},P)$, falls $\{\omega\varepsilon\Omega:X(\omega)\varepsilon I\}\varepsilon\mathcal{O}$ für alle Intervalle $I\subset\mathbb{R}$ gilt. Für die Wahrscheinlichkeit des Ereignisses $\{\omega\varepsilon\Omega:X(\omega)\varepsilon I\}$ wird abkürzend $P(X\varepsilon I)$ bzw. $P(a<X\leq b)$, $P(a\leq X\leq b)$, $P(X<b)$ usw. geschrieben. Die Abbildung $F:\ \mathbb{R} \longrightarrow [0,1]$ mit $F(x)\ =\ P(X\leq x)$ für $x\varepsilon\mathbb{R}$ heißt Verteilungsfunktion der Zufallsvariablen X. Das durch diese rechtsseitig stetige, monoton wachsende Funktion F festgelegte 'Wahrscheinlichkeitsgesetz', nach dem die Zufallsvariable X ihre Werte annimmt, wird Verteilung von X genannt.

Eine Zufallsvariable X heißt diskret (diskret verteilt), wenn ihr Wertevorrat endlich oder abzählbar unendlich ist. Die Verteilung einer solchen Zufallsvariablen X ist durch die Angabe der Werte x_1, $x_2,...$ und der Wahrscheinlichkeiten $p_1\ =\ P(X{=}x_1)$, $p_2\ =\ P(X{=}x_2),...$ mit $\sum_i p_i = 1$ festgelegt. Falls $\sum_i |x_i|\cdot P(X{=}x_i)$ konvergiert, so heißt $E(X)\ =\ \sum_i x_i\cdot P(X{=}x_i)$ Erwartungswert von X. Ist $Y = h(X)$ die durch eine reelle Funktion h transformierte Zufallsvariable, so gilt für den Erwartungswert $E(Y)\ =\ \sum_i h(x_i)\cdot P(X{=}x_i)$, falls diese Summe absolut konvergent ist.

Eine Zufallsvariable X heißt stetig verteilt mit der Dichte f, falls sich ihre Verteilungsfunktion F durch eine nichtnegative Funktion $f:\ \mathbb{R} \longrightarrow \mathbb{R}$ in der Form $F(x)\ =\ \int_{-\infty}^{x} f(t)\,dt$ für $x\varepsilon\mathbb{R}$ schreiben läßt. (Wenn f Dichte von X ist, so gilt: $\int_{-\infty}^{\infty} f(t)\,dt\ =\ 1$) Falls $\int_{-\infty}^{\infty} |x|\cdot f(x)\,dx$ endlich ist, so heißt $E(X)\ =\ \int_{-\infty}^{\infty} x\cdot f(x)\,dx$ Erwartungswert von X. Ist $Y = h(X)$ die durch eine stetige Funktion h transformierte Zufallsvariable, dann gilt $E(Y)\ =\ \int_{-\infty}^{\infty} h(x)\cdot f(x)\,dx$, falls der Integrand absolut integrierbar ist.

Eine Zufallsvariable X heißt symmetrisch zu $a\varepsilon\mathbb{R}$ verteilt, falls für alle $x\geq 0$ $P(X\leq a{-}x)\ =\ P(X\geq a{+}x)$ gilt. Ist X stetig verteilt mit der Dichte f und gilt $f(a{-}x)\ =\ f(a{+}x)$ für alle $x\varepsilon\mathbb{R}$, dann ist X symmetrisch zu a verteilt.

Satz: *Ist X symmetrisch zu a verteilt und existiert der Erwartungswert E(X), so gilt E(X) = a.*

Ist X eine (diskret oder stetig verteilte) Zufallsvariable, für die sowohl $E(X)$ als auch $E([X-E(X)]^2)$ existieren, so heißt $Var(X) = E([X-E(X)]^2) = E(X^2)-[E(X)]^2$ die **Varianz** von X. Die Wurzel aus der Varianz von X wird **Standardabweichung** oder **Streuung** von X genannt. Wenn das dritte Moment $E(X^3)$ existiert (und $Var(X)$ nicht gleich Null ist), so existiert der Quotient $E([X-E(X)]^3)/(Var(X))^{3/2}$, den man **Schiefe** von X nennt. Die Zahl $x_p = \sup\{x \varepsilon \mathbb{R}: F(x) < p\} = \inf\{x \varepsilon \mathbb{R}: F(x) \geq p\}$, $0 < p < 1$, heißt **p-Quantil** von X. Das 0.5-Quantil heißt **Median** von X. (Diese Quantile von Zufallsvariablen entsprechen den Quantilen von Meßreihen.)

Die zuvor angegebenen Kennzahlen des Verteilungsgesetzes einer Zufallsvariablen verwendet man hin und wieder, auch ohne von einer Zufallsvariablen zu sprechen. Dann versteht man unter dem Erwartungswert, der Varianz usw. einer Verteilung die Werte $E(X)$, $Var(X)$ usw. einer geeignet zu wählenden Zufallsvariablen X, die die betreffende Verteilung besitzt.

Für $0 < p < 1$ und $n \varepsilon \mathbb{N}$ heißt eine Zufallsvariable X mit $P(X=i) = \binom{n}{i} \cdot p^i \cdot (1-p)^{n-i}$, $i = 1,\dots,n$, **binomialverteilt** mit den Parametern n und p (kurz: $B(n,p)$-verteilt), wobei $\binom{n}{i} = \frac{n!}{i!(n-i)!}$ die Binomialkoeffizienten sind. $E(X) = n \cdot p$, $Var(X) = n \cdot p \cdot (1-p)$.

Für $0 < p < 1$ heißt eine Zufallsvariable X mit $P(X=i) = (1-p)^{i-1} \cdot p$, $i = 1,2,3,\dots$, **geometrisch verteilt** mit dem Parameter p. $E(X) = 1/p$, $Var(X) = (1-p)/p^2$.

Für $\alpha > 0$ heißt eine Zufallsvariable X mit $P(X=i) = \frac{\alpha^i}{i!} e^{-\alpha}$, $i = 0,1,2,\dots$, **Poisson-verteilt** mit dem Parameter α. $E(X) = \alpha$, $Var(X) = \alpha$.

Für $\mu \varepsilon \mathbb{R}$ und $\sigma > 0$ heißt eine Zufallsvariable X **normalverteilt** mit den Parametern μ und σ^2 (kurz: $N(\mu,\sigma^2)$-verteilt), falls X stetig verteilt ist mit der folgenden Dichte f:

$$f(t) = \frac{1}{\sigma\sqrt{2\pi}} \, e^{-\frac{1}{2}\left(\frac{t-\mu}{\sigma}\right)^2}, \quad t \varepsilon \mathbb{R}$$

(Gauß'sche Glockenkurve). $E(X) = \mu$, $Var(X) = \sigma^2$. Ist X $N(\mu,\sigma^2)$-verteilt, so ist $U = (X-\mu)/\sigma$ eine $N(0,1)$-verteilte Zufallsvariable (Standardisierung von X). Damit führt man alle Berechnungen auf die Verteilungsfunktion Φ einer **standardnormalverteilten** (d.h. $N(0,1)$-verteilten) Zufallsvariablen zurück.

Für $\alpha > 0$ heißt eine Zufallsvariable X **exponentialverteilt** mit dem Parameter α (kurz: $Ex(\alpha)$-verteilt), falls X stetig verteilt ist mit folgender Dichte f:

$$f(t) = \begin{cases} 0 & \text{für } t < 0 \\ \alpha e^{-\alpha t} & \text{für } t \geq 0 \end{cases}$$

$E(X) = 1/\alpha$, $Var(X) = 1/\alpha^2$.

Für $\alpha > 0$ und $\beta > 0$ heißt eine Zufallsvariable X Weibull–verteilt mit den Parametern α und β, falls X stetig verteilt ist mit der folgenden Dichte f:

$$f(t) = \begin{cases} 0 & \text{für } t < 0 \\ \alpha \cdot \beta \cdot t^{\beta-1} e^{-\alpha t^\beta} & \text{für } t \geq 0 \end{cases}$$

Für $\beta = 1$ erhält man als spezielle Weibull–Verteilungen die Exponentialverteilungen.

Für $\alpha > 0$ heißt eine Zufallsvariable X (standardisiert) Cauchy–verteilt mit dem Parametern α, falls X stetig verteilt ist mit der folgenden Dichte f:

$$f(t) = \frac{1}{\pi} \cdot \frac{\alpha}{\alpha^2 + t^2}, \quad t \in \mathbb{R}.$$

Zunächst betrachten wir noch einmal Histogramme zu den Körpergrößen der Mütter (Größe in inch) aus Einheit 2. Für die folgenden Abbildungen können Sie die Klassenbreite zwischen 0.05 und 6.0 variieren. Dabei werden die Histogramme wieder wie in der Einheit 2 dargestellt.

Aufgabe 6.1:

Sei X die Zufallsvariable, die die Körpergröße der Mütter beschreibt. Welche Verteilung hat Ihres Erachtens die Zufallsvariable X aufgrund der betrachteten Daten? Begründen Sie Ihre Vermutung!

Wählen Sie dazu in den nachfolgenden Abbildungen verschiedene Klasseneinteilungen für die Histogramme zu den Meßwerten der Körpergrößen der 50 zufällig ausgewählten StatLab-Mütter.

Geben Sie die Klassenbreite und dann   ⏎   ein (zwischen 0.05 und 6.0):

■ (Vgl. Abb. 2.2-2.6.)

In der Einheit 2 haben wir zu den betrachteten 50 Meßwerten von Körpergrößen der Mütter als empirischen Mittelwert einen Wert von ca. 65 erhalten (vgl. Bemerkung 2.2); als empirische Varianz dieser Meßwerte erhält man (analog zu den Aufgaben 3.2 und 3.3) einen Wert von ca. 4.7. Daher liegt es nahe, für den Erwartungwert der Zufallsvariablen X, die die Körpergröße der Mütter beschreibt, $E(X) = 65$ und für die Varianz $Var(X) = 4.7$ anzunehmen.

Aufgabe 6.2:

Halten Sie es für sinnvoll, für die Verteilung der Zufallsgröße X, die die Körpergröße der Mütter beschreibt, eine Normalverteilung anzunehmen? Betrachten Sie dazu auch die nachfolgenden Abbildungen, in denen zu den Histogrammen die Dichte der N(65,4.7)-Verteilung skizziert ist. (Für die Dichte gilt nicht die an der Ordinate angegebene Skalierung. Die Dichte ist so gezeichnet, daß die Fläche unter der Dichte der Gesamtfläche aller eingezeichneten Rechtecke entspricht.)

Wählen Sie insbesondere die Klassenbreiten 2, 1 und 0.9999 sowie in den angegebenen Schranken ggf. weitere Einteilungen und vergleichen Sie jeweils die Anpassung der Dichte an das Histogramm.

Geben Sie die Klassenbreite und dann ⏎ ein (zwischen 0.05 und 6.0):

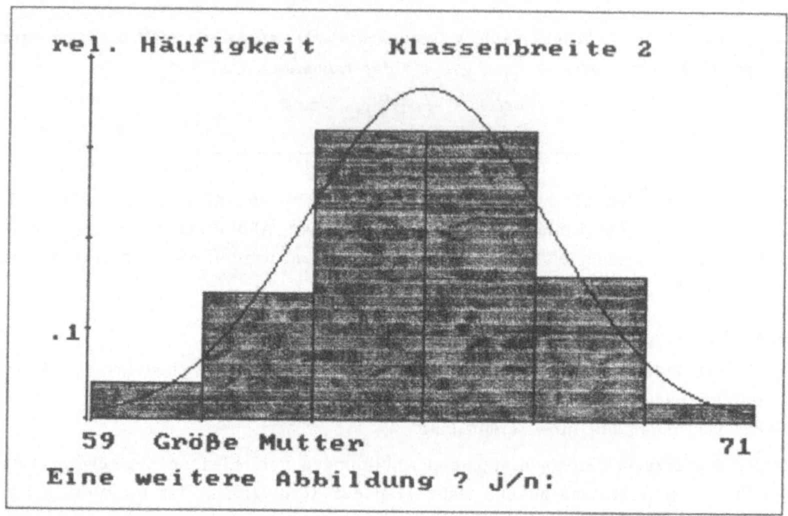

Abbildung 6.1

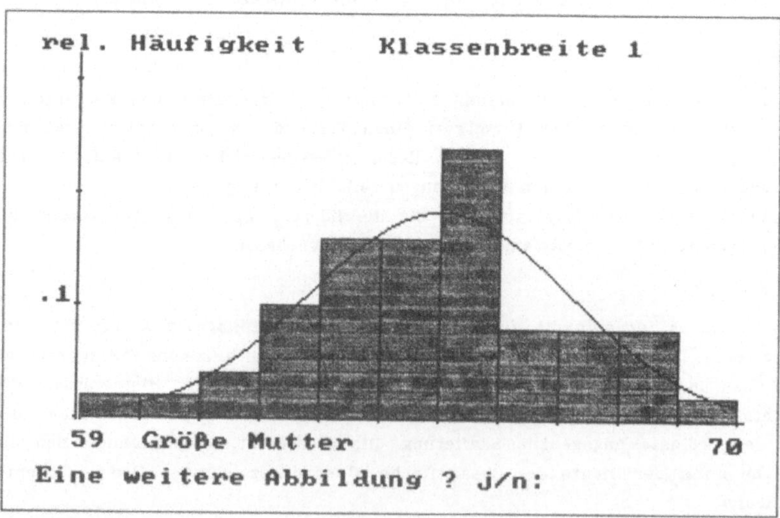

Abbildung 6.2

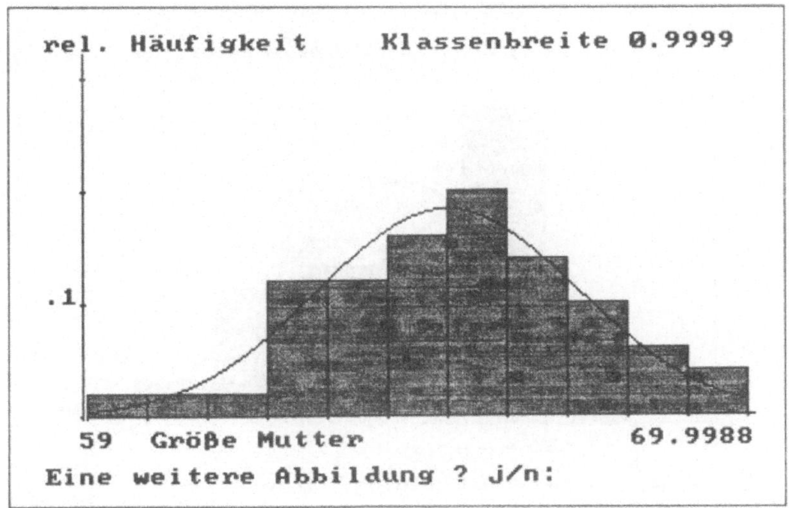

Abbildung 6.3

Bemerkung 6.1:

a) Man kann vermuten, daß sich die Körpergröße der Mütter durch eine normalverteilte Zufallsvariable beschreiben läßt, da bei einigen der Histogrammen
   (z.B. bei den Klassenbreiten 2, 1, 0.9999) die Form der Gauß'schen Glockenkurve angedeutet ist.

b) Der Vergleich der Histogramme mit der Dichte der N(65,4.7)-Verteilung von
   Aufgabe 6.2 kann als Bestätigung der Vermutung von a) gesehen werden, da
   meistens eine recht gute Approximation vorliegt.

Aufgabe 6.3:

Wieso ist eine Normalverteilungsannahme bei den Einkommen nicht sehr sinnvoll?
Denken Sie an die Betrachtungen in Einheit 2!

Wenn die Familieneinkommen normalverteilt wären, so käme aufgrund der Berech-
nung von empirischem Mittelwert und empirischer Varianz etwa eine N(150,3500)-
Verteilung in Frage. In den nachfolgenden Abbildungen ist wieder zu den Histo-
grammen jeweils die Dichte dieser N(150,3500)-Verteilung skizziert, wobei die
Skalierung für die Dichte so gewählt ist, daß die Fläche unter der Dichte der
Gesamtfläche aller eingezeichneten Rechtecke entspricht.

Wählen Sie insbesondere die Klassenbreiten 40 und 80 sowie in den angegebenen
Schranken ggf. weitere Einteilungen und vergleichen Sie jeweils die Anpassung
der Dichte an das Histogramm.

Geben Sie die Klassenbreite und dann ↵ ein (zwischen 2 und 200):

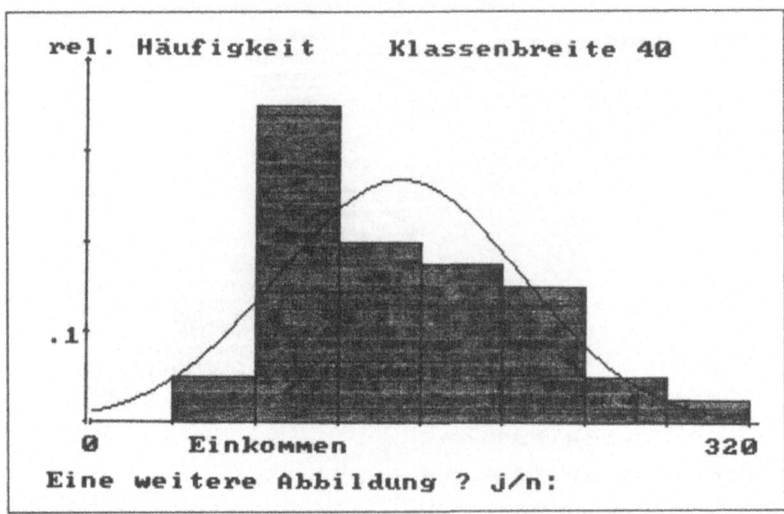

Abbildung 6.4

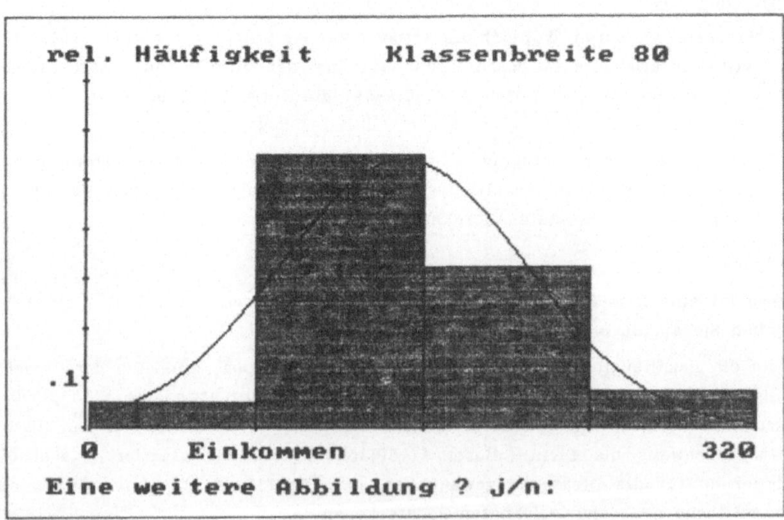

Abbildung 6.5

Bemerkung 6.2:

a) Bei der Betrachtung der Histogramme und des Boxplots zur Meßreihe der Familieneinkommen hatten wir in der Einheit 2 eine deutliche Rechtsschiefe festgestellt. Dies spricht gegen eine Normalverteilungsannahme.

b) Der Vergleich der Histogramme mit der Dichte der $N(150,3500)$-Verteilung von Aufgabe 6.3 zeigt, daß meistens keine besonders gute Approximation vorliegt.

Wir wollen uns nun etwas näher mit der Normalverteilung beschäftigen, die bei statistischen Auswertungen von besonderer Bedeutung ist.

Aufgabe 6.4:

In der nachfolgenden Abbildung ist die Dichte einer Normalverteilung dargestellt. Schätzen Sie für die zugehörige Zufallsvariable X den Erwartungswert $E(X)$, die Varianz $Var(X)$ und die Schiefe.

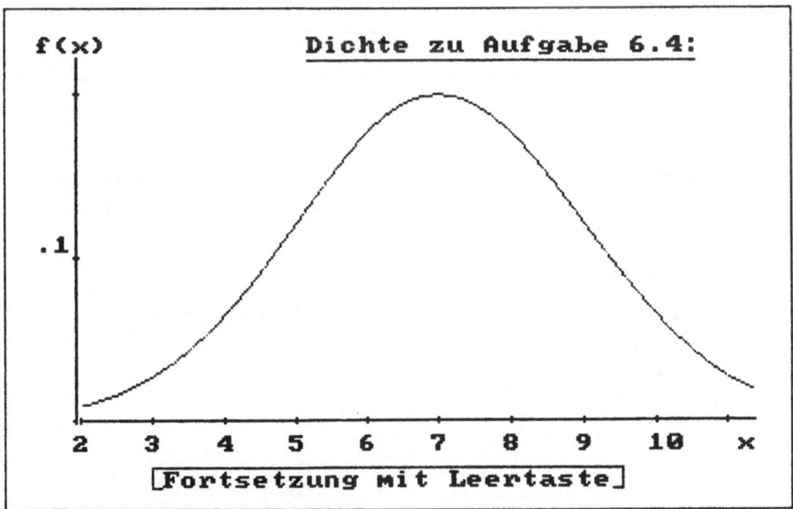

Abbildung 6.6

Bemerkung 6.3:

In der vorherigen Abbildung wurde die Dichte der $N(7,4)$-Verteilung abgebildet. Also gilt für die in der Aufgabe 6.4 angesprochene Zufallsvariable X: $E(X) = 7$, $Var(X) = 4$ und Schiefe 0.

Vergleichen Sie Ihre Ergebnisse von Aufgabe 6.4 mit den obigen Angaben, und betrachten Sie dazu die nachfolgende Abbildung.

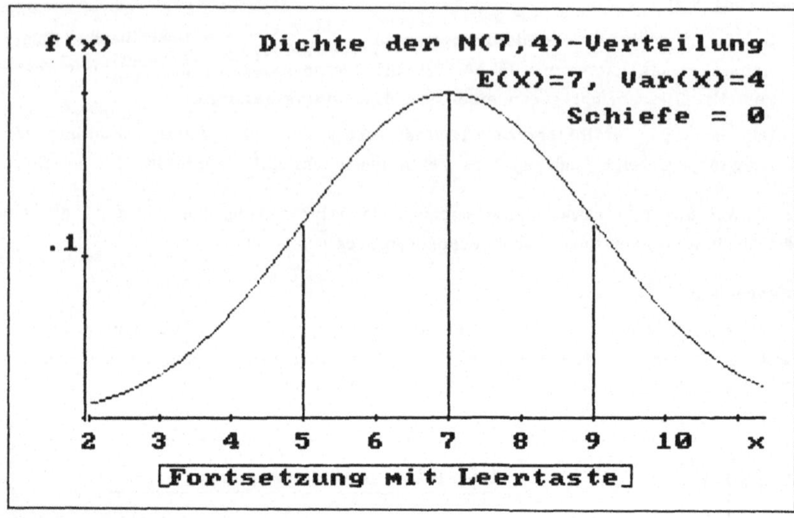

Abbildung 6.7

Aufgabe 6.5:

Nachfolgend ist eine Dichte einer stetig verteilten Zufallsvariablen X skizziert. Bestimmen Sie die Verteilung von X, und schätzen Sie die Werte E(X), Var(X) und die Schiefe.

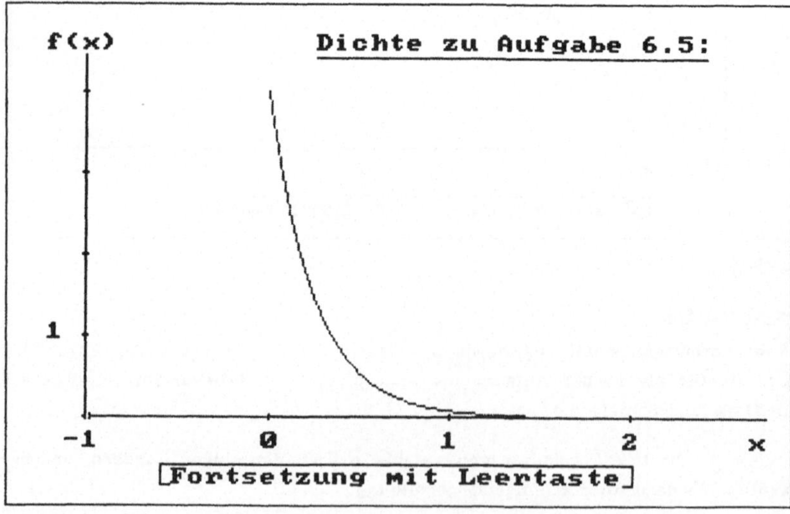

Abbildung 6.8

Bemerkung 6.4:

In der vorherigen Abbildung wurde die Dichte der Ex(4)-Verteilung abgebildet. Da für eine Ex(α)-verteilte Zufallsvariable X stets E(X) = 1/α, Var(X) = 1/α^2 und Schiefe = 1/$\sqrt{\alpha}$ gilt, erhalten wir in Aufgabe 6.5: E(X) = 1/4, Var(X) = 1/16 und Schiefe = 1/2.

Vergleichen Sie Ihre Ergebnisse von Aufgabe 6.5 mit den obigen Angaben, und betrachten Sie dazu nochmals die Abbildung mit der Dichte der Ex(4)-Verteilung.

■ (Vgl. Abb. 6.8.)

In den folgenden Abbildungen werden Dichten von exponentialverteilten Zufallsvariablen X dargestellt. Dazu werden die Werte E(X), Var(X) und die Schiefe angegeben. Sie können den Parameter α der Ex(α)-Verteilung zwischen 0.4 und 4.0 variieren.

Aufgabe 6.6:

Lassen Sie insbesondere für die Parameterwerte 1 und 3 die Dichten der zugehörigen Exponentialverteilungen erstellen, und wählen Sie in den angegebenen Schranken weitere Werte.

Vergleichen Sie die Ex(α)-Verteilungen für die verschiedenen Werte des Parameters α.

Geben Sie den Parameter α und dann ↵ ein (zwischen 0.4 und 4):

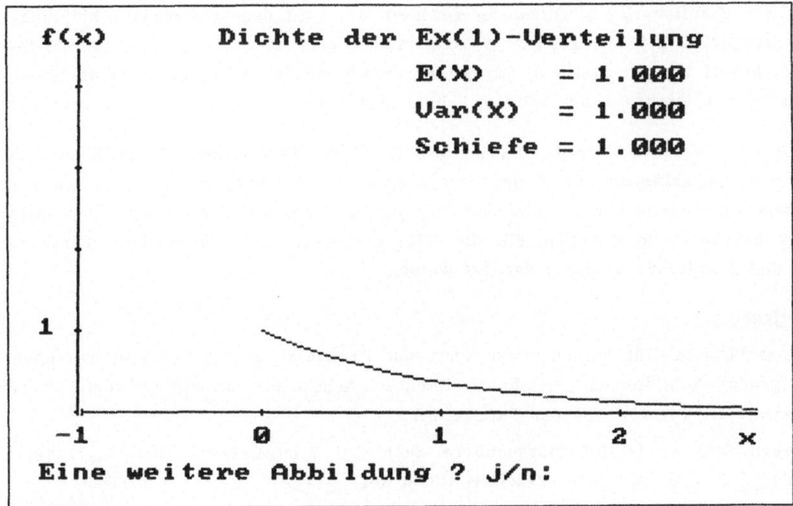

Abbildung 6.9

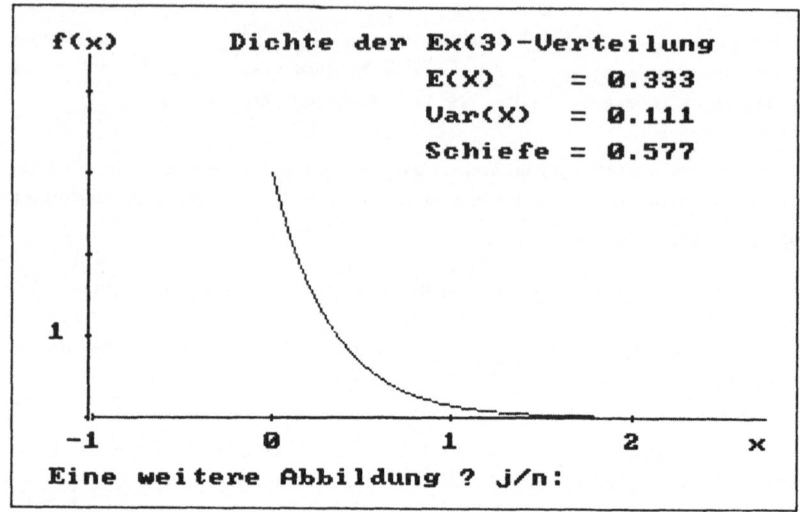

Abbildung 6.10

Bemerkung 6.5:

Die in der Bemerkung 6.4 angegebenen Formeln über die Abhängigkeit des Erwartungswertes, der Varianz und der Schiefe vom Parameter α bei einer Ex(α)-verteilten Zufallsvariable wurden in gewisser Weise in den vorherigen Abbildungen verdeutlicht. Mit wachsendem α konzentriert sich die Fläche unter der Dichte zunehmend bei der Stelle 0. Für kleiner werdendes α verschiebt sich die Fläche unter der Dichte nach rechts, wobei die Dichte gleichzeitig flacher wird.

Für eine Weibull-verteilte Zufallsvariable X mit Parametern α und β sind die vorher betrachteten Lage- und Streuungsmaßzahlen komplizierte Ausdrücke mit Gammafunktionen. Daher wollen wir hier nur die Änderung der Dichte bei Variation der Parameter untersuchen. Für die folgenden Abbildungen können die Parameter α und β zwischen 1 und 4 variiert werden.

Aufgabe 6.7:

Betrachten Sie für verschiedene Werte der Parameter α und β die in den nachfolgenden Abbildungen gezeichneten Dichten. Achten Sie auf die Abhängigkeit der Gestalt der Dichten von den Parametern.

Geben Sie für (α,β) insbesondere auch die Wertepaare (1,2), (1,4), (2,4), (2,1.5), (2,1.1), (2,1) ein. Was fällt Ihnen auf?

Geben Sie den Parameter α und dann ↵ ein (zwischen 1 und 4):
Geben Sie den Parameter β und dann ↵ ein (zwischen 1 und 4):

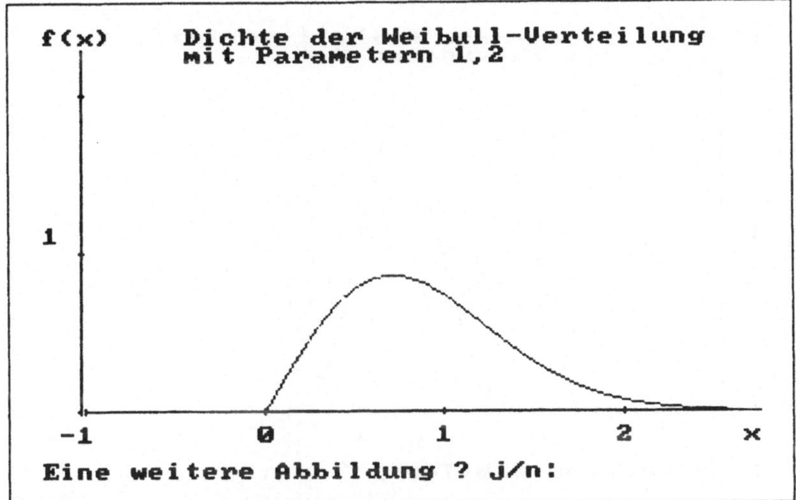

Abbildung 6.11

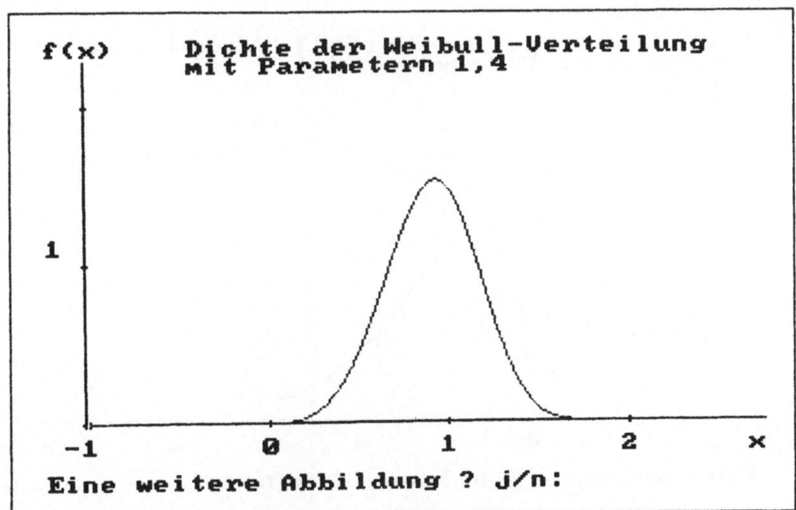

Abbildung 6.12

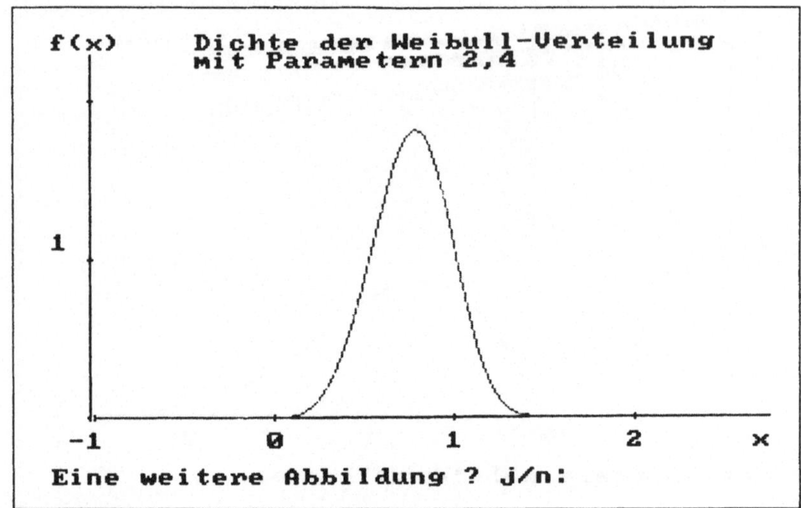

Abbildung 6.13

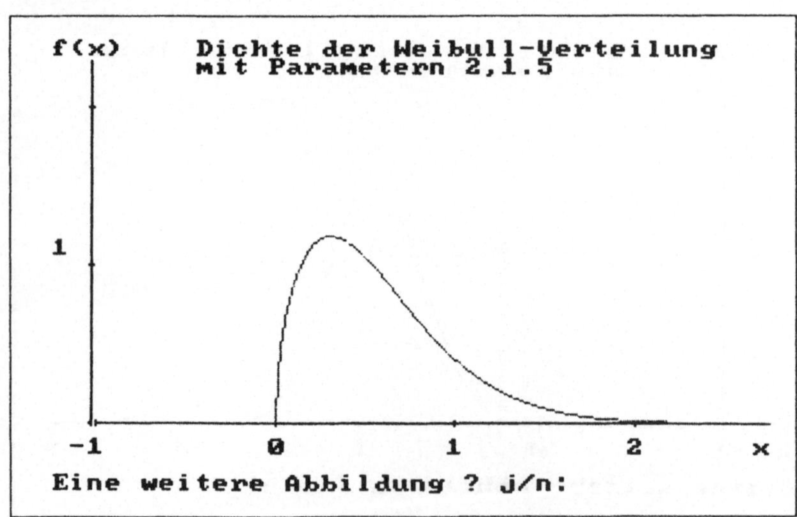

Abbildung 6.14

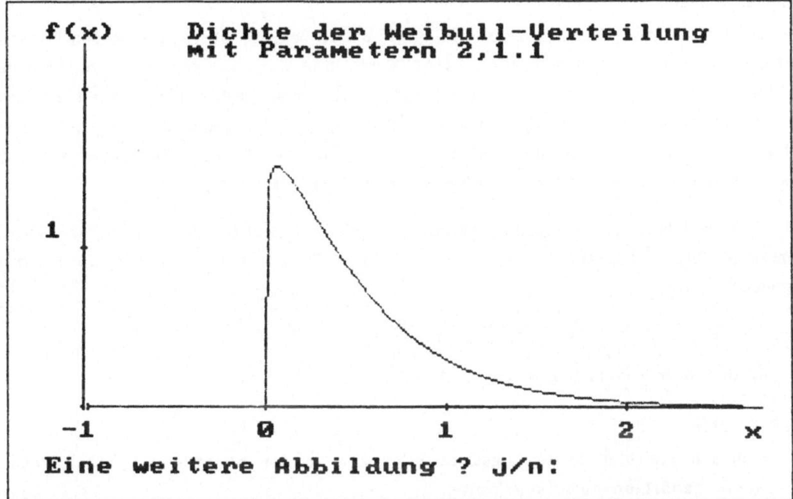

Abbildung 6.15

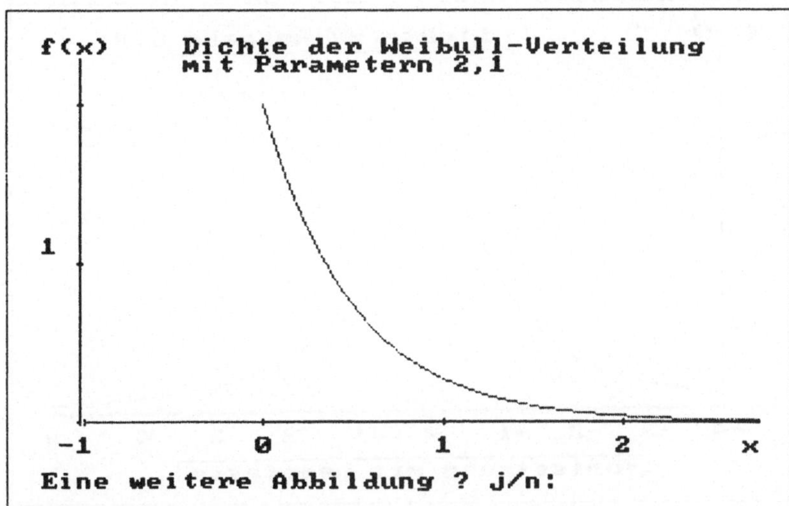

Abbildung 6.16

Bemerkung 6.6:

Wie in den vorhergehenden Abbildungen deutlich wurde, stellt die Weibull-Verteilung mit Parameter $\beta = 1$ eine Ex(α)-Verteilung dar, die wir zuvor betrachtet haben. Für festgehaltenen Parameter β lassen sich also ähnliche Aussagen machen wie in Bemerkung 6.5 zur Exponentialverteilung. Bei festgehaltenem Parameter α erhält man für Werte von β nahe bei 1 eine sehr schiefe Verteilung; dagegen ist die Verteilung für Werte von β nahe bei 4 fast symmetrisch.

In der nachfolgenden Abbildung betrachten wir die Dichte einer weiteren stetig verteilten Zufallsvariablen (Cauchy-Verteilung). Dabei ist für $\alpha > 0$ die Dichte f gegeben durch

$$f(x) = \frac{1}{\pi} \cdot \frac{\alpha}{\alpha^2 + x^2}, \quad x \in \mathbb{R}.$$

Wir wählen hier speziell $\alpha = 1$.

Aufgabe 6.8:

a) Schätzen Sie den Erwartungswert E(X) der zu der nachfolgend abgebildeten Dichte gehörigen Zufallsvariablen.

b) Überprüfen Sie Ihre Schätzung von a) durch eine exakte Berechnung.

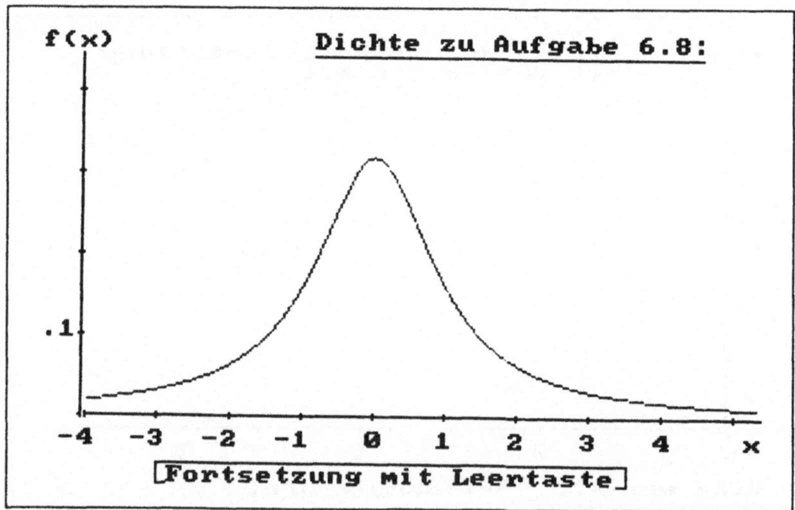

Abbildung 6.17

Bemerkung 6.7:

Da die dargestellte Dichte symmetrisch zum Nullpunkt ist, könnte man E(X) = 0 für die zugehörige Cauchy-verteilte Zufallsvariable X vermuten, weil eine zu a symmetrisch verteilte Zufallsvariable, deren Erwartungwert existiert, den Erwartungswert E(X)=a besitzt. Doch bei einer Cauchy-verteilten Zufallsvariablen existiert der Erwartungswert nicht! Denn das Integral von $-\infty$ bis ∞ über $|x|\cdot f(x)$ existiert nicht.

Wir wollen uns nun diskret verteilten Zufallsvariablen zuwenden. Diese Verteilungen kann man mit Stabdiagrammen graphisch darstellen. Dabei gibt die Höhe des Stabes an der Stelle i die Wahrscheinlichkeit an, mit der die Zufallsvariable X den Wert i annimmt.

Aufgabe 6.9:

Im nachfolgenden Stabdiagramm ist eine diskrete Verteilung dargestellt. Geben Sie den Namen der Verteilung an, und schätzen Sie die zugehörigen Parameter.

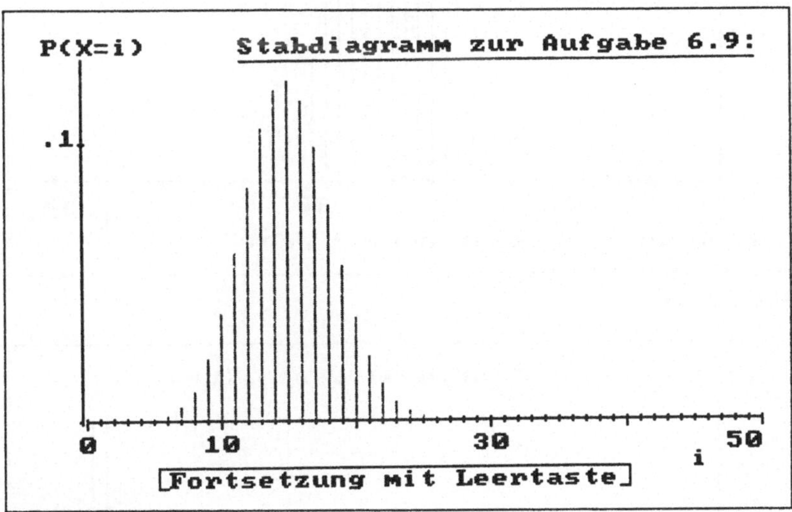

Abbildung 6.18

Bemerkung 6.8:

Die vorherige Abbildung zeigte ein Stabdiagramm einer binomialverteilten Zufallsvariablen mit Parametern n = 50 und p = 0.3; es lag also eine B(50,0.3)-Verteilung vor.

Vergleichen Sie Ihre Ergebnisse von Aufgabe 6.9 mit den obigen Angaben. Erklären Sie ggf. auftretende Abweichungen.

In den nachfolgenden Abbildungen werden Stabdiagramme zu binomialverteilten Zufallsvariablen dargestellt. Dabei wird der Parameter n auf n = 50 festgehalten. Der Parameter p kann zwischen 0 und 1 variiert werden.

Aufgabe 6.10:

Wählen Sie für die folgenden Abbildungen einige Werte von p, um B(50,p)-Verteilungen zu erhalten. Geben Sie dabei auch p = 0.5 und p = 0.9 ein.

Geben Sie den Parameter p und dann ↵ ein (zwischen 0 und 1):

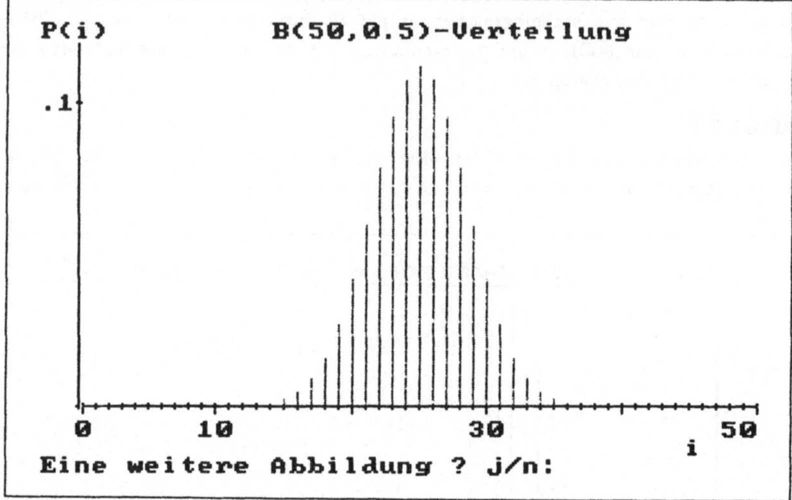

Abbildung 6.19

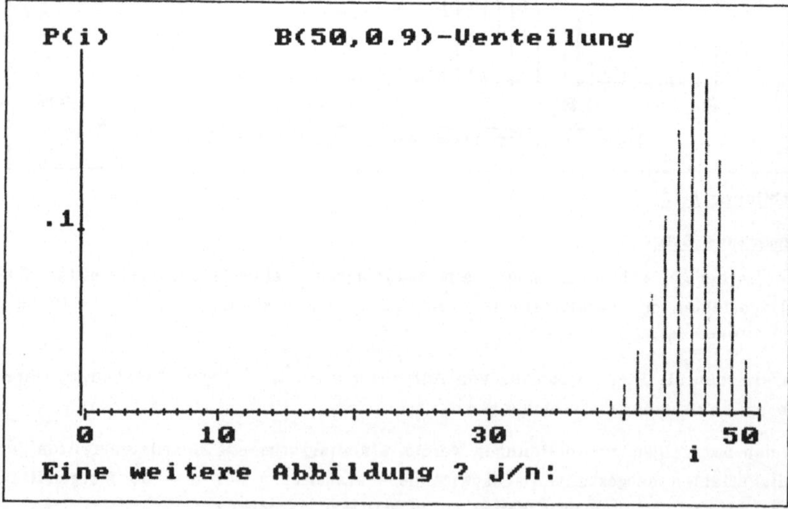

Abbildung 6.20

Wir wollen nun eine weitere diskrete Verteilung betrachten, die Poisson-Verteilung. Eine Poisson-verteilte Zufallsvariable kann die Werte 0,1,2,... annehmen. Wir betrachten im folgenden für verschiedene Parameter die Wahrscheinlichkeit, mit der die Zufallsvariable die Werte 0,1,...,50 annimmt.

Aufgabe 6.11:

Wählen Sie für die folgenden Abbildungen einige Werte für Parameter α zwischen 0.0001 und 10. Geben Sie dabei auch die Werte $\alpha = 1$, $\alpha = 2$ und $\alpha = 5$ ein.

Geben Sie den Parameter α und dann ⏎ ein (zwischen .0001 und 10):

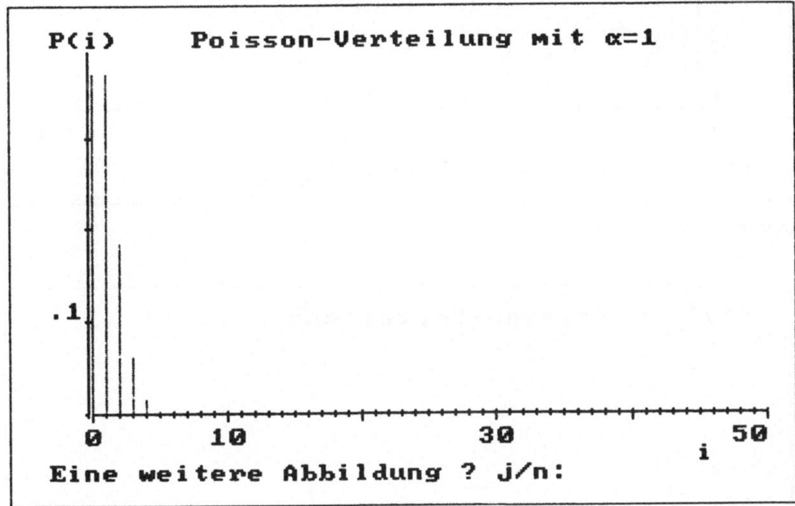

Abbildung 6.21

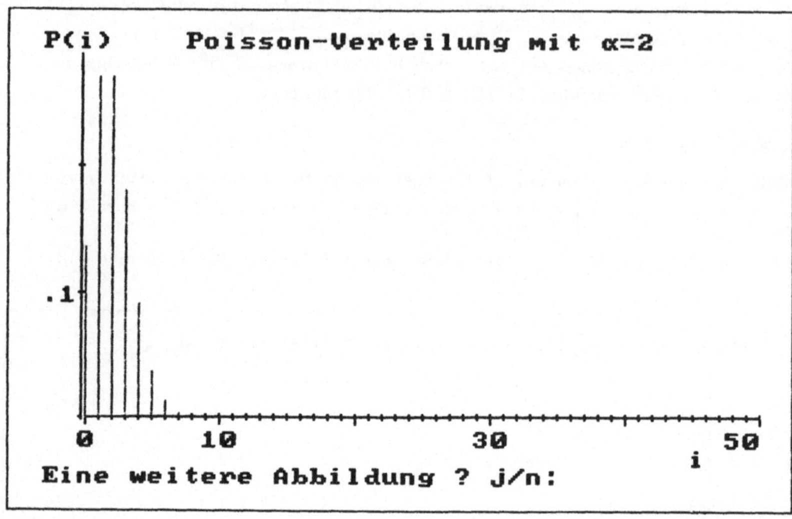

Abbildung 6.22

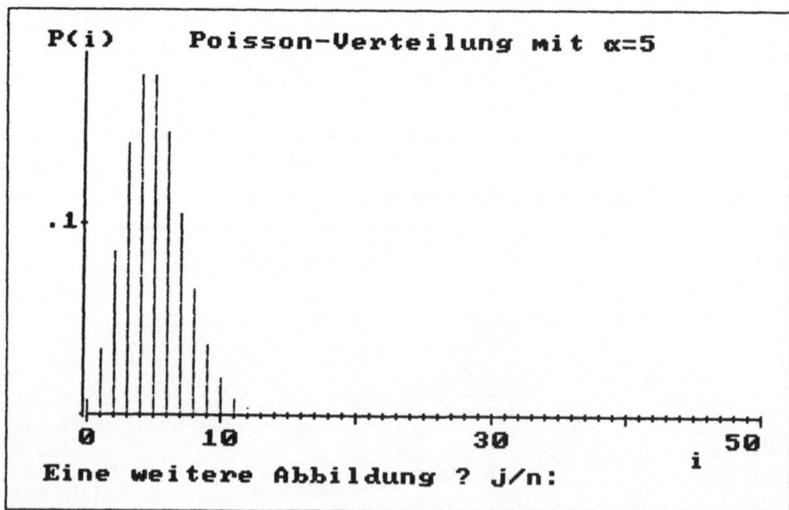

Abbildung 6.23

Wir wollen nun eine weitere diskrete Verteilung betrachten, die geometrische Verteilung. Eine geometrisch verteilte Zufallsvariable kann die Werte 1,2,3,... annehmen. Wir betrachten im folgenden für verschiedene Parameter die Wahrscheinlichkeit, mit der die Zufallsvariable die Werte 1,2,...,50 annimmt.

Aufgabe 6.12:

Wählen Sie für die folgenden Abbildungen einige Werte für den Parameter p zwischen 0.1 und 0.999, und geben Sie dabei auch p = 0.5, p = 0.1 und p = 0.9 ein.

Geben Sie den Parameter p und dann ⮠ ein (zwischen .1 und .999):

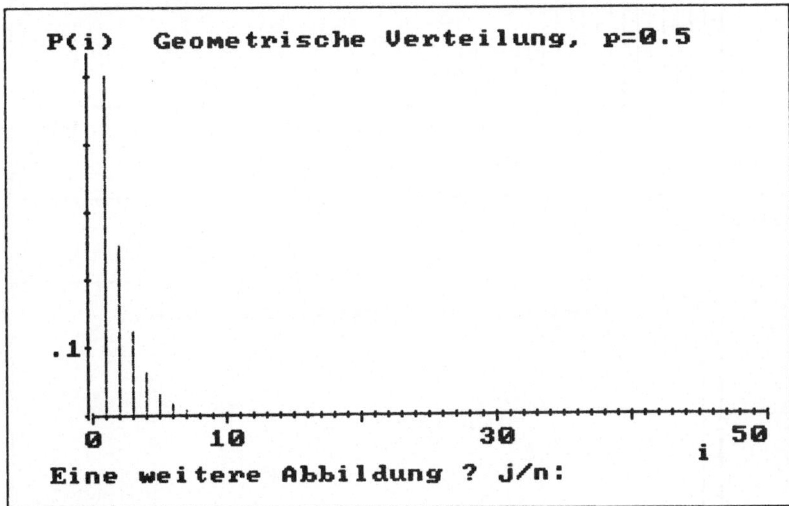

Abbildung 6.24

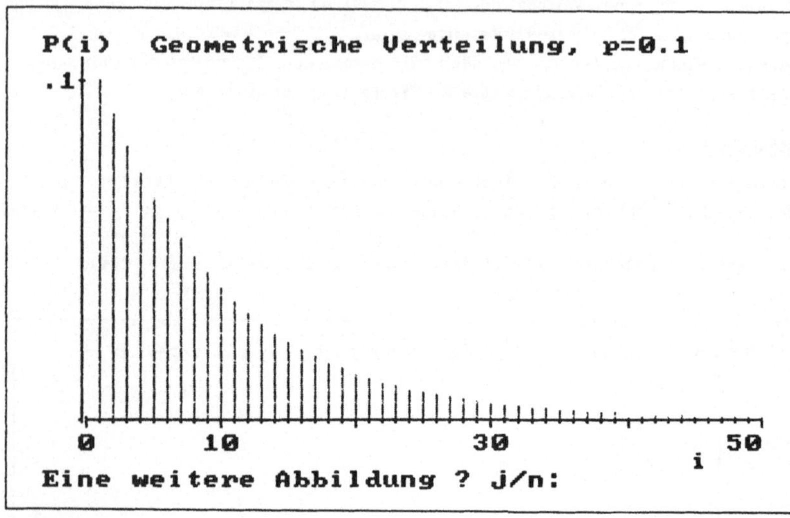

Abbildung 6.25

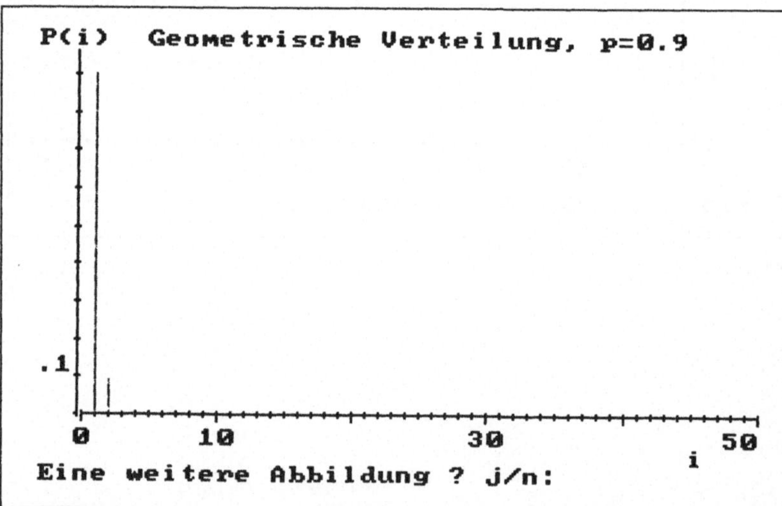

Abbildung 6.26

Wir wollen hier nicht weiter auf die betrachteten Verteilungen eingehen. Im Zusammenhang mit den Grenzwertsätzen werden wir jedoch später die Verteilungen
und Beziehungen zwischen den Verteilungen noch etwas ausführlicher betrachten.

EINHEIT 7: Grenzwertsätze

In der letzten Einheit haben wir stetige und diskrete Verteilungen von Zufallsvariablen betrachtet. In dieser Einheit wollen wir uns mit Grenzwertsätzen beschäftigen, die Zusammenhänge zwischen einzelnen Verteilungen angeben. Doch zunächst eine kurze Zusammenstellung der benötigten Definitionen, Bezeichnungen,
Sätze und Formeln:

*Sind $X_1, \ldots, X_n$ Zufallsvariablen über dem Wahrscheinlichkeitsraum $(\Omega, \mathcal{O}\!, P)$, so
heißt die Abbildung $(X_1, \ldots, X_n): \Omega \longrightarrow \mathbb{R}^n$ eine n-dimensionale Zufallsvariable;
ihre Verteilungsfunktion $F: \mathbb{R}^n \longrightarrow [0,1]$ ist gegeben durch*

$$F(x_1, \ldots, x_n) = P(X_1 \leq x_1, \ldots, X_n \leq x_n), \quad (x_1, \ldots, x_n) \; \varepsilon \; \mathbb{R}^n,$$

*dabei steht $P(X_1 \leq x_1, \ldots, X_n \leq x_n)$ für die Wahrscheinlichkeit des Ereignisses
$\{\omega \varepsilon \Omega : X_1(\omega) \leq x_1\} \cap \ldots \cap \{\omega \varepsilon \Omega : X_n(\omega) \leq x_n\}$. Eine n-dimensionale Zufallsvariable heißt
stetig verteilt mit der Dichte f, falls sich ihre Verteilungsfunktion mit einer
nichtnegativen Funktion $f: \mathbb{R}^n \longrightarrow \mathbb{R}$ in der folgenden Weise schreiben läßt:*

$$F(x_1, \ldots, x_n) = \int_{-\infty}^{x_1} \ldots \int_{-\infty}^{x_n} f(t_1, \ldots, t_n) \, dt_n \ldots dt_1 .$$

*Die Wahrscheinlichkeit dafür, daß $(X_1, \ldots, X_n)$ Werte in einem bestimmten Bereich
B des $\mathbb{R}^n$ annimmt, ist, falls das Integral existiert, gegeben durch*

$$P((X_1, \ldots, X_n) \varepsilon B) = \int_{B} \ldots \int f(t_1, \ldots, t_n) \, dt_n \ldots dt_1 .$$

*Die Zufallsvariablen $X_1, \ldots, X_n$ heißen unabhängig, falls die Verteilungsfunktion F
von $(X_1, \ldots, X_n)$ durch folgende Produktdarstellung mit den Verteilungsfunktionen
F_i von X_i, $i = 1, \ldots, n$, gegeben ist:*

$$F(x_1, \ldots, x_n) = F_1(x_1) \cdot \ldots \cdot F_n(x_n), \quad (x_1, \ldots, x_n) \; \varepsilon \; \mathbb{R}^n,$$

*(Stetig verteilte Zufallsvariablen sind genau dann unabhängig, wenn die ent-
sprechende Produktdarstellung für die betreffenden Dichten gilt.)*

*Ist X stetig verteilt mit der Dichte f, so hat $Y = a \cdot X + b$ für $a \neq 0$ und $b \varepsilon \mathbb{R}$ die
Dichte g mit $g(x) = f((x-b)/a)/|a|$ für $x \varepsilon \mathbb{R}$.*

*Die zweidimensionale Zufallsvariable (X, Y) sei stetig verteilt mit der Dichte f.
Dann ist die Zufallsvariable $Z = X + Y$ stetig verteilt mit der Dichte g:*

$$g(z) = \int_{-\infty}^{\infty} f(x, z-x) \, dx, \quad z \; \varepsilon \; \mathbb{R}.$$

*Für $-\infty < a < b < \infty$ heißt eine Zufallsvariable X rechteckverteilt im Intervall $[a,b]$
(kurz: $R(a,b)$-verteilt), falls X stetig verteilt ist mit folgender Dichte f:*

$$f(t) = \begin{cases} 1/(b-a) & \text{für } a \leq t \leq b \\ 0 & \text{sonst} \end{cases}$$

*$E(X) = (a+b)/2$, $Var(X) = (b-a)^2/12$. (Die $R(a,b)$-Verteilung wird z.T. auch Gleich-
verteilung auf $[a,b]$ genannt.)*

Der Zentrale Grenzwertsatz wird hier nicht in der allgemeinen Form benötigt; wir betrachten eine Folge von unabhängigen, identisch verteilten Zufallsvariablen $X_1,\dots,X_n$, die den Erwartungswert μ und die Varianz σ^2 besitzen. Dann gilt:

$$\lim_{n\to\infty} P(\frac{X_1+\dots+X_n-n\cdot\mu}{\sqrt{n}\cdot\sigma} \leq x) = \Phi(x),$$

wobei Φ die Verteilungsfunktion der $N(0,1)$-Verteilung ist.

Im Fall von $B(1,p)$-verteilten Zufallsvariablen ist $\mu=p$ und $\sigma=\sqrt{p(1-p)}$ in die obige Formel einzusetzen. Da die Summe von n $B(1,p)$-verteilten Zufallsvariablen eine $B(n,p)$-verteilte Zufallsvariable mit dem Erwartungswert np und der Varianz $np(1-p)$ ist, erhält man einen Grenzwertsatz über $B(n,p)$-verteilte Zufallsvariablen (Grenzwertsatz von Moivre und Laplace). Daraus folgt, daß für große n eine $B(n,p)$-verteilte Zufallsvariable näherungsweise $N(np,np(1-p))$-verteilt ist.

Eine weitere Approximation der Binomialverteilung beschreibt der Poissonsche Grenzwertsatz: Für eine Folge $X_1,X_2,\dots$ von Zufallsvariablen, bei der X_n für $n=1,2,\dots$ $B(n,p_n)$-verteilt und $\lim_{n\to\infty} n\cdot p_n=\alpha$ für ein $\alpha>0$ ist, gilt für jedes $i=1,2,\dots$

$$\lim_{n\to\infty} P(X_n=i) = \frac{\alpha^i}{i!}e^{-\alpha}.$$

Für $n,N,M \varepsilon \mathbb{N}$ mit $n,M\leq N$ heißt eine Zufallsvariable X hypergeometrisch verteilt mit den Parametern n,N,M (kurz $H(n,N,M)$-verteilt), falls gilt:

$$P(X=i) = \frac{\binom{M}{i}\binom{N-M}{n-i}}{\binom{N}{n}}, \quad i=0,1,\dots,\min(n,M)$$

Zwischen der hypergeometrischen Verteilung und der Binomialverteilung besteht ein Zusammenhang, der durch den folgenden Grenzwertsatz beschrieben wird: (Binomialapproximation der hypergeometrischen Verteilung) Zu einem $n \varepsilon \mathbb{N}$ sei X_N für jedes $N\geq n$ eine $H(n,N,M(N))$-verteilte Zufallsvariable, wobei $\lim_{N\to\infty} \frac{M(N)}{N} = p$ für ein p mit $0<p<1$ gelte. Dann gilt für alle $i=0,1,\dots,n$:

$$\lim_{N\to\infty} P(X_N=i) = \binom{n}{i}p^i(1-p)^{n-i}.$$

Zunächst wollen wir eine weitere diskrete Verteilung betrachten, die hypergeometrische Verteilung. Eine hypergeometrisch verteilte Zufallsvariable mit natürlichen Zahlen n, N, M als Parameter mit n, M $\leq$ N kann die Werte 0, 1, 2,..., min(n,M) annehmen. Wir betrachten im folgenden für verschiedene Parameter die Wahrscheinlichkeit, mit der die Zufallsvariable die einzelnen Werte annimmt; diese Wahrscheinlichkeiten werden in den folgenden Abbildungen in Stabdiagrammen graphisch dargestellt.

Aufgabe 7.1:

Wählen Sie für die folgenden Abbildungen natürliche Zahlen für die Parameter N, M und n für H(n,N,M)-Verteilungen. Sie können dabei N zwischen 5 und 50 variieren; M und n müssen stets kleiner oder gleich N sein. Geben Sie insbesondere auch N=20, M=5, n=5 und N=50, M=30, n=20 ein.

Geben Sie den Parameter N und dann ↵ ein (zwischen 5 und 50):
Geben Sie den Parameter M und dann ↵ ein (zwischen 1 und N):
Geben Sie den Parameter n und dann ↵ ein (zwischen 1 und N):

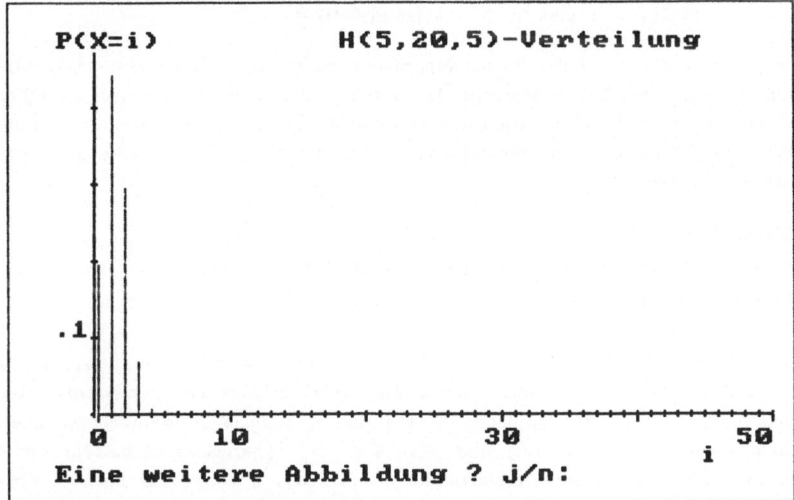

Abbildung 7.1

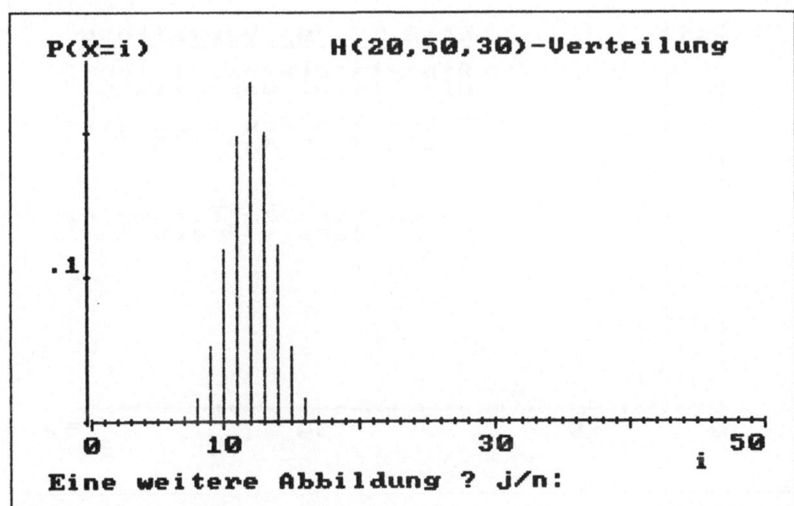

Abbildung 7.2

Bemerkung 7.1:

Eine H(n,N,M)-verteilte Zufallsvariable X beschreibt z.B. das 'Ziehen ohne Zurücklegen', wobei N die Gesamtzahl gewisser Teile, M z.B. die Anzahl der defek-
ten Teile unter den N Teilen und n der Umfang der Stichprobe ist. Speziell für
N = M ist P(X=n) = 1 und für N = n ist P(X=M) = 1.

Wir wollen uns nun mit der Binomialapproximation der hypergeometrischen Verteilung beschäftigen. Der entsprechende Grenzwertsatz gibt Beziehungen zwischen
den Parametern n, N, M der H(n,N,M)-Verteilungen und den Parametern n und p der
B(n,p)-Verteilungen an. In den folgenden Abbildungen ist jeweils eine H(n,N,M)-
Verteilung dargestellt.

Aufgabe 7.2

Wie lauten die Parameter der Binomialverteilung, mit der gemäß des angesprochenen Grenzwertsatzes die jeweils abgebildete H(n,N,M)-Verteilung geeignet approximiert werden kann?

Geben sie jeweils die Parameter n und p der approximierenden B(n,p)-Verteilung
ein, und vergleichen Sie anschließend die Stabdiagramme der beiden diskreten
Verteilungen. Dabei ist für jeden Wert i die entsprechende Wahrscheinlichkeit
durch einen Stab dargestellt, und zwar wird die hypergeometrische Verteilung
jeweils links und die Binomialverteilung jeweils rechts neben der Stelle i eingezeichnet.

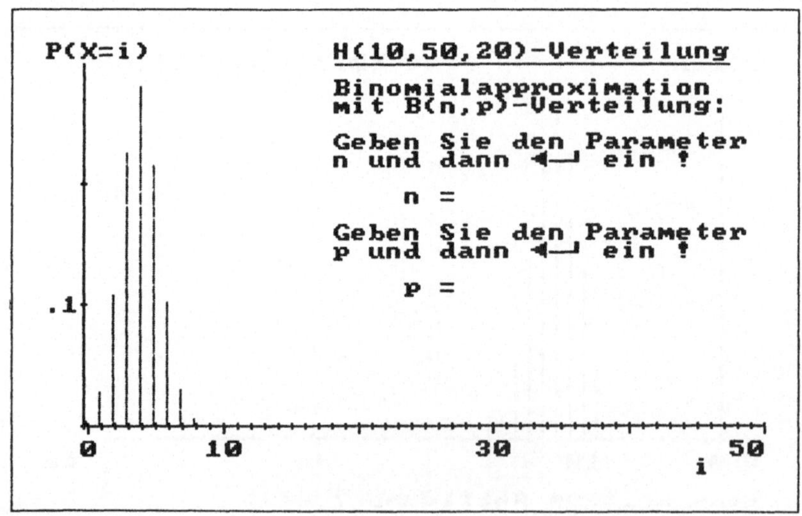

Abbildung 7.3

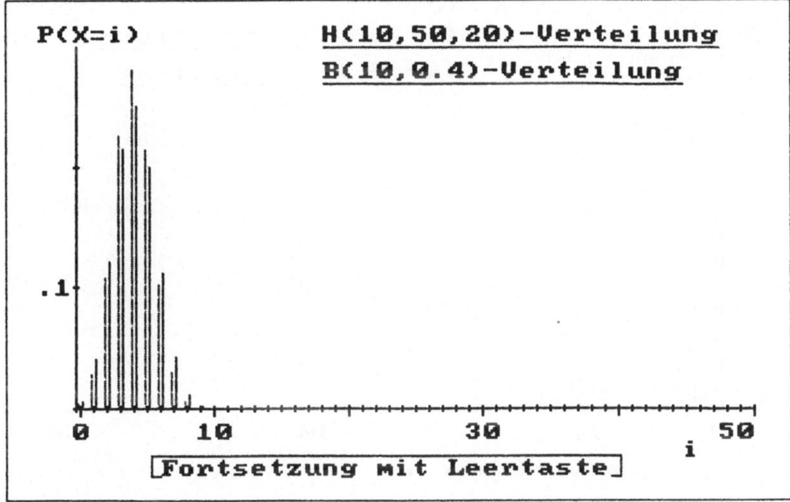

Abbildung 7.4

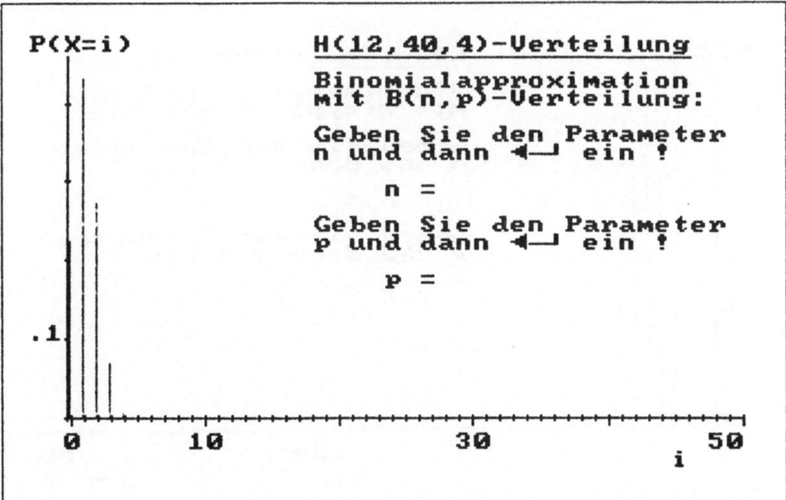

Abbildung 7.5

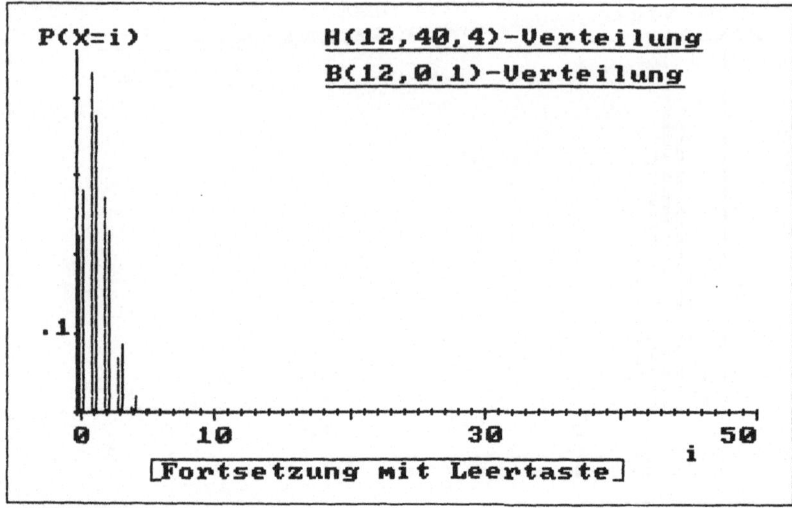

Abbildung 7.6

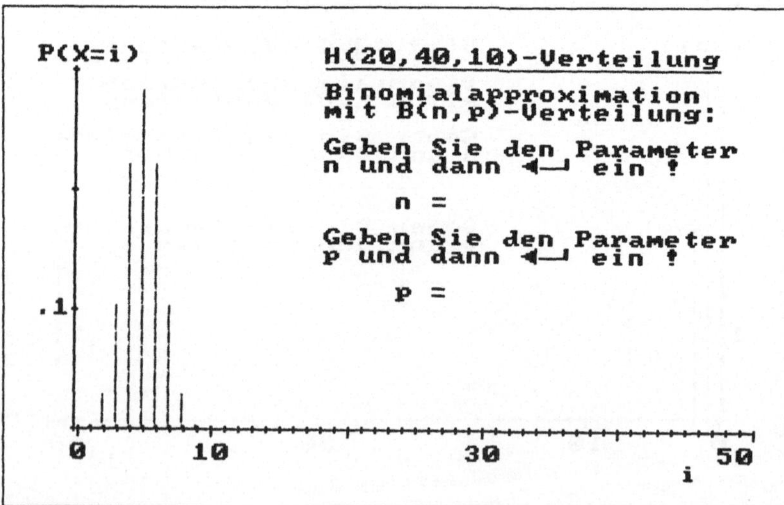

Abbildung 7.7

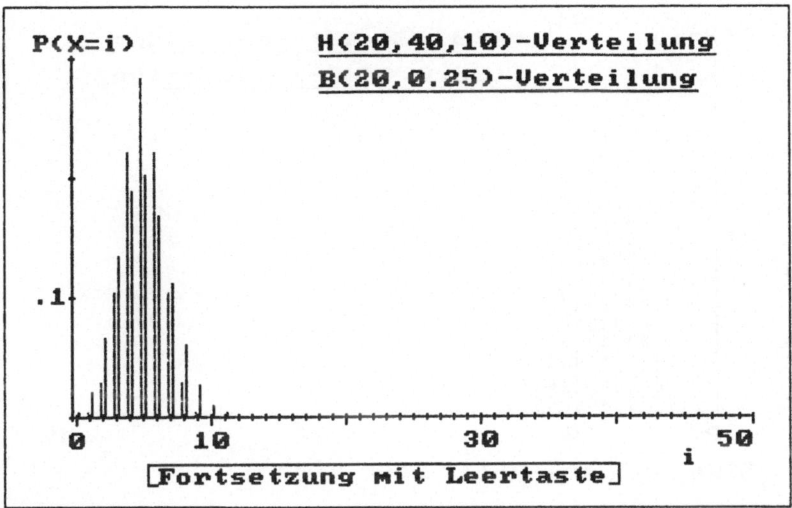

Abbildung 7.8

Bemerkung 7.2:

Die zuvor betrachteten hypergeometrischen Verteilungen wurden durch die entsprechenden Binomialverteilungen nur sehr grob approximiert, da N nur recht
kleine Werte annahm.

Wir wollen nun die Binomialapproximation der hypergeometrischen Verteilung für
verschiedene Werte von N zwischen 20 und 10000 betrachten. Dabei wird n = 20
festgehalten und M in Abhängigkeit von N so gewählt, daß M/N annähernd konstant
(etwa 0.4) ist.

Aufgabe 7.3

Wählen Sie für N insbesondere die Werte 100, 500 und 5000 sowie in den angegebenen Schranken noch weitere Werte. Vergleichen Sie die Güte der Approximationen.

Geben Sie den Parameter N und dann ⟵┘ ein (zwischen 20 und 10000):

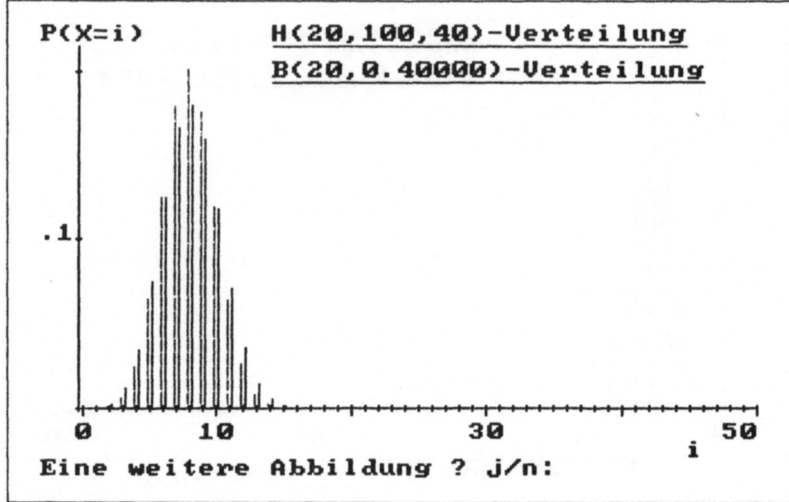

Abbildung 7.9

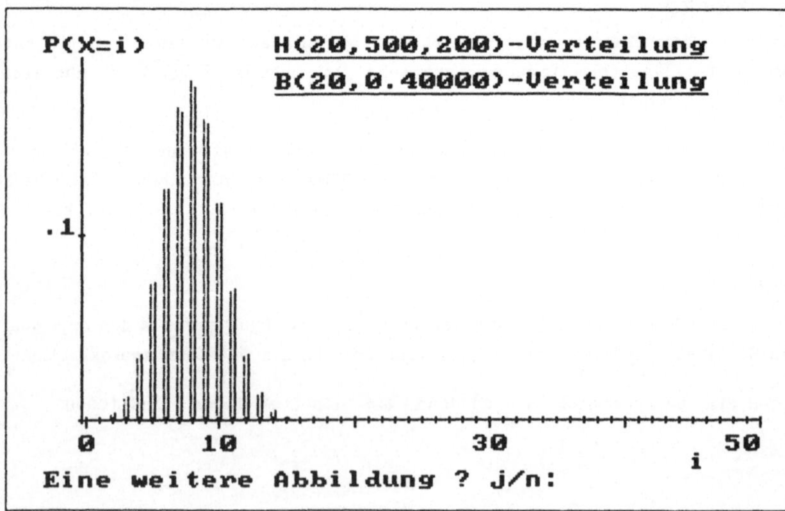

Abbildung 7.10

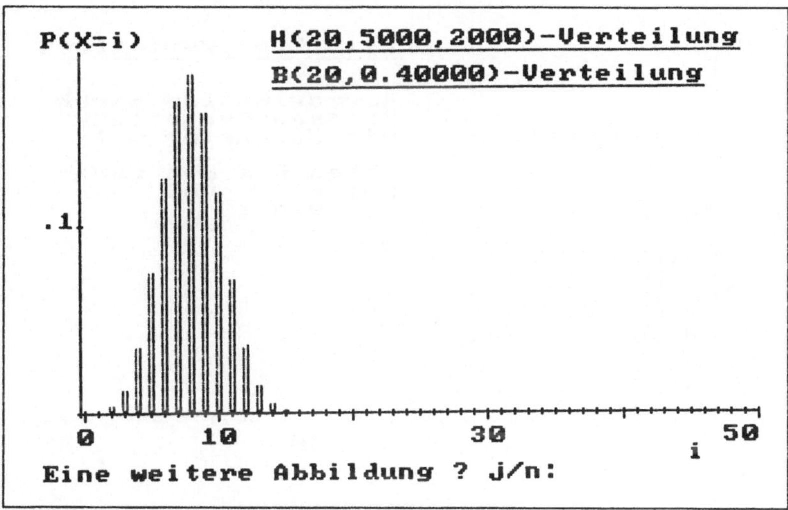

Abbildung 7.11

Bemerkung 7.3:

In den vorherigen Abbildungen wurde deutlich, daß für kleine Werte von N, d.h. etwa für N ≤ 100, die H(n,N,M)-Verteilung nur schlecht durch die B(n,M/N)-Verteilung approximiert wird; jedoch erhält man für N ≥ 500 schon sehr gute Approximationen.

In den vorherigen Aufgaben haben wir die Binomialapproximation der hypergeometrischen Verteilung untersucht. Wir wollen nun eine Approximation der Binomialverteilung betrachten. Die Binomialverteilung läßt sich durch die Poisson-Verteilung approximieren. Der Zusammenhang zwischen den beiden Verteilungen wird im Poissonschen Grenzwertsatz beschrieben.

Aufgabe 7.4

In den folgenden Abbildungen ist jeweils die Binomialverteilung zu den angegebenen Parametern dargestellt. Wie muß gemäß des Poissonschen Grenzwertsatzes der Parameter α der Poisson-Verteilung gewählt werden, um eine geeignete Approximation der Binomialverteilung zu erhalten?

Geben Sie jeweils den Parameter α der approximierenden Poisson-Verteilung ein, und vergleichen Sie jeweils die Stabdiagramme der beiden Verteilungen. (Binomialverteilung jeweils links und Poisson-Verteilung jeweils rechts an der Stelle i eingezeichnet.)

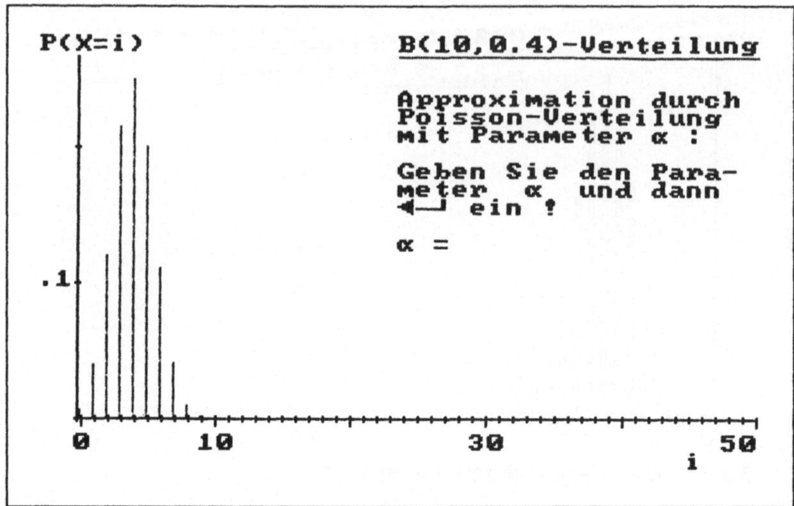

Abbildung 7.12

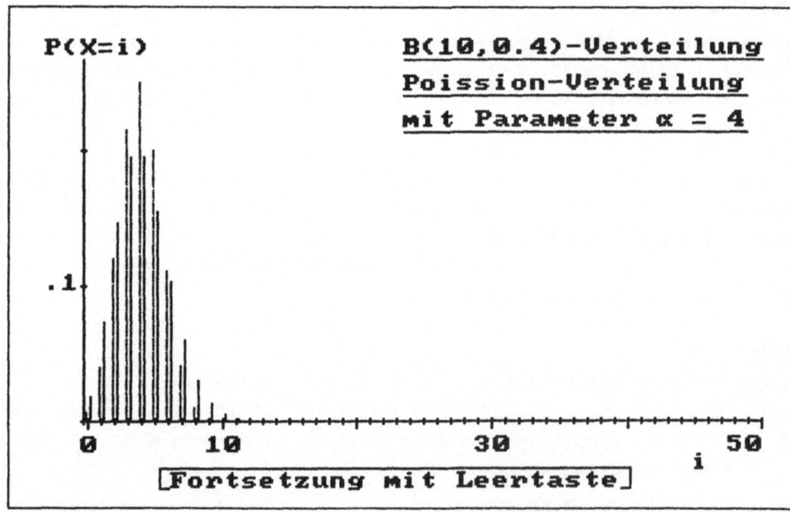

Abbildung 7.13

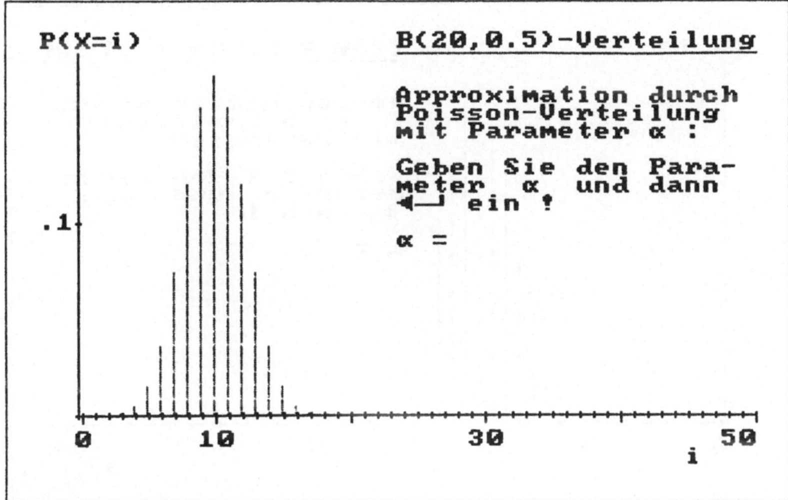

Abbildung 7.14

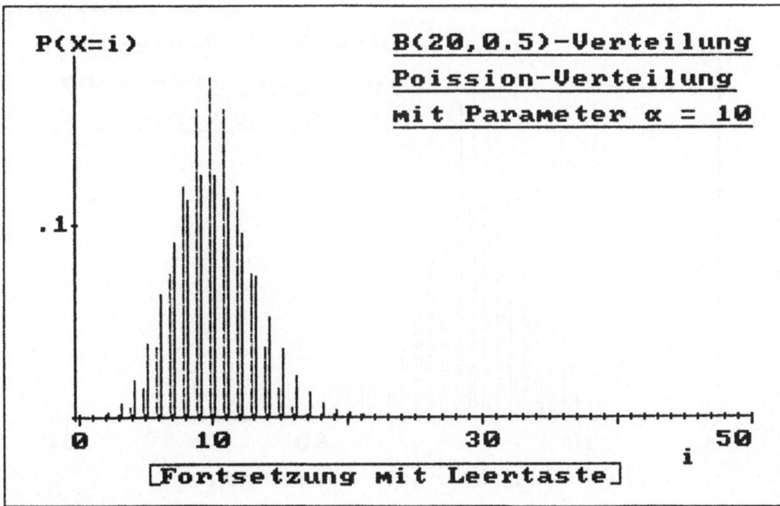

Abbildung 7.15

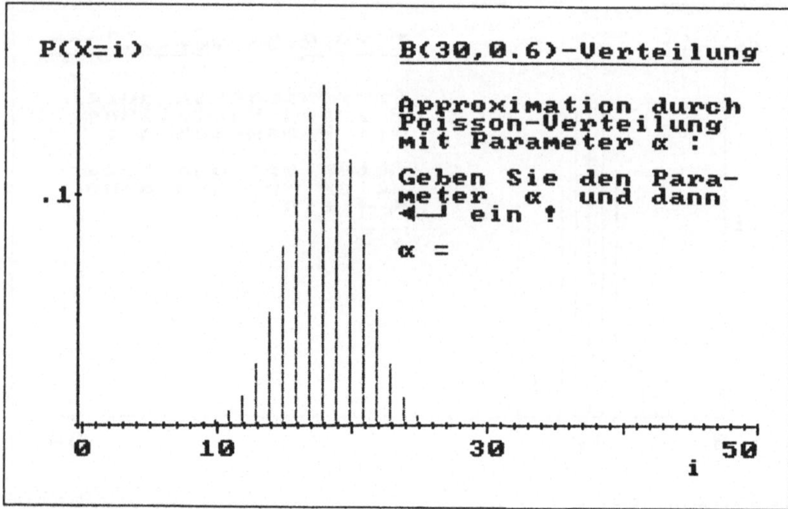

Abbildung 7.16

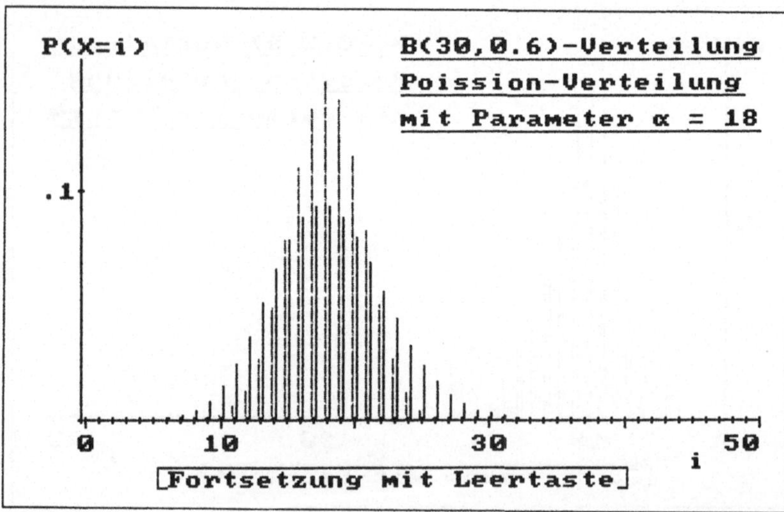

Abbildung 7.17

Bemerkung 7.4:

Die zuvor betrachteten Binomialverteilungen wurden durch die entsprechenden Poisson-Verteilungen nur sehr grob approximiert, da n nur recht kleine Werte annahm und p etwa 1/2 war. Die Poisson-Approximation einer Binomialverteilung ist für kleines p und großes n erst sinnvoll.

Wir wollen nun die Poisson-Approximation der Binomialverteilung für verschiedene Werte von n zwischen 20 und 5000 betrachten. Dabei wird p in Abhängigkeit von n so gewählt, daß n·p konstant ist, und zwar n·p = 16. Damit ist der Parameter α der approximierenden Poissonverteilung stets gleich 16.

Aufgabe 7.5

Wählen Sie für n insbesondere die Werte 100 und 500 sowie in den angegebenen Schranken noch weitere Werte. Vergleichen Sie die Güte der Approximationen.

Geben Sie den Parameter n und dann ⟵ ein (zwischen 20 und 5000):

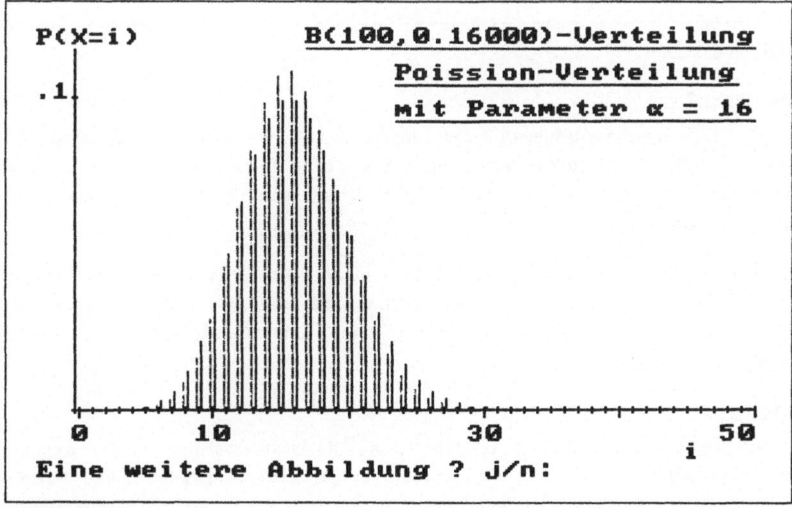

Abbildung 7.18

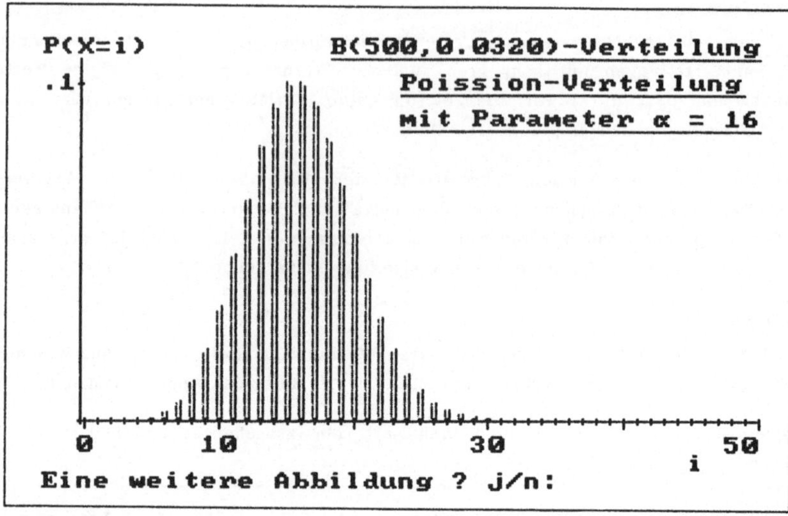

Abbildung 7.19

Bemerkung 7.5:

In den vorherigen Abbildungen wurde deutlich, daß für kleine Werte von n, d.h. für $n \leq 100$, die B(n,α/n)-Verteilung nur schlecht durch die Poisson-Verteilung mit Parameter α approximiert wird; jedoch erhält man für $n \geq 500$ schon sehr gute Approximationen.

Wir wollen nun eine weitere Approximation der Binomialverteilung betrachten. Aufgrund des Grenzwertsatzes von MOIVRE/LAPLACE (bzw. des zentralen Grenzwertsatzes) läßt sich die Binomialverteilung durch eine Normalverteilung approximieren.

Aufgabe 7.6

In den folgenden Abbildungen ist jeweils die Binomialverteilung zu den angegebenen Parametern dargestellt. Wie müssen jeweils Erwartungswert μ und Varianz σ^2 gewählt werden, um eine geeignete Approximation der Binomialverteilung zu erhalten?

Geben Sie jeweils μ und σ^2 ein, und vergleichen Sie jeweils das Stabdiagramm der Binomialverteilung mit der skizzierten Dichte der entsprechenden $N(\mu,\sigma^2)$-Verteilung. Wie gut sind die Approximationen?

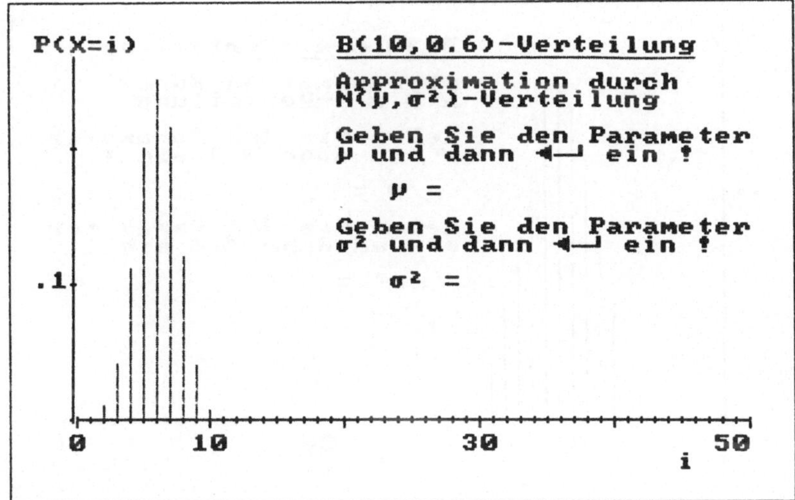

Abbildung 7.20

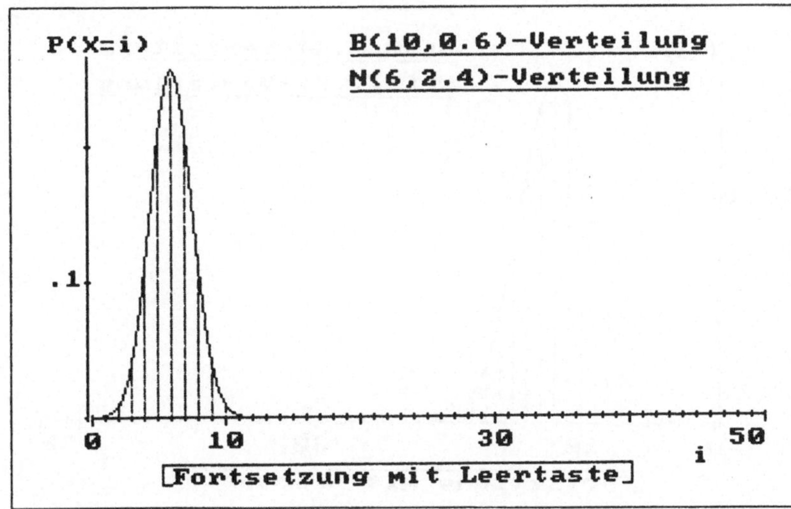

Abbildung 7.21

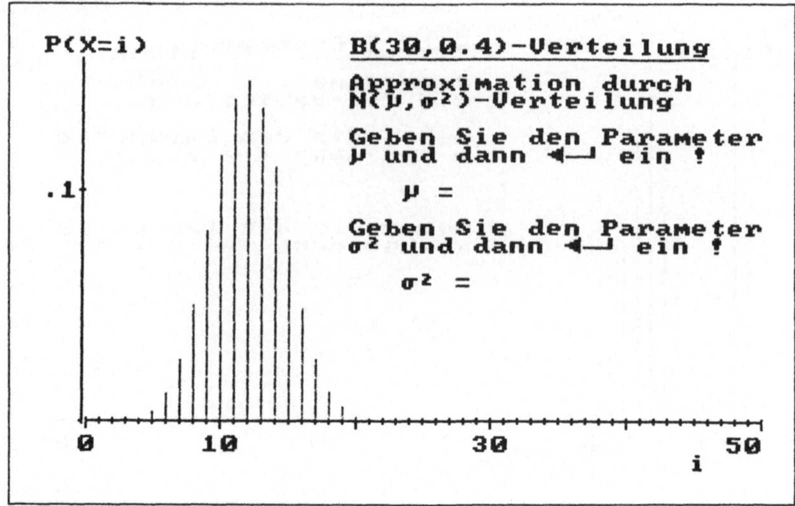

Abbildung 7.22

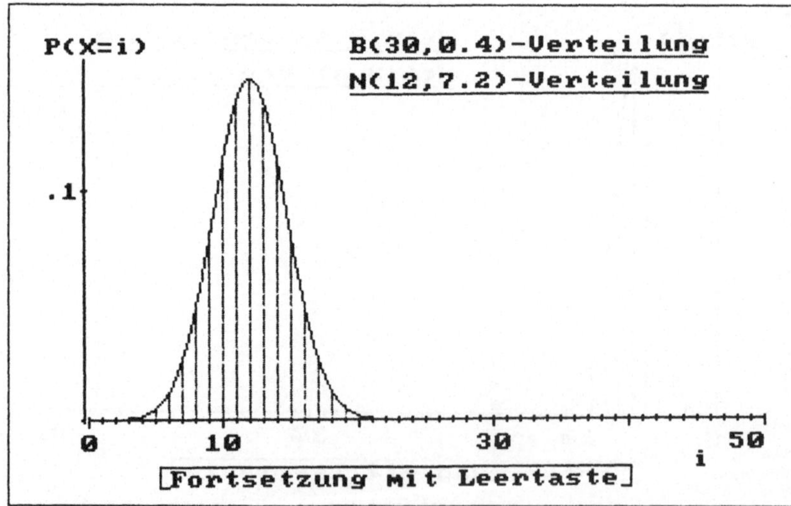

Abbildung 7.23

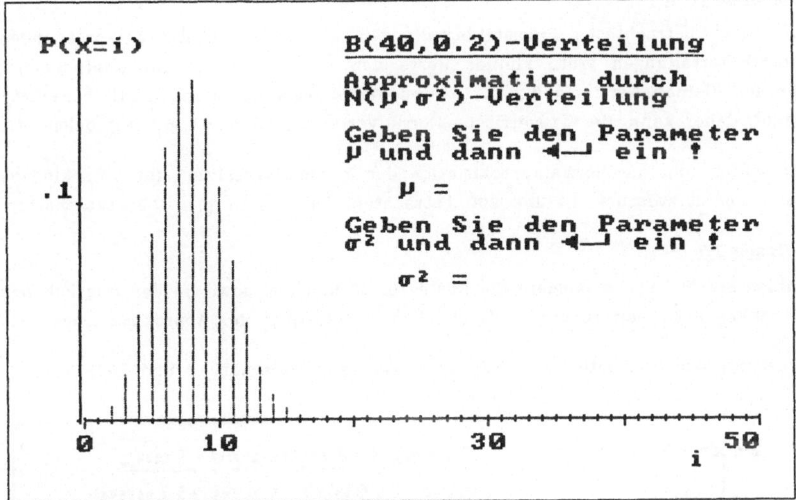

Abbildung 7.24

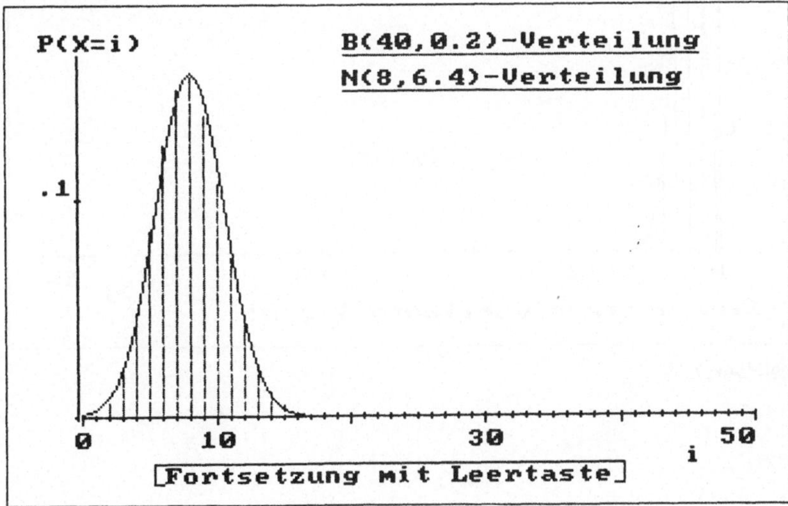

Abbildung 7.25

Bemerkung 7.6:

Die zuvor betrachteten Binomialverteilungen wurden durch die entsprechenden
$N(\mu,\sigma^2)$-Verteilungen trotz kleiner Werte von n schon recht gut approximiert.
Für den kleinen Wert von 0.2 für p wird die Binomialverteilung deutlich rechts-
schief; daher kann die symmetrische Normalverteilung nicht so gut approximieren.

Wir wollen nun die Normalapproximation der Binomialverteilung für verschiedene
Werte von n zwischen 10 und 200 betrachten. Dabei wird p = 0.2 festgehalten.

Aufgabe 7.7

Wählen Sie für n insbesondere die Werte 10, 50 und 200 sowie in den angegebenen
Schranken noch weitere Werte. Vergleichen Sie die Güte der Approximationen.

Geben Sie den Parameter n und dann ↵ ein (zwischen 10 und 200):

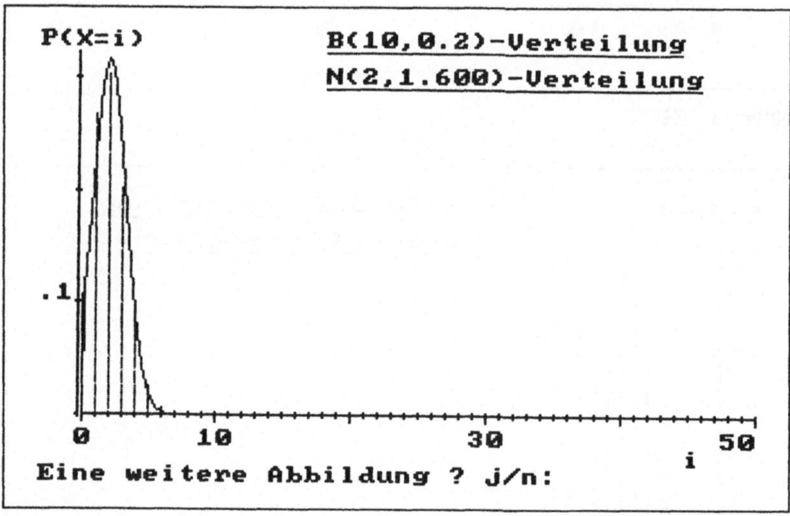

Abbildung 7.26

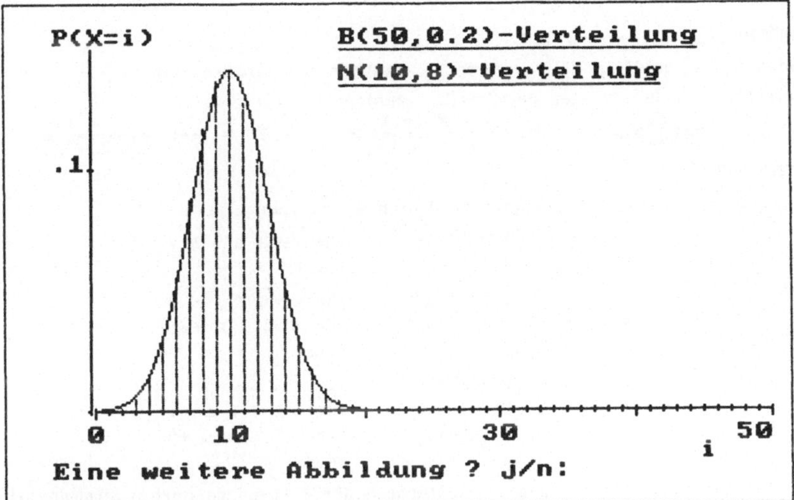

__Abbildung 7.27__

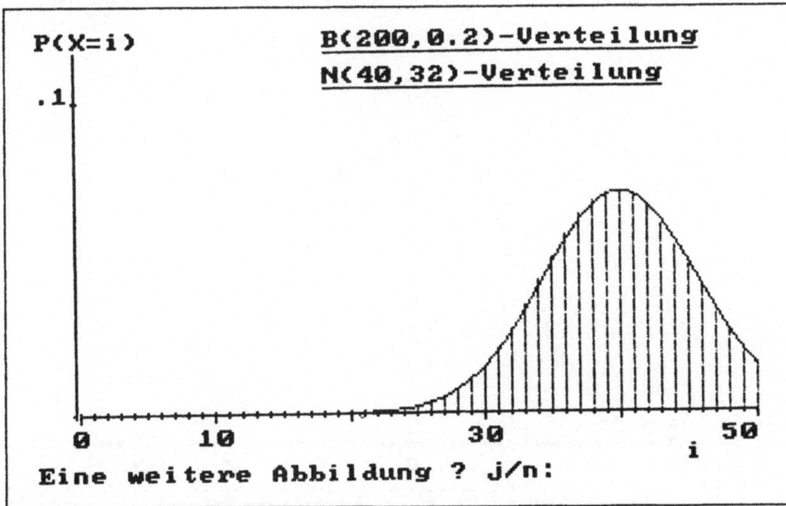

__Abbildung 7.28__

__Bemerkung 7.7:__

In den vorherigen Abbildungen wurde deutlich, daß die Approximation der B(n,p)-Verteilung durch die entsprechende Normalverteilung mit wachsendem n immer genauer wird. (Vgl. auch Bemerkung 7.6.)

Wir wollen nun im Zusammenhang mit dem zentralen Grenzwertsatz standardisierte

Summenvariablen von rechteckverteilten Zufallsvariablen betrachten.

Aufgabe 7.8

Seien X_1, X_2 und X_3 R(-1,1)-verteilte, unabhängige Zufallsvariablen.
Berechnen Sie die Dichten der Zufallsvariablen

$$Y_1 = \frac{X_1}{\sqrt{var(X_1)}}, \qquad Y_2 = \frac{X_1 + X_2}{\sqrt{var(X_1+X_2)}}, \qquad Y_3 = \frac{X_1 + X_2 + X_3}{\sqrt{var(X_1+X_2+X_3)}}$$

Bemerkung 7.8:

Für die in Aufgabe 7.8 gefragten 3 Dichten erhält man:

$$f_1(x) = \begin{cases} 1/(2\sqrt{3}) & \text{für} \quad -\sqrt{3} \leq x \leq \sqrt{3} \\ 0 & \text{sonst} \end{cases}$$

$$f_2(x) = \begin{cases} 1/\sqrt{6} + x/6 & \text{für} \quad -\sqrt{6} \leq x \leq 0 \\ 1/\sqrt{6} - x/6 & \text{für} \quad 0 \leq x \leq +\sqrt{6} \\ 0 & \text{sonst} \end{cases}$$

$$f_3(x) = \begin{cases} (x+3)^2/16 & \text{für} \quad -3 \leq x \leq -1 \\ (3-x^2)/8 & \text{für} \quad -1 \leq x \leq +1 \\ (x-3)^2/16 & \text{für} \quad +1 \leq x \leq +3 \\ 0 & \text{sonst} \end{cases}$$

In der folgenden Abbildung sind die Dichten der 3 standardisierten Summenvariablen zusammen mit der Dichte f der N(0,1)-Verteilung eingezeichnet.

Vergleichen Sie die Abweichungen der Dichten f_1, f_2 und f_3 von der Dichte f.

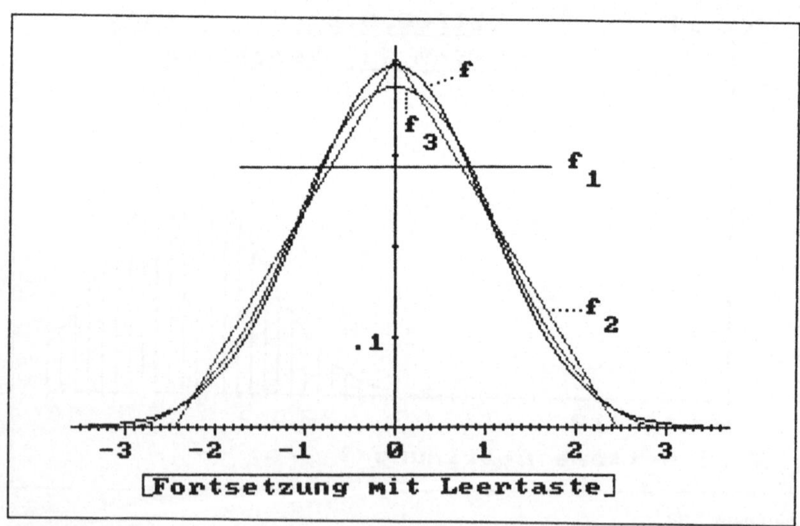

Abbildung 7.29

Bemerkung 7.9:

Es ist bemerkenswert, wie aus den Rechteckverteilungen durch die Standardisierung der Summe von nur 3 Zufallsvariablen eine Zufallsvariable entsteht, deren Dichte sich von der Dichte der N(0,1)-Verteilung nur noch wenig unterscheidet.

EINHEIT 8: Chi-Quadrat- und t-Verteilungen, graphische Methode

In den letzten Einheiten haben wir uns mit einigen diskreten und stetigen Verteilungen sowie Zusammenhängen zwischen einzelnen Verteilungen beschäftigt. Dabei wurden einige Grenzwertsätze angesprochen. In dieser Einheit wollen wir zwei weitere stetige Verteilungen betrachten, die im Zusammenhang mit Konfidenzintervallen und Signifikanztests (auf die wir in den nächsten Einheiten eingehen werden) von Bedeutung sind. Weiterhin wird auf die graphische Methode zur Überprüfung von Normalverteilungsannahmen und (bei gerechtfertigter Normalverteilungsannahme) Schätzungen der Parameter μ und σ eingegangen. Ferner beschäftigen wir uns mit dem Kolmogoroff-Smirnov-Test. Doch zunächst eine kurze Zusammenstellung der benötigten Definitionen, Bezeichnungen, Sätze und Formeln:

Für $r \varepsilon \mathbb{N}$ heißt eine Zufallsvariable X χ_r^2-verteilt (chi-quadrat-verteilt mit r Freiheitsgraden), falls ihre Verteilungsfunktion gegeben ist durch

$$F(x) = P(Z_1^2 + \ldots + Z_r^2 \leq x), \quad x \ \varepsilon \ \mathbb{R},$$

wobei $Z_1, \ldots, Z_r$ unabhängige, $N(0,1)-$verteilte Zufallsvariablen sind. $E(X) = r$, $Var(X) = 2r$.

Für $r \varepsilon \mathbb{N}$ heißt eine Zufallsvariable X t_r-verteilt (t-verteilt mit r Freiheitsgraden), falls ihre Verteilungsfunktion gegeben ist durch

$$F(x) = P(Z_{r+1} / \sqrt{(Z_1^2 + \ldots + Z_r^2)/r} \leq x), \quad x \ \varepsilon \ \mathbb{R},$$

wobei $Z_1, \ldots, Z_{r+1}$ unabhängige, $N(0,1)-$verteilte Zufallsvariablen sind. Für $r \geq 2$ ist $E(X) = 0$, für $r \geq 3$ ist $Var(X) = r/(r-2)$.

Bezeichnet $G(z)$ für $z \varepsilon \mathbb{R}$ die Anzahl der Meßwerte einer Meßreihe $x_1, \ldots, x_n$, die kleiner oder gleich z sind, so heißt $G(z)/n$ relative Summenhäufigkeit an der Stelle z. Die dadurch definierte Funktion $F_n(\,\cdot\,; x_1, \ldots, x_n): \mathbb{R} \longrightarrow [0,1]$ mit

$$F_n(z; x_1, \ldots, x_n) = G(z)/n$$

heißt empirische Verteilungsfunktion. $G(z)$ hängt dabei von den Meßwerten ab, die als Realisierungen von n Zufallsvariablen angesehen werden.

Der Zentralsatz der Statistik (Satz von Glivenko-Cantelli) besagt, daß für eine Folge von unabhängigen Zufallsvariablen $X_1, X_2, \ldots$, die alle dieselbe Verteilungsfunktion F besitzen, folgende Grenzwertaussage gilt:

$$P(\lim_{n \to \infty} \sup_{z \varepsilon \mathbb{R}} |F_n(z; X_1, \ldots, X_n) - F(z)| = 0) = 1$$

Eine genauere Information über die Konvergenz von

$$D_n(X_1, \ldots, X_n) = \sup_{z \varepsilon \mathbb{R}} |F_n(z; X_1, \ldots, X_n) - F(z)|$$

für $n = 1, 2,...$ *liefert bei stetiger Verteilungsfunktion* F *die Aussage des Satzes von Kolmogoroff:*

$$\lim_{n \to \infty} P(\sqrt{n} \cdot D_n(X_1,...,X_n) \leq y) = K(y), \quad y \ \varepsilon \ \mathbb{R},$$

wobei K *die Kolmogoroffsche Verteilungsfunktion ist, von der nachfolgend einige Werte tabelliert sind:*

y	0.44	0.52	0.57	0.68	0.83	1.02	1.22	1.36	1.62
$K(y)$	0.01	0.05	0.10	0.25	0.50	0.75	0.90	0.95	0.99

Aus dem Satz von Kolmogoroff folgt für genügend großes n:

$$P(D_n(X_1,...,X_n) > d) = P(\sqrt{n} \cdot D_n(X_1,...,X_n) > \sqrt{n} \cdot d) \approx 1 - K(\sqrt{n} \cdot d)$$

Wählt man für $0 < \alpha < 1$ *den Wert* d *so, daß* $1 - K(\sqrt{n} \cdot d) = \alpha$ *(z.B.* $\alpha = 0.05$*) ist, so nimmt* $D_n(X_1,...,X_n)$ *nur (ungefähr) mit Wahrscheinlichkeit* α *Werte größer als d an. Beim Kolmogoroff-Smirnov-Test zum Niveau* α *verwirft man die Annahme, daß die Meßwerte* $x_1,...,x_n$ *Realisierungen von den n Zufallsvariablen mit der Verteilungsfunktion* F *sind, falls die entsprechende Größe* $D_n(x_1,...,x_n)$ *größer ist als der zu* α *gehörige Wert d.*

Unter einem **Wahrscheinlichkeitspapier** *für die Überprüfung von Normalverteilungsannahmen mit Hilfe der* **graphischen Methode** *versteht man ein Koordinatensystem, bei dem die y-Werte zwischen 0 und 1 auf der Ordinatenachse mit* Φ^{-1} *transformiert sind, wobei* Φ *die Verteilungsfunktion der N(0,1)-Verteilung ist. Dadurch wird die Verteilungsfunktion einer N(μ,σ^2)-Verteilung in dem Wahrscheinlichkeitspapier als eine Gerade dargestellt. Auf der Ordinatenachse sind Werte zwischen 0 % (bei* $-\infty$*) und 100 % (bei* $+\infty$*) abgetragen. Die zur Abszissenachse parallel verlaufenden Geraden durch die Werte 50 %, 84.1 % bzw. 15.9 % schneiden die als Gerade dargestellte Verteilungsfunktion der N(μ,σ^2)-Verteilung an der Stelle* μ, $\mu + \sigma$ *bzw.* $\mu - \sigma$. *Bei der graphischen Methode wird die empirische Verteilungsfunktion in das Wahrscheinlichkeitspapier eingezeichnet. Läßt sich diese Treppenfunktion gut durch eine Gerade annähern, so liefert diese Gerade Schätzwerte für* μ *und* σ^2.

Zunächst wollen wir die Chi-Quadrat-Verteilung für verschiedene Freiheitsgrade, die durch den ganzzahligen Parameter r angegeben werden, betrachten.

<u>Aufgabe 8.1:</u>

In den nachfolgenden Abbildungen sehen Sie die beiden Dichten der Chi-Quadrat-Verteilungen für r=1 und r=2 Freiheitsgrade, die 'Sonderfälle' der Chi-Quadrat-Verteilung darstellen. Stellen Sie einen Vergleich mit früher betrachteten Verteilungen an. Mit welcher der bereits früher behandelten Verteilungen stimmt die Chi-Quadrat-Verteilung mit 2 Freiheitsgraden überein?

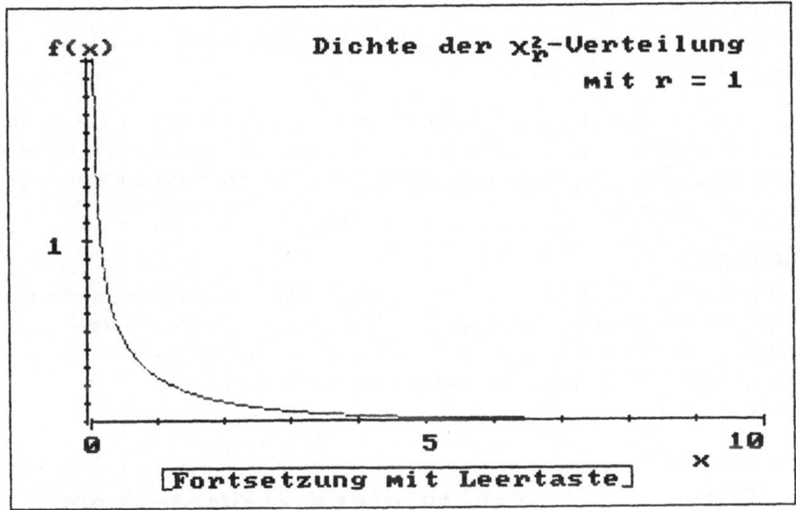

Abbildung 8.1

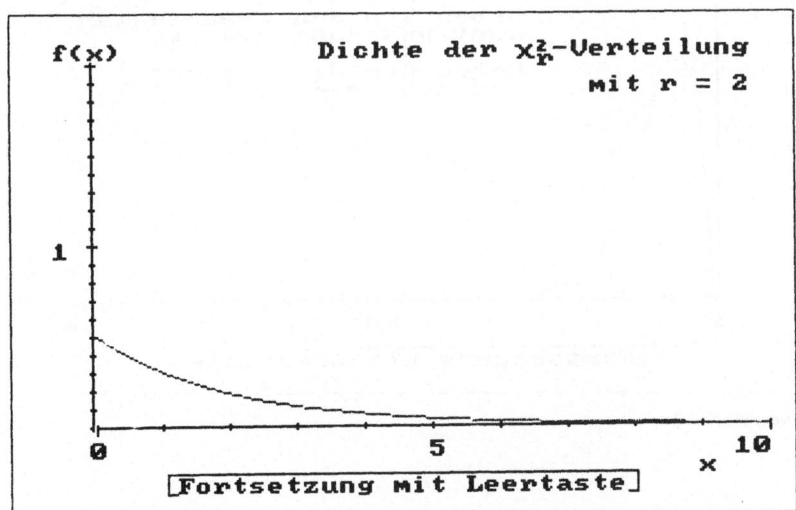

Abbildung 8.2

Bemerkung 8.1:

Die Chi-Quadrat-Verteilung mit 2 Freiheitsgraden stimmt mit der Exponentialverteilung mit Parameter $\alpha = 1/2$ überein.

Wir wollen nun die Chi-Quadrat-Verteilungen mit mehr als 2 Freiheitsgraden für verschiedene Freiheitsgrade betrachten. Dabei wollen wir zunächst auf den Zusammenhang zwischen dem Parameter r und dem Erwartungswert und der Varianz der Verteilung eingehen.

Aufgabe 8.2:

In den nachfolgenden Abbildungen sehen Sie die Dichten der Chi-Quadrat-Verteilungen für verschiedene Freiheitsgrade r. Schätzen Sie jeweils den (ganzzahligen) Parameter r, und bestimmen Sie damit den Erwartungswert und die Varianz zu den gezeigten Verteilungen (bzw. schätzen Sie den Erwartungswert, und bestimmen Sie damit den Parameter r).

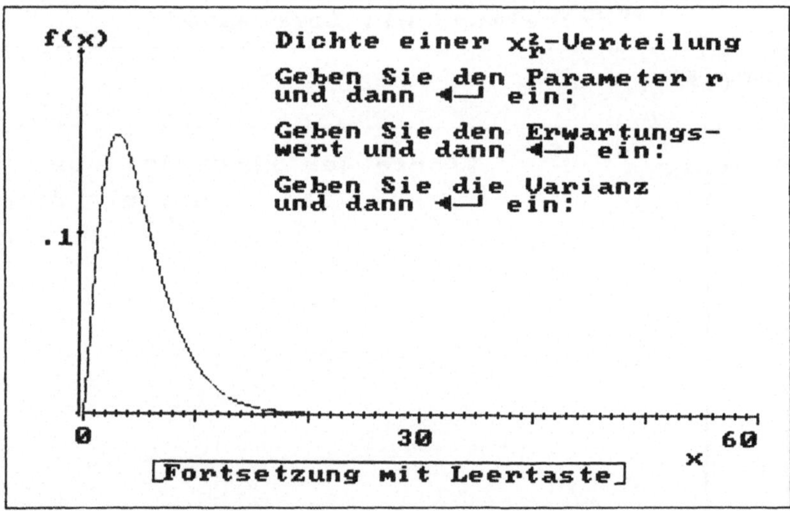

Abbildung 8.3

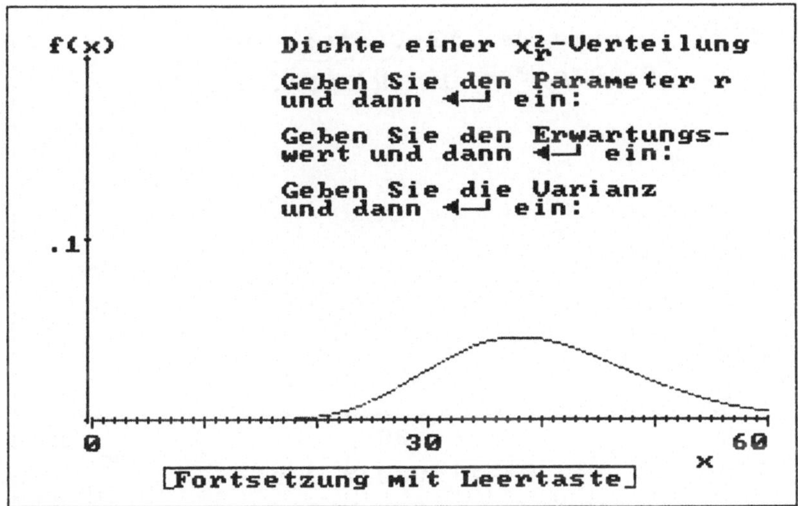

Abbildung 8.4

Bemerkung 8.2:

Für eine mit r Freiheitsgraden Chi-Quadrat-verteilte Zufallsvariable X gilt $E(X)=r$ und $Var(X)=2\cdot r$. Aufgrund der Rechtsschiefe der Chi-Quadrat-Verteilung liegt der Erwartungswert rechts von der Stelle, an der die Dichte den Maximalwert annimmt. Damit lassen sich in den vorherigen Abbildungen r=5 bzw. r=40 als Schätzwerte erhalten, womit man den Erwartungswert 5 bzw. 40 und die Varianz 10 bzw. 80 erhält.

Eine mit r Freiheitsgraden Chi-Quadrat-verteilte Zufallsvariable X kann als Summe von r unabhängigen Zufallsvariablen (Quadrat von N(0,1)-verteilten) aufgefaßt werden. Für wachsendes r strebt die Verteilung gegen eine N(r,2r)-Verteilung (Zentraler Grenzwertsatz). Diese Approximation wollen wir im folgenden für Werte von r zwischen 3 und 40 betrachten.

Aufgabe 8.3:

Wählen Sie für die folgenden Abbildungen der Dichten von Chi-Quadrat-Verteilungen verschiedene Freiheitsgrade r zwischen 3 und 40. Geben Sie insbesondere die Werte 4 und 40 ein. Zu der Dichte der gewählten Chi-Quadrat-Verteilung wird jeweils die Dichte der entsprechenden N(r,2r)-Verteilung eingezeichnet. Beurteilen Sie jeweils die Güte der Approximation.

Geben Sie den Parameter r und dann ◄┘ ein (zwischen 3 und 40):

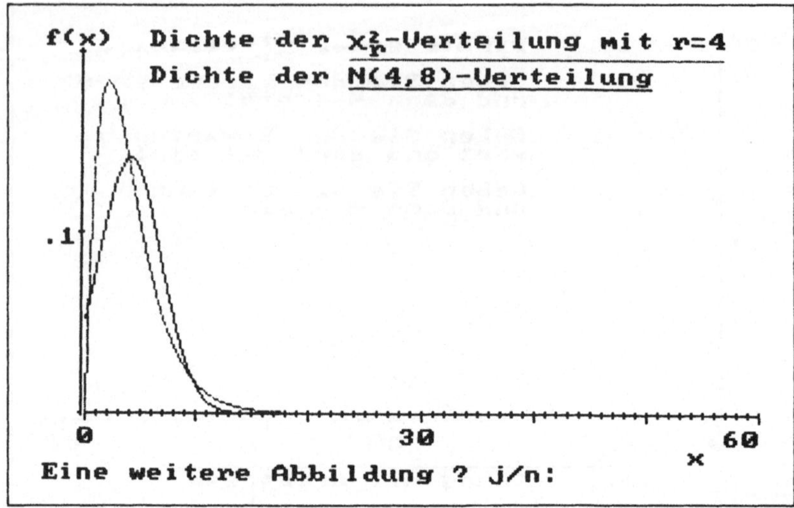

Abbildung 8.5

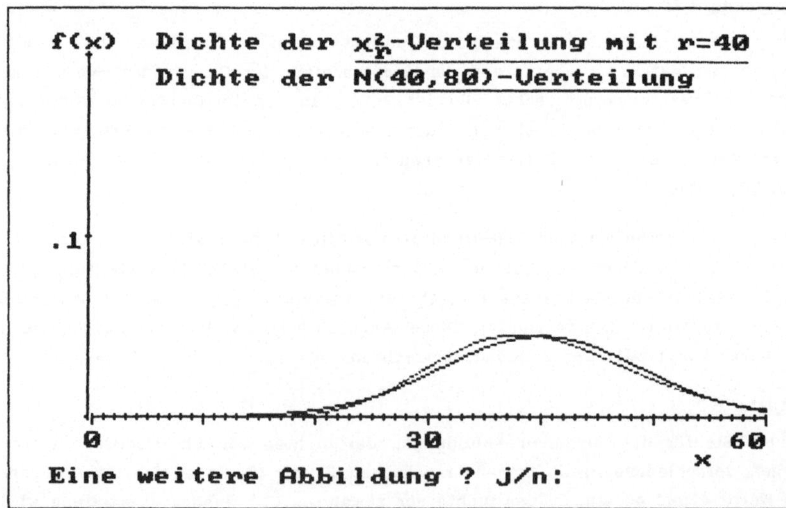

Abbildung 8.6

Bemerkung 8.3:

Wie man in den vorherigen Abbildungen erkennen kann, wird die Chi–Quadrat–Verteilung für kleine Werte von r (etwa $r \leq 10$) sehr schlecht durch die N(r,2r)–Verteilung angenähert. Mit zunehmendem r ist die Rechtsschiefe der Chi–Quadrat–Verteilung weniger stark ausgeprägt, und die Approximation wird besser. Doch auch bei $r = 40$ ist noch ein deutlicher Unterschied zwischen den beiden Verteilungen erkennbar.

Wir wollen nun die t–Verteilung für verschiedene Freiheitsgrade r betrachten. Auch hier erhalten wir für einen speziellen Wert des Parameters r eine Verteilung, die wir bereits früher betrachtet haben. Die t–Verteilung mit einem Freiheitsgrad stimmt mit der Cauchy–Verteilung mit $\alpha=1$ überein, bei der der Erwartungswert nicht existiert, wie wir in Einheit 6 gesehen haben. Für r=2 existiert zwar der Erwartungswert, jedoch existiert die Varianz nicht (wie bei r=1). Für $r \geq 3$ besitzt die t–Verteilung mit r Freiheitsgraden Erwartungswert und Varianz, und zwar gilt für die Varianz einer mit r Freiheitsgraden t–verteilten Zufallsvariablen X stets Var(X) = r/(r–2). Wegen der Symmetrie zur 0 ist für $r \geq 2$ der Erwartungswert stets 0.

In den folgenden Abbildungen wollen wir für verschiedene Freiheitsgrade r die Dichten der t–Verteilungen betrachten und mit der Dichte der N(0,1)–Verteilung vergleichen. Dabei wird in den Abbildungen für $r \geq 3$ die Varianz der t–Verteilung angegeben. Für den Freiheitsgrad r können (ganzzahlige) Werte zwischen 1 und 100 gewählt werden.

Aufgabe 8.4:

Wählen Sie für die folgenden Abbildungen der Dichten von t–Verteilungen verschiedene Freiheitsgrade r in den angegebenen Schranken. Geben Sie insbesondere die Werte 1, 10 und 30 ein. Zu der Dichte der gewählten t–Verteilung wird jeweils die Dichte der N(0,1)–Verteilung eingezeichnet. Beurteilen Sie bei zunehmender Zahl der Freiheitsgrade die Annäherung der t–Verteilung an die N(0,1)–Verteilung.

Geben Sie den Parameter r und dann ↵ ein (zwischen 1 und 100):

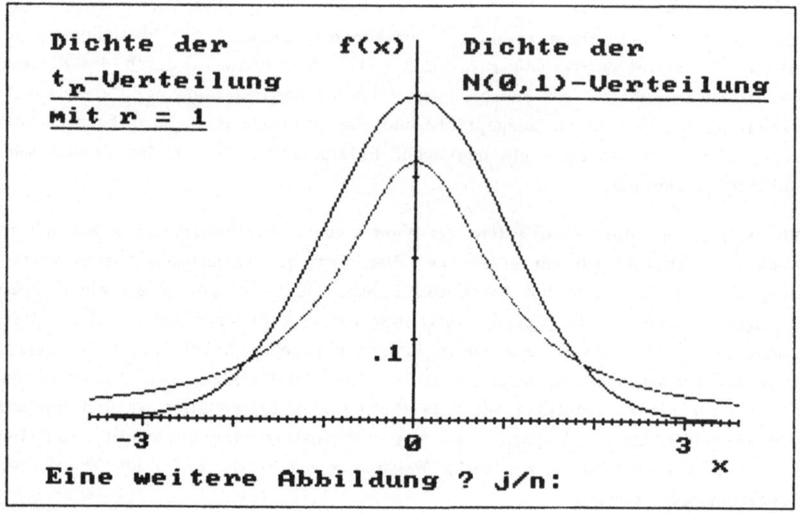

Abbildung 8.7

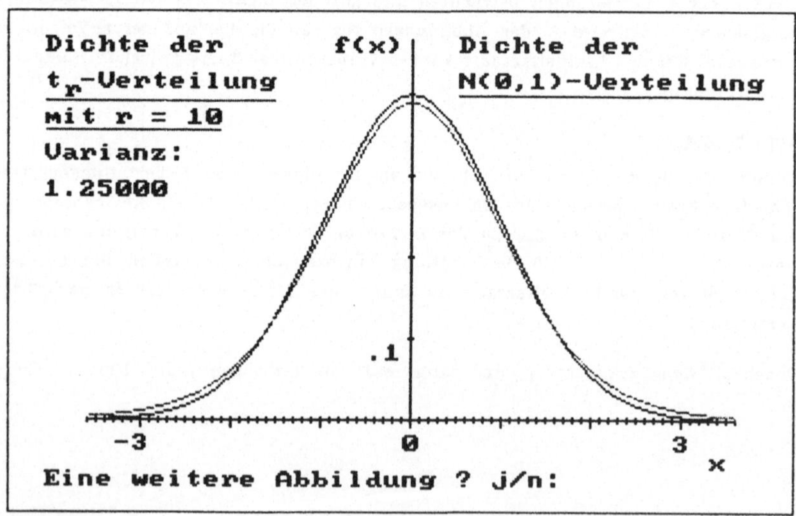

Abbildung 8.8

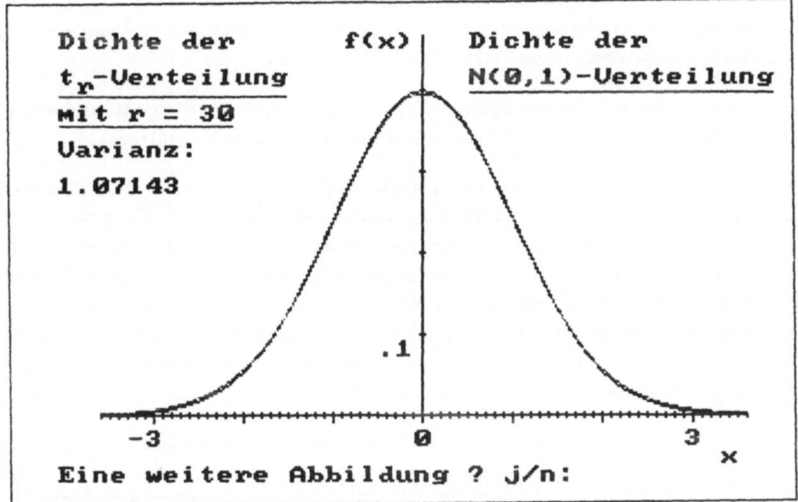

__Abbildung 8.9__

__Bemerkung 8.4:__

Wie man in den vorherigen Abbildungen erkennen kann, nähert sich die t–Verteilung mit zunehmendem Freiheitsgrad r recht schnell der N(0,1)–Verteilung. Schon für r = 30 unterscheiden sich die eingezeichneten Dichten nur noch geringfügig.

Wie wir bei der Betrachtung der Zusammenhänge zwischen den Verteilungen gesehen haben, ist die Normalverteilung von besonderer Bedeutung (Grenzwertsätze). Wir werden in den nächsten Einheiten auch besonders auf Tests bei Normalverteilungsannahmen eingehen. Um zu beurteilen, ob eine Normalverteilungsannahme gerechtfertigt ist, kann man sich der graphischen Methode (Wahrscheinlichkeitspapier) bedienen. Damit wollen wir uns nun beschäftigen. Wir betrachten dazu eine Meßreihe von 20 Körpergrößen der Mütter der StatLab-Population.

Hier sind die 20 Meßwerte der Größe nach sortiert:

60.1	60.5	61.3	62.0	62.5	63.0	63.3	63.6	64.0	64.3
65.1	65.3	65.9	66.0	66.4	66.7	66.7	67.0	67.8	70.0

__Aufgabe 8.5:__

a) Bilden Sie zu den aufgeführten 20 Meßwerten die relativen Summenhäufigkeiten, und tragen Sie diese in das nachfolgend auf dem Bildschirm skizzierte Wahrscheinlichkeitspapier ein.

Durch diese Punkte ist die empirische Verteilungsfunktion (Treppenfunktion) bestimmt.

b) Läßt sich die Treppenfunktion durch eine Gerade annähern? Kann man annehmen, daß sich das Merkmal 'Körpergröße der Mütter' durch eine normalverteilte Zufallsvariable beschreiben läßt? (Vgl. auch Aufgabe 6.2.)

Wenn Sie die relativen Summenhäufigkeiten berechnet haben, können Sie diese wie folgt in das nachfolgend gezeichnete Wahrscheinlichkeitspapier eintragen:

Unterhalb der 5 % Linie steht ein kleines Kreuz an der Stelle des kleinsten Meßwertes. Durch Betätigung der Cursor-Taste ↑ (8) bewegen Sie das Kreuz nach oben und mit ↓ (2) nach unten. Wenn Sie das Kreuz auf die richtige Höhe gebracht haben, setzen Sie mit ←⏎ einen Punkt in das 'Papier'. Danach springt das Kreuz automatisch an die nächste Stelle, bei der ein Meßwert vorliegt. Bewegen Sie das Kreuz wieder mit ↑ und ↓ an die gewünschte Position usw. Wenn Sie auf diese Art alle Punkte eingezeichnet haben, werden zur Kontrolle die richtigen Punkte eingetragen (diese sollten mit Ihren Punkten deckungsgleich sein).

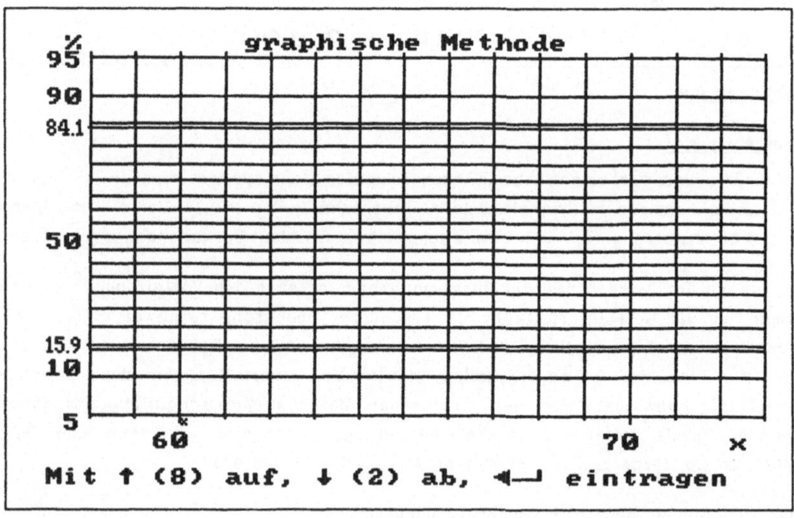

Abbildung 8.10

Bemerkung 8.5:

Da die Punkte näherungsweise auf einer Geraden liegen und sich die empirische Verteilungsfunktion durch eine Gerade recht gut annähern läßt, ist die Normalverteilungsannahme sicherlich nicht abwegig. Wir wollen daher aus dem Wahrscheinlichkeitspapier Schätzwerte für μ und σ bestimmen.

<u>**Aufgabe 8.6:**</u>

In der folgenden Abbildung sehen Sie noch einmal das Wahrscheinlichkeitspapier mit der empirischen Verteilungsfunktion. Dazu ist eine Näherungsgerade eingezeichnet. Schätzen Sie aufgrund der folgenden Abbildung die Parameter μ und σ der entsprechenden Normalverteilung.

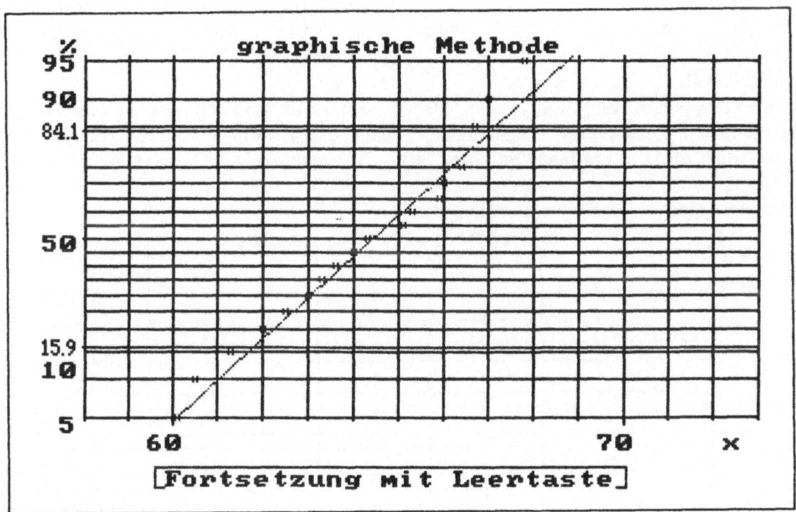

<u>**Abbildung 8.11**</u>

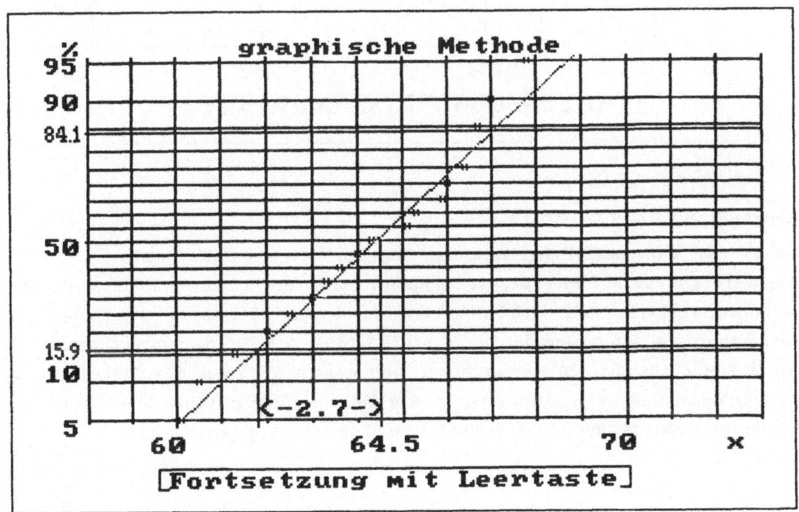

<u>**Abbildung 8.12**</u>

Zum Vergleich wollen wir eine Stichprobe der Familieneinkommen der StatLab-Population betrachten. Hier ist eine Meßreihe vom Umfang 40, die wir bereits früher in Histogrammen betrachtet haben:

44	70	83	84	87	90	100	100	100	108
110	110	112	114	120	120	135	140	145	146
146	147	150	150	164	180	188	192	192	200
200	202	211	220	224	230	240	247	250	300

Aufgabe 8.7:

In der folgenden Abbildung sehen Sie die relativen Summenhäufigkeiten in das Wahrscheinlichkeitspapier eingetragen. Liegen die Punkte auch hier näherungs-weise auf einer Geraden? Ist hier eine Normalverteilungsannahme sinnvoll?

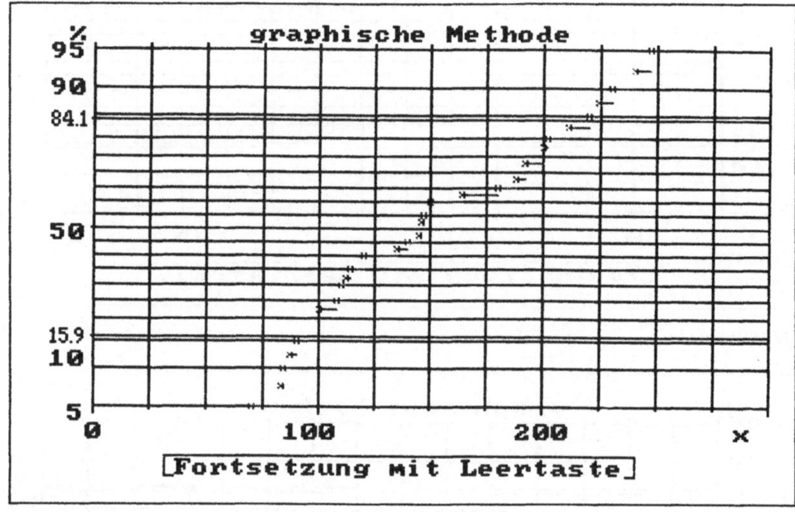

Abbildung 8.13

Bemerkung 8.6:

Die in das Wahrscheinlichkeitspapier eingezeichneten Punkte lassen sich nicht besonders gut durch eine Gerade anhähern bzw. die eingezeichnete empirische Verteilungsfunktion läßt sich nicht gut durch eine Gerade approximieren. Die Abweichung von einer Geraden ist deutlich größer als bei der vorher betrachte-ten Meßreihe mit den 20 Körpergrößen, und das, obwohl bei den Einkommen der Stichprobenumfang zweimal so groß ist wie bei den Körpergrößen. Eine Normalver-teilungsannahme ist hier also zumindest weniger sinnvoll als vorher.

Zum Abschluß wollen wir den Kolmogoroff–Smirnov–Test betrachten, mit dem die Anpassung der empirischen Verteilungsfunktion an eine hypothetische Verteilungsfunktion geprüft wird.

Aufgabe 8.8:

Bei der vorher betrachteten Meßreihe erhält man ein arithmetisches Mittel von 153.78 und eine empirische Standardabweichung von 58.87 (vgl. Aufgabe 2.4). Prüfen Sie mit dem Kolmogoroff–Smirnov–Test auf dem 5 % Niveau die Hypothese, daß die Familieneinkommen $N(\mu,\sigma^2)$–verteilt sind mit μ = 153.78 und σ = 58.87 anhand einer neuen Meßreihe bestehend aus den 10 Werten:

$$78 \qquad 96 \qquad 120 \qquad 156 \qquad 170 \qquad 184 \qquad 202 \qquad 220 \qquad 270 \qquad 300$$

Dazu sind für Sie die Werte der empirischen Verteilungsfunktion und die Werte der Verteilungsfunktion zur $N(\mu,\sigma^2)$–Verteilung mit μ = 153.78 und σ = 58.87 an den Sprungstellen der empirischen Verteilungsfunktion in der nachfolgenden Tabelle zusammengestellt.

i	$x_{(i)}$	$F(x_{(i)})$	$F_n(x_{(i)};x_1,\dots,x_n)$
1	78	0.0990	0.1
2	96	0.1632	0.2
3	120	0.2830	0.3
4	156	0.5150	0.4
5	170	0.6085	0.5
6	184	0.6961	0.6
7	202	0.7936	0.7
8	220	0.8697	0.8
9	270	0.9758	0.9
10	300	0.9935	1.0

Ermitteln Sie die maximale Abweichung und geben Sie diesen Wert mit $\hookleftarrow$ ein.

$$D_n(x_1,\dots,x_n) = \sup_{z\in\mathbb{R}} |F_n(z;x_1,\dots,x_n) - F(z)| \; =$$

Zu welchem Ergebnis führt der Kolmogoroff–Smirnov–Test zum 5 % Niveau aufgrund der berechneten maximalen Abweichung? Welche Schlüsse kann man daraus ziehen?

EINHEIT 9: Konfidenzintervalle

In früheren Einheiten haben sich $N(\mu,\sigma^2)$–Verteilungen als wichtige Verteilungen erwiesen. In dieser Einheit wollen wir Konfidenzintervalle für den Mittelwert und die Varianz von normalverteilten Zufallsvariablen betrachten. Doch zunächst eine kurze Zusammenfassung der benötigten Definitionen, Bezeichnungen, Sätze und Formeln:

Für $0 < p < 1$ bezeichnet u_p das p–Quantil der $N(0,1)$–Verteilung, $t_{r;p}$ das p–Quantil der t_r–Verteilung und $\chi^2_{r;p}$ das p–Quantil der χ^2_r–Verteilung. Für Zufallsvariablen $X_1,\ldots,X_n$ ist $\overline{X} = \overline{X}_{(n)} = (X_1+\ldots+X_n)/n$ und $S^2 = S^2_{(n)} = ((X_1-\overline{X})^2+ \ldots +(X_n-\overline{X})^2)/(n-1)$. Seien $X_1,\ldots,X_n$ unabhängig und identisch verteilt mit der Verteilungsfunktion F_ϑ, wobei F_ϑ eine durch einen Parameter θ (aus einer Teilmenge Θ des $\mathbb{R}^k$) parametrisierten Familie von Verteilungsfunktionen F_ϑ, $\theta \varepsilon \Theta$, angehört. Für den (unbekannten) Parameter θ werden durch ein Konfidenzschätzverfahren Schranken bestimmt, zwischen denen der Parameter θ mit einer gewissen Sicherheit liegt.

Zu vorgegebenem α mit $0 < \alpha < 1$ heißt ein durch die Zufallsvariablen $X_1,\ldots,X_n$ bestimmtes 'zufälliges' Intervall $I(X_1,\ldots,X_n)$ Konfidenzintervall für θ zum Konfidenzniveau $1-\alpha$ (zu vorgegebenem α mit $0 < \alpha < 1$), falls $P_\vartheta(I(X_1,\ldots,X_n)$ überdeckt $\theta) \geq 1-\alpha$ für alle $\theta \varepsilon \Theta$ gilt. Setzt man die Werte $x_1,\ldots,x_n$ einer Realisierung von $X_1,\ldots,X_n$ ein, so wird $I(x_1,\ldots,x_n)$ konkretes Schätzintervall für θ (zum Niveau $1-\alpha$) genannt.

Für $N(\mu,\sigma^2)$–verteilte Zufallsvaribalen wird für Θ die Menge aller Paare $\theta = (\mu,\sigma^2)$, $\mu\varepsilon\mathbb{R}$, $\sigma^2 > 0$ zugrunde gelegt. Dabei werden die Konfidenzintervalle nicht für θ selbst, sondern für eine durch die Funktion $\tau: \Theta \longrightarrow \mathbb{R}$ bestimmten Wert $\tau(\theta)$ betrachtet. Für $\tau(\theta) = \mu$ und $\tau(\theta) = \sigma^2$ werden jeweils zwei verschiedene Konfidenzschätzverfahren betrachtet.

Konfidenzschätzverfahren 1: *Für $\tau(\theta) = \mu$, $\sigma^2 = \sigma_0^2$ (bekannt), ist*

$$I(X_1,\ldots,X_n) = [\,\overline{X}_{(n)} - u_{1-\alpha/2}\cdot\sigma_0/\sqrt{n}\,,\,\overline{X}_{(n)} + u_{1-\alpha/2}\cdot\sigma_0/\sqrt{n}\,]$$

ein Konfidenzintervall für $\tau(\theta) = \mu$ zum Konfidenzniveau $1-\alpha$ ($0 < \alpha < 1$).

Konfidenzschätzverfahren 2: *Für $\tau(\theta) = \mu$, σ^2 unbekannt, ist*

$$I(X_1,\ldots,X_n) = [\,\overline{X}_{(n)} - t_{n-1;1-\alpha/2}\cdot\sqrt{S^2_{(n)}/n}\,,\,\overline{X}_{(n)} + t_{n-1;1-\alpha/2}\cdot\sqrt{S^2_{(n)}/n}\,]$$

ein Konfidenzintervall für $\tau(\theta) = \mu$ zum Konfidenzniveau $1-\alpha$ ($0 < \alpha < 1$).

Konfidenzschätzverfahren 3: *Für $\tau(\theta) = \sigma^2$, $\mu = \mu_0$ (bekannt), ist*

$$I(X_1,\ldots,X_n) = [\,\sum_{i=1}^{n}(X_i-\mu_0)^2/\chi^2_{n;1-\alpha/2}\,,\,\sum_{i=1}^{n}(X_i-\mu_0)^2/\chi^2_{n;\alpha/2}\,]$$

ein Konfidenzintervall für $\tau(\theta) = \sigma^2$ zum Konfidenzniveau $1-\alpha$ ($0 < \alpha < 1$).

Konfidenzschätzverfahren 4: *Für $\tau(\theta) = \sigma^2$, μ unbekannt, ist*

$$I(X_1,\ldots,X_n) = [\,(n-1)\cdot S^2_{(n)}/\chi^2_{n-1;1-\alpha/2}\,,\,(n-1)\cdot S^2_{(n)}/\chi^2_{n-1;\alpha/2}\,]$$

ein Konfidenzintervall für $\tau(\theta) = \sigma^2$ zum Konfidenzniveau $1-\alpha$ ($0 < \alpha < 1$).

Wir betrachten zunächst die Körpergrößen (in inch) von 10 zufällig aus der StatLab-Population ausgewählten Müttern:

   60.0   62.8   70.9   66.8   62.5   63.0   67.9   62.1   63.2   65.1

Aufgabe 9.1:

Es werde angenommen, daß die obigen Meßwerte Realisierungen von unabhängigen, $N(\mu,\sigma^2)$-verteilten Zufallsvariablen sind. Aufgrund eines geeigneten Konfidenzschätzverfahrens zum Konfidenzniveau 0.95 soll ein konkretes Schätzintervall für μ berechnet werden. Welcher der folgenden vier Fälle wird dabei betrachtet?

1. $\tau(\Theta) = \mu$, $\sigma^2 = \sigma_0^2$ (bekannt)
2. $\tau(\Theta) = \mu$, σ^2 unbekannt
3. $\tau(\Theta) = \sigma^2$, $\mu = \mu_0$ (bekannt)
4. $\tau(\Theta) = \sigma^2$, μ unbekannt

Geben Sie die entsprechende Ziffer (1-4) ein.

Wir wollen nun das in Aufgabe 9.1 angesprochene konkrete Schätzintervalle für den Parameter μ berechnen. Bei der Meßreihe der Körpergrößen der 10 zufällig ausgewählten Mütter erhält man den Wert 64.43 als arithmetischen Mittelwert sowie 10.55 für die empirische Varianz.

Aufgabe 9.2:

Berechnen Sie mit Hilfe der oben angegebenen Werte das konkrete Schätzintervall für μ zum Konfidenzniveau 0.95 (vgl. Aufgabe 9.1).

Ergänzen Sie dazu die folgende Formel, wobei SQR(z) für die Wurzel aus z steht. Geben Sie den Wert des benötigten Quantils auf 2 Stellen nach dem Dezimalpunkt genau ein.

$I(x_1,...,x_{10}) = [$ SQR(/),   SQR(/)]

Bemerkung 9.1:

Bei der Berechnung des in Aufgabe 9.1 und Aufgabe 9.2 gefragten konkreten Schätzintervalls für μ zum Konfidenzniveau 0.95 nach dem Konfidenzschätzverfahren 2 erhält man das Intervall $[62.10855, 66.75145]$. Dabei wird das Quantil

$$t_{9;0.975} = 2.26$$

benötigt. Neben dem arithmetischen Mittel muß auch die empirische Varianz berechnet werden. Wenn die Varianz σ^2 der angenommenen Normalverteilung bekannt ist, kann darauf verzichtet werden, die Varianz durch die empirische Varianz zu schätzen.

Aufgabe 9.3:

Nimmt man die Varianz $\sigma^2 = 6.25$ als bekannt an, so erhält man bei den oben betrachteten 10 Körpergrößen gemäß dem Konfidenzschätzverfahren 1 das konkrete Schätzintervall $[62.88049, 65.97951]$ für μ zum Konfidenzniveau 0.95.

Welches Quantil wurde bei der Berechnung dieses Intervalls verwendet?

Verwendetes Quantil:

Geben Sie den Wert auf 2 Stellen nach dem Dezimalpunkt genau ein.

In der nachfolgenden Abbildung sind die 10 Meßwerte mit dem gemäß des Konfidenzschätzverfahrens 1 berechneten konkreten Schätzintervall für μ zum Konfidenzniveau 0.95 skizziert.

Das Konfidenzschätzverfahren 1 gründet sich darauf, daß das arithmetische Mittel von n unabhängigen, $N(\mu,\sigma^2)$-verteilten Zufallsvariablen $N(\mu,\sigma^2/n)$-verteilt ist. Die Dichte dieser Verteilung wird nachträglich in die nachfolgende Abbildung eingezeichnet. Dabei ist für μ der Mittelwert der Körpergrößen aller Mütter der StatLab-Population genommen.

Aufgabe 9.4:

Interpretieren Sie die graphischen Darstellungen in der nachfolgenden Abbildung.

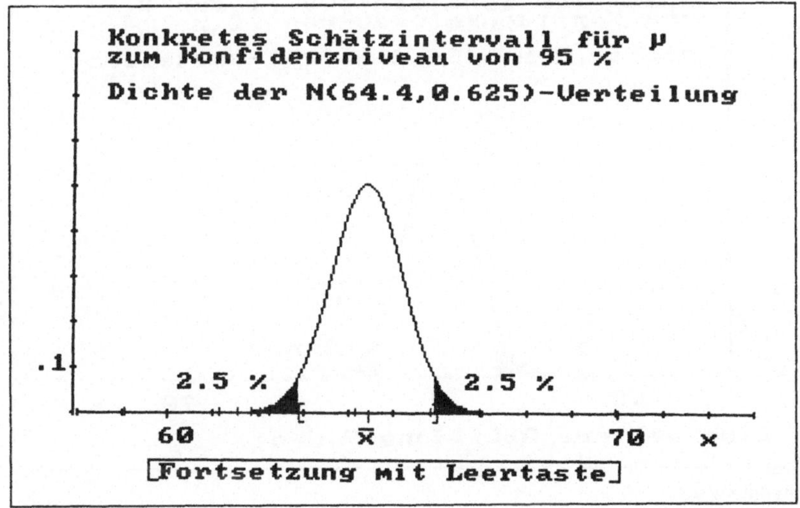

Abbildung 9.1

Bemerkung 9.2:

In der vorherigen Abbildung war zu erkennen, daß das konkrete Schätzintervall im Vergleich zu den eingezeichneten $\alpha/2$ – bzw. $1-\alpha/2$ – Quantilen der N(64.4,0.625)– Verteilung etwas nach rechts verschoben ist. Dies ist durch den etwas größeren Wert des arithmetischen Mittels der 10 Meßwerte (64.43) bedingt. Die Länge des Schätzintervalls entspricht jedoch dem Abstand der eingezeichneten Quantile.

Wir wollen nun die Veränderung des konkreten Schätzintervalls in Abhängigkeit vom gewählten Konfidenzniveau betrachten. Dazu können Sie das Konfidenzniveau zwischen 1 und 99 Prozent variieren.

Aufgabe 9.5:

Geben Sie für die nachfolgenden Abbildungen ganzzahlige Werte zwischen 1 und 99 für das Konfidenzniveau in Prozent ein, und betrachten Sie das gemäß des Konfidenzschätzverfahrens 1 berechnete konkrete Schätzintervall in Abhängigkeit vom gewählten Konfidenzniveau. Zusätzlich ist jeweils die Dichte der Verteilung des arithmetischen Mittels eingezeichnet. Geben Sie insbesondere die Werte 90 und 99 für die Konfidenzniveaus 90 % und 99 % ein.

Geben Sie das Konfidenzniveau und dann ↵ ein (zwischen 1 und 99 (%)):

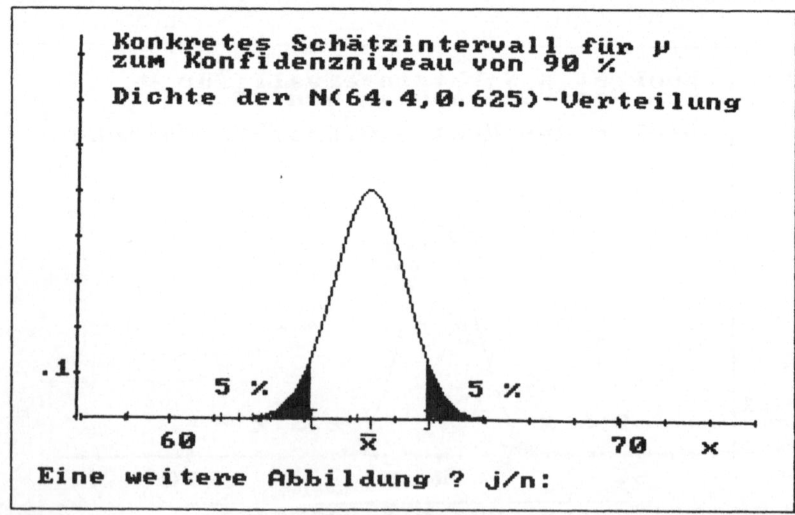

Abbildung 9.2

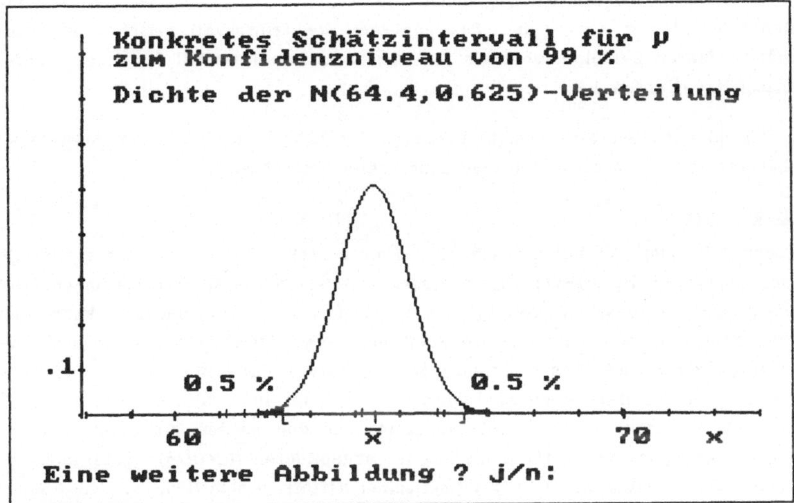

Abbildung 9.3

Bemerkung 9.3:

In den vorherigen Abbildungen wurde deutlich, daß das konkrete Schätzintervall bei einem kleineren Konfidenzniveau auch kleiner ist als bei einem größeren Konfidenzniveau. Je größer das Schätzintervall ist, um so größer ist die Wahrscheinlichkeit, daß die Behauptung, das Schätzintervall überdecke den wahren Parameter, richtig ist (aber um so schwächer ist die Behauptung).

Aufgabe 9.6:

Das nach dem Konfidenzschätzverfahren 1 berechnete konkrete Schätzintervall von Aufgabe 9.3 ist in dem nach dem Konfidenzschätzverfahren 2 berechneten konkreten Schätzintervall von Aufgabe 9.2 enthalten:

$$[62.88049,65.97951] \text{ Teilmenge von } [62.10855,66.75145]$$

Gilt eine solche Teilmengenbeziehung immer bei den gemäß den Konfidenzschätzverfahren 1 und 2 berechneten konkreten Schätzintervallen?

Wenn ja, warum? Wenn nein, wovon hängt die Teilmengeneigenschaft ab?

Bemerkung 9.4:

Bei dem Konfidenzschätzverfahren 1 wird das $1-\alpha/2$ - Quantil der N(0,1)-Verteilung und beim Konfidenzschätzverfahren 2 das $1-\alpha/2$ - Quantil der t-Verteilung mit n-1 Freiheitsgraden verwendet. Für alle natürlichen n gilt zwar für kleine α stets

$$t_{n,1-\alpha/2} > u_{1-\alpha/2}$$

jedoch kann in den Fällen, bei denen die empirische Varianz der betreffenden Stichprobe kleiner als σ^2 ist, das konkrete Schätzintervall gemäß Konfidenz-schätzverfahren 2 kleiner sein als das entsprechende Intervall nach dem Konfidenzschätzverfahren 1.

Im folgenden wollen wir die Schwankungen der Längen der nach dem Konfidenz-schätzverfahren 2 berechneten Schätzintervalle betrachten.

Aufgabe 9.7:

In der folgenden Abbildung wird eine Monte-Carlo-Simulation dargestellt. Zu einer gegebenen $N(\mu,\sigma^2)$-Verteilung werden 100-mal n (n=10) Realisierungen (Zufallszahlen) zu dieser Verteilung erzeugt und die 100 zugehörigen konkreten Schätzintervalle zu einem gewissen Konfidenzniveau gemäß dem Konfidenzschätz-verfahren 2 bestimmt. Das berechnete Schätzintervall für μ wird durch eine Linie skizziert. Zu der links oben angezeigten Anzahl der Intervalle wird rechts oben die relative Anzahl der Intervalle angezeigt, die den wahren Mittelwert μ über-decken. Der wahre Parameter μ ist bei der abgebildeten $N(\mu,\sigma^2/n)$-Verteilung, der Verteilung des entsprechenden arithmetischen Mittels, ersichtlich.

a) Interpretieren Sie die Darstellungen.

b) Welches Konfidenzniveau wird dabei wohl verwendet?

c) Welche Aussage läßt sich über die Länge der eingezeichneten Intervalle in bezug auf den Abstand der markierten Quantile machen?

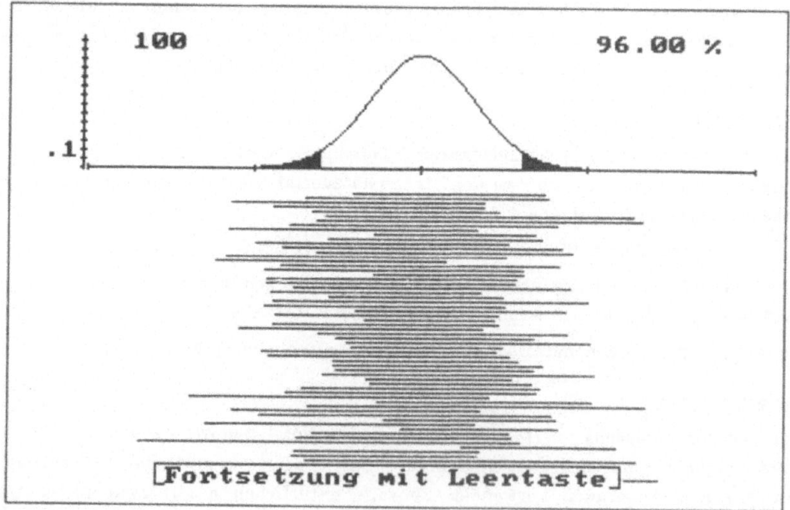

Abbildung 9.4

Bemerkung 9.5:

Bei der vorherigen Simulation wurde für die Berechnung der konkreten Schätzintervalle nach dem Konfidenzschätzverfahren 2 das Konfidenzniveau 0.95 verwendet. Im Mittel sind die Längen der Intervalle größer als der Abstand zwischen
den beiden eingezeichneten Quantilen. Mit wachsender Stichprobenanzahl streben
die Intervallängen zu diesem Abstand, da die t-Verteilung sich der $N(0,1)$-Ver-
teilung annähert und die empirische Varianz gegen die Varianz σ^2 strebt.

Im Gegensatz zum Konfidenzschätzverfahren 2 ist die Länge des konkreten Schätzintervalls beim Konfidenzschätzverfahren 1 nur abhängig vom Konfidenzniveau,
der Sichprobenanzahl n und der (bekannten) Varianz σ^2 jedoch unabhängig von den
jeweiligen Meßwerten. Durch die Erhöhung des Stichprobenumfangs kann also das
in Aufgabe 9.3 betrachtete konkrete Schätzintervall verkleinert werden.

Aufgabe 9.8:

Wie groß muß der Stichprobenumfang n beim Konfidenzschätzverfahren 1 mindestens
gewählt werden, damit zum Konfidenzniveau 0.95 bei bekannter Varianz $\sigma^2 = 6.25$
die Länge des konkreten Schätzintervalls höchstens 1 beträgt?

Bemerkung 9.6:

Die Länge des konkreten Schätzintervalls beim Konfidenzschätzverfahren 1 ist

$$2 \cdot u_{1-\alpha/2} \cdot \sigma_0 / \sqrt{n} = 2 \cdot 1.96 \cdot \sqrt{6.25} / \sqrt{n}$$

Damit diese Länge kleiner oder gleich 1 wird, muß $n \geq (2 \cdot 1.96)^2 \cdot 6.25 = 96.04$
sein. Also erhält man bereits für n=97 ein konkretes Schätzintervall, dessen
Länge kleiner oder gleich 1 ist.

Vergleichen Sie dieses Ergebnis mit Ihrer Berechnung zu Aufgabe 9.8.

Nun wollen wir uns den Konfidenzintervallen für die Varianz zuwenden.

Dazu betrachten wir die Körpergrößen (in inch) von 10 zufällig aus der StatLab-
Population ausgewählten Vätern:

    70.0   74.0   70.5   73.0   71.0   73.0   70.5   71.0   69.2   65.1

Zu diesen Werten soll ein konkretes Schätzintervall für die Varianz berechnet
werden.

Für die Meßreihe der Körpergrößen der 10 zufällig ausgewählten StatLab-Väter
erhält man den Wert 70.73 als arithmetisches Mittel und 6.2 als empirische
Varianz.

Aufgabe 9.9:

Berechnen Sie ein konkretes Schätzintervall für die Varianz der Körpergröße der Väter aufgrund obiger 10 Meßwerte zum Konfidenzniveau von 95 %. Welche Verteilungsannahmen müssen dazu gemacht werden?

Ergänzen Sie dazu die folgende Formel. Geben Sie die benötigten Quantile auf 2 Stellen nach dem Dezimalpunkt genau ein.

$$I(x_1,...,x_{10}) = [\qquad / \qquad , \qquad / \qquad]$$

Bemerkung 9.7:

Bei den Berechnungen zu Aufgabe 9.9 wurden sowohl eine Normalverteilungsannahme als auch eine Unabhängigkeitsannahme gemacht, d.h. es wurde angenommen, daß die Meßwerte Realisierungen von unabhängigen $N(\mu,\sigma^2)$-verteilten Zufallsvariablen sind. Das in Aufgabe 9.9 gefragte konkrete Schätzintervall für σ^2 ist:

$$[\,2.9349 , 20.6745\,]$$

Für die Berechnung wurden gemäß dem Konfidenzschätzverfahren 4 das 97.5 % – Quantil ($=19.02$) und das 2.5 % – Quantil ($=2.70$) der Chi-Quadrat-Verteilung mit 9 Freiheitsgraden benötigt. Im Gegensatz zur Normal- und t-Verteilung ist die Chi-Quadrat-Verteilung nicht symmetrisch; es müssen daher auch wirklich jeweils zwei Quantile in einer Tabelle abgelesen werden.

In der nachfolgenden Abbildung ist das 2.5 % und 97.5 % Quantil der Chi-Quadrat-Verteilung mit 9 Freiheitsgraden skizziert, indem die linken bzw. rechten 2.5 % der Fläche unter der Dichte der Chi-Quadrat-Verteilung schraffiert sind.

Beachten Sie die Unsymmetrie der Chi-Quadrat-Verteilung bzw. deren Quantile.

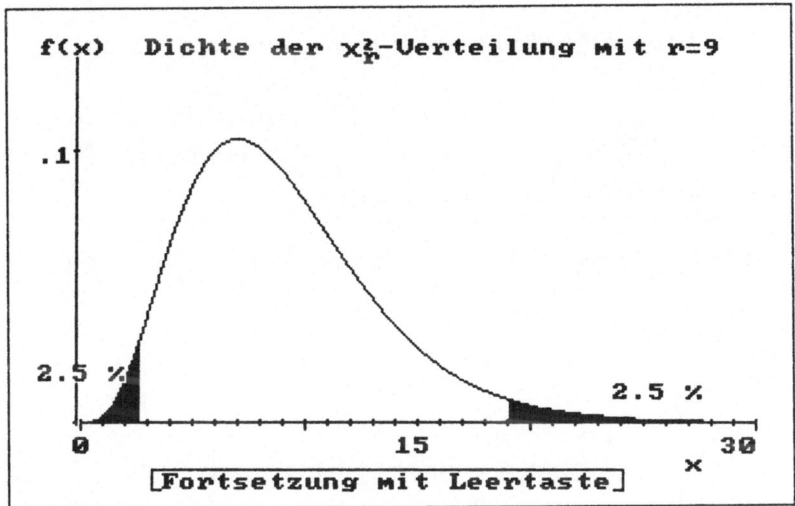

Abbildung 9.5

Aufgabe 9.10:

Wie hätte die Berechnung von Aufgabe 9.9 geändert werden müssen, wenn der Mittelwert μ = 70.1 als bekannt angenommen worden wäre?

Bemerkung 9.8:

Wenn in Aufgabe 9.9 der Mittelwert μ = 70.1 als bekannt vorausgesetzt worden wäre, hätte man für die Berechnung des konkreten Schätzintervalls (nach dem Konfidenzschätzverfahren 3) weder den empirischen Mittelwert noch die empirische Varianz der Meßwerte benötigt. Dann wären nämlich nur die Summe der quadratischen Abweichungen der Meßwerte vom Mittelwert μ = 70.1 und die entsprechenden Quantile der Chi-Quadrat-Verteilung mit 10 Freiheitsgraden benötigt worden. Damit hätte man das Intervall [2.7230,17.2287] erhalten.

Aufgabe 9.11:

In der nachfolgenden Abbildung wird eine Monte-Carlo-Simulation zu dem in Aufgabe 9.10 betrachteten Konfidenzschätzverfahren dargestellt. Aus je 10 Realisierungen von unabhängigen, N(70.1,7.9)-verteilten Zufallsvariablen wird ein Wert berechnet, der eine Realisierung einer chi-quadrat-verteilten Zufallsvariablen mit r Freiheitsgraden ist.

Um welche Zufallsvariable handelt es sich dabei? (Herleitung des Konfidenzschätzverfahrens 3!) Wie groß ist r ? Interpretieren Sie die Darstellung!

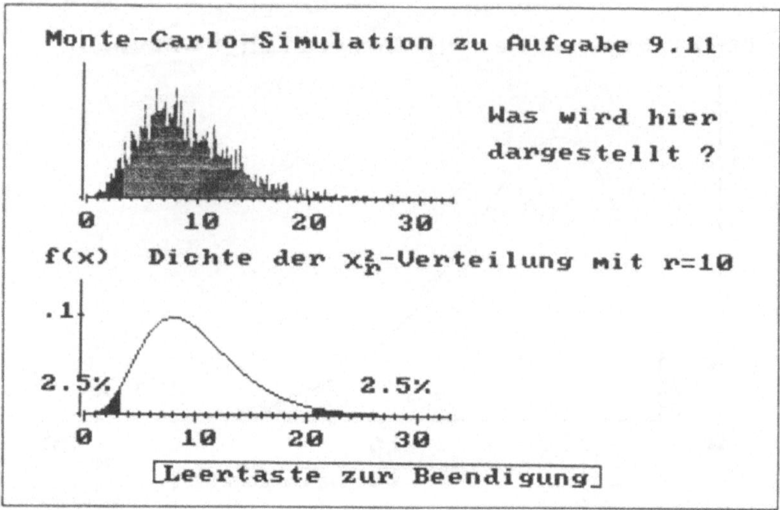

Abbildung 9.6

EINHEIT 10: Tests bei Normalverteilungsannahmen

In der letzten Einheit haben wir Konfidenzintervalle bei Normalverteilungsannahmen betrachtet und zu gegebenen Meßreihen konkrete Schätzintervalle für μ bzw. σ^2 berechnet. In dieser Einheit wollen wir Tests bei Normalverteilungsannahmen betrachten. Doch zunächst eine kurze Zusammenstellung der benötigten Definitionen, Bezeichnungen, Sätze und Formeln:

Für die Tests bei Normalverteilungsannahmen legt man dieselben Gegebenheiten zugrunde wie bei den Konfidenzintervallen bei Normalverteilungsannahmen. Um Aussagen über den wahren Parameter $\theta = (\mu, \sigma^2)$ der vorliegenden Normalverteilung zu erhalten, werden Hypothesen wie z.B. $H_0: \mu = \mu_0$ gegen $H_0: \mu \neq \mu_0$ oder $H_0: \sigma^2 = \sigma_0^2$ gegen $H_0: \sigma^2 \neq \sigma_0^2$ zu einem vorgegebenen Signifikanz–Niveau α getestet. Falls das n–Tupel der beobachteten Meßwerte in einem durch den jeweiligen Test bestimmten kritischen Bereich $K \subset \mathbb{R}^n$ liegt, wird die Nullhypothese H_0 verworfen. Ein n–Tupel von Meßwerten liegt im kritischen Bereich K, wenn die Testgröße T des Tests für dieses n–Tupel einen Wert annimmt, der gewisse, durch den Test bestimmte, Schranken überschreitet. Dabei ist die (Irrtums–) Wahrscheinlichkeit, die Nullhypothese H_0 zu verwerfen, obwohl H_0 zutreffend ist, kleiner oder gleich dem Signifikanz–Niveau α (Fehler 1. Art). Ein Fehler 2. Art tritt ein, falls H_0 nicht verworfen wird, obwohl die Alternative H_1 zutreffend ist.

Für die Ein– bzw. Zweistichproben–Tests seien stets $X_1,...,X_n$ bzw. $X_1,...,X_m, Y_1,...,Y_n$ unabhängig sowie $X_1,...,X_n$ $N(\mu, \sigma^2)$–verteilt bzw. $X_1,...,X_m$ $N(\mu_1, \sigma_1^2)$– und $Y_1,...,Y_n$ $N(\mu_2, \sigma_2^2)$–verteilt mit den entsprechenden empirischen Mittelwerten $\overline{X}_{(n)}$ bzw. $\overline{X}_{(m)}$, $\overline{Y}_{(n)}$ und den empirischen Varianzen $S^2_{(n)}$ bzw. $S^2_{(m)}$, $\tilde{S}^2_{(n)}$.

Für $0 < p < 1$ und $m, n \in \mathbb{N}$ bezeichne $F_{m,n;p}$ das p–Quantil der $F_{m,n}$–Verteilung, wobei eine Zufallsvariable $F_{m,n}$–verteilt ist, falls deren Verteilungsfunktion F gegeben ist durch

$$F(x) \;=\; P\Big(\frac{(Z_1^2 + ... + Z_m^2)/m}{(Z_{m+1}^2 + ... + Z_{m+n}^2)/n} \leq x\Big), \quad x \in \mathbb{R}$$

mit unabhängigen, $N(0,1)$–verteilten Zufallsvariablen $Z_1^2,...,Z_{m+n}^2$.

Gauß–Test: (μ unbekannt, σ^2 bekannt)

Testgröße: $T(X_1,...,X_n) = (\overline{X}_{(n)} - \mu_0)/\sqrt{\sigma_0^2/n}$

Nullhypothese H_0	Alternative H_1	kritischer Bereich K
$\mu = \mu_0$	$\mu \neq \mu_0$	$\lvert T \rvert > u_{1-\alpha/2}$
$\mu \leq \mu_0$	$\mu > \mu_0$	$T > u_{1-\alpha}$
$\mu \geq \mu_0$	$\mu < \mu_0$	$T < u_\alpha$

Zweistichproben–Gauß–Test: $(\mu_1, \mu_2$ unbekannt, σ_1^2, σ_2^2 bekannt)

Testgröße: $T(X_1,\ldots,X_m,Y_1,\ldots,Y_n) = (\overline{Y}_{(n)} - \overline{X}_{(m)})/\sqrt{\sigma_1^2/m + \sigma_2^2/n}$

Nullhypothese H_0	Alternative H_1	kritischer Bereich K
$\mu_2 = \mu_1$	$\mu_2 \neq \mu_1$	$\lvert T\rvert > u_{1-\alpha/2}$
$\mu_2 \leq \mu_1$	$\mu_2 > \mu_1$	$T > u_{1-\alpha}$
$\mu_2 \geq \mu_1$	$\mu_2 < \mu_1$	$T < u_{\alpha}$

t–Test: $(\mu, \sigma^2$ unbekannt)

Testgröße: $T(X_1,\ldots,X_n) = (\overline{X}_{(n)} - \mu_0)/\sqrt{S_{(n)}^2/n}$

Nullhypothese H_0	Alternative H_1	kritischer Bereich K
$\mu = \mu_0$	$\mu \neq \mu_0$	$\lvert T\rvert > t_{n-1;1-\alpha/2}$
$\mu \leq \mu_0$	$\mu > \mu_0$	$T > t_{n-1;1-\alpha}$
$\mu \geq \mu_0$	$\mu < \mu_0$	$T < t_{n-1;\alpha}$

Zweistichproben–t–Test: $(\mu_1, \mu_2, \sigma^2 = \sigma_1^2 = \sigma_2^2$ unbekannt)

Testgröße: $T(X_1,\ldots,X_m,Y_1,\ldots,Y_n) = (\overline{Y}_{(n)} - \overline{X}_{(m)}) \cdot \sqrt{\dfrac{(m\cdot n\cdot(m+n-2))/(m+n)}{((m-1)\cdot S_{(m)}^2 + (n-1)\cdot \tilde{S}_{(n)}^2)}}$

Nullhypothese H_0	Alternative H_1	kritischer Bereich K
$\mu_2 = \mu_1$	$\mu_2 \neq \mu_1$	$\lvert T\rvert > t_{m+n-2;1-\alpha/2}$
$\mu_2 \leq \mu_1$	$\mu_2 > \mu_1$	$T > t_{m+n-2;1-\alpha}$
$\mu_2 \geq \mu_1$	$\mu_2 < \mu_1$	$T < t_{m+n-2;\alpha}$

χ^2–Streuungstest: $(\mu, \sigma^2$ unbekannt)

Testgröße: $T(X_1,\ldots,X_n) = (n-1)\cdot S_{(n)}^2/\sigma_0^2$

Nullhypothese H_0	Alternative H_1	kritischer Bereich K
$\sigma^2 = \sigma_0^2$	$\sigma^2 \neq \sigma_0^2$	$T < \chi_{n-1;\alpha/2}$ oder $T > \chi_{n-1;1-\alpha/2}$
$\sigma^2 \leq \sigma_0^2$	$\sigma^2 > \sigma_0^2$	$T > \chi_{n-1;1-\alpha}$
$\sigma^2 \geq \sigma_0^2$	$\sigma^2 < \sigma_0^2$	$T < \chi_{n-1;\alpha}$

F–Test: $(\mu_1, \mu_2, \sigma_1^2, \sigma_2^2$ unbekannt)

Testgröße: $T(X_1,\ldots,X_m,Y_1,\ldots,Y_n) = S_{(m)}^2/\tilde{S}_{(n)}^2$

Nullhypothese H_0	Alternative H_1	kritischer Bereich K
$\sigma_2^2 = \sigma_1^2$	$\sigma_2^2 \neq \sigma_1^2$	$T < F_{m-1,n-1;\alpha/2}$ oder $T > F_{m-1,n-1;1-\alpha/2}$
$\sigma_2^2 \leq \sigma_1^2$	$\sigma_2^2 > \sigma_1^2$	$T > F_{m-1,n-1;1-\alpha}$
$\sigma_2^2 \geq \sigma_1^2$	$\sigma_2^2 < \sigma_1^2$	$T < F_{m-1,n-1;\alpha}$

Wir wollen zunächst wieder das Merkmal 'Körpergröße der Mütter' betrachten. Wie in Einheit 9 nehmen wir an, daß sich die Größe der Mütter durch eine $N(\mu,\sigma^2)$-verteilte Zufallsvariable beschreiben läßt. Aus früheren Einheiten (insbesondere Einheit 2) haben wir Schätzwerte für μ erhalten (z.B. 64.5 inch). Wir wollen nun mit einer neuen Stichprobe aus der StatLab-Grundgesamtheit die Hypothese $\mu = 64.5$ zum Signifikanz-Niveau $\alpha = 0.05$ testen.

Aus den Müttern der StatLab-Population wurden 30 zufällig ausgewählt. Hier sind deren Körpergrößen (in inch):

56.6	61.8	63.4	64.4	65.9	67.7	58.3	61.9	63.7	64.7
65.9	68.7	60.0	62.3	64.0	64.9	67.0	69.3	60.3	62.3
64.0	65.2	67.2	70.0	60.4	62.6	64.2	65.4	67.2	70.0

Aufgabe 10.1:

Welcher Test ist bei obiger Normalverteilungsannahme geeignet, um die Hypothese $\mu = 64.5$ mit den angegebenen Daten zu testen? Wählen Sie aus den unten aufgeführten Tests den geeigneten Test aus.

1 Gauß-Test
2 Zweistichproben-Gauß-Test
3 t-Test
4 Zweistichproben-t-Test
5 Chi-Quadrat-Streuungstest
6 F-Test

Geben Sie die entsprechende Zahl (1–6) ein:

Bemerkung 10.1:

Da bei unbekanntem σ aufgrund einer Stichprobe die Hypothese $\mu = 64.5$ getestet werden soll, muß der t-Test (3) gewählt werden.

Aufgabe 10.2:

Testen Sie mit dem t-Test zum Signifikanz-Niveau $\alpha = 0.05$ die Hypothese $\mu = 64.5$ gegen die Alternative $\mu \neq 64.5$ aufgrund der angegebenen 30 Meßwerte, bei denen man den Wert 64.31 als arithmetisches Mittel und 11.101 als empirische Varianz erhält.

Bestimmen Sie den Wert der Testgröße durch Ergänzung der folgenden Formel, wobei SQR(z) für die Wurzel aus z steht.

$$T(x_1,...,x_{30}) = (64.31 \qquad)/SQR(\qquad / \quad)$$

Wird die Hypothese aufgrund dieses Tests verworfen?

Bemerkung 10.2:

Bei dem t-Test zu Aufgabe 10.2 wird die Hypothese $\mu = 64.5$ zum Niveau $\alpha = 0.05$ nicht verworfen, da die Testgröße den Wert -0.3123 hat, der betragsmäßig kleiner als 2.05 ist, wobei 2.05 das $1-\alpha/2$ - Quantil der t-Verteilung mit $n-1 = 29$ Freiheitsgraden ist.

Wir wollen nun unter der Annahme, daß die Meßwerte der Körpergrößen der Väter ebenfalls Realisierungen einer normalverteilten Zufallsvariablen sind, testen, ob der zugehörige Erwartungswert μ mit dem entsprechenden Wert bei den Körpergrößen der Mütter übereinstimmt. Dabei wollen wir annehmen, daß die Varianzen bekannt sind, und zwar 7.9 (Väter) und 6.25 (Mütter). Für diesen Test sind bei den Vätern 20 und bei den Müttern 15 Meßwerte (in inch) ermittelt worden:

Körpergrößen der Väter:

| 67.0 | 67.0 | 70.3 | 72.0 | 62.3 | 70.5 | 76.5 | 71.0 | 68.5 | 67.5 |
| 70.0 | 74.0 | 70.5 | 73.0 | 71.0 | 73.0 | 70.5 | 71.0 | 69.2 | 65.1 |

Körpergrößen der Mütter:

| 65.6 | 63.4 | 63.1 | 62.7 | 65.6 | 64.3 | 65.4 | 67.0 | 62.5 | 67.5 |
| 60.0 | 62.8 | 70.9 | 66.8 | 62.5 | | | | | |

Aufgabe 10.3:

Welcher Test ist bei den obigen Normalverteilungsannahmen und geeigneten Unabhängigkeitsannahmen angemessen, um die Gleichheit der Erwartungswerte mit den angegeben Daten zu testen? Wählen Sie aus den unten aufgeführten Tests den geeigneten Test aus.

1   Gauß-Test
2   Zweistichproben-Gauß-Test
3   t-Test
4   Zweistichproben-t-Test
5   Chi-Quadrat-Streuungstest
6   F-Test

Geben Sie die entsprechende Zahl (1-6) ein:

Bemerkung 10.3:

Da die Varianzen mit 7.9 (Väter) und 6.25 (Mütter) als bekannt vorausgesetzt sind, sollte der Zwei-Stichproben-Gauß-Test verwendet werden. Dabei werden die betreffenden 20+15 Zufallsvariablen als unabhängig angenommen.

Aufgabe 10.4:

Testen Sie mit dem Zwei-Stichproben-Gauß-Test zum Signifikanz-Niveau $\alpha = 0.05$ aufgrund der angegebenen 20+15 Meßwerte die Hypothese, daß die Erwartungswerte der betreffenden Zufallsvariablen übereinstimmen (Alternative 'Ungleichheit'). Als empirische Mittelwerte erhält man bei den beiden Meßreihen die Werte 69.995 (Väter) und 64.673 (Mütter).

Bestimmen Sie den Wert der Testgröße durch Ergänzung der folgenden Formel, wobei SQR(z) für die Wurzel aus z steht.

$$T(x_1,...,x_{20};y_1,...,y_{15}) = (64.673 \qquad)/SQR(\quad / \quad / \quad)$$

Wird die Hypothese aufgrund dieses Tests verworfen?

Bemerkung 10.4:

Beim Zwei-Stichproben-Gauß-Test zu Aufgabe 10.4 wird bei den angegebenen 20+15 Körpergrößen der Väter und Mütter die Nullhypothese zum Niveau $\alpha = 0.05$ abgelehnt, da die Testgröße einen Wert von -5.906885 hat und der kritische Bereich durch $|T| > 1.96$ bestimmt ist, wobei 1.96 der Wert des $1-\alpha/2$ – Quantils der $N(0,1)$-Verteilung ist.

Aufgabe 10.5:

Wie groß ist die Wahrscheinlichkeit dafür, daß aufgrund des in Aufgabe 10.4 betrachteten Tests die Nullhypothese fälschlicherweise verworfen wird?

Bemerkung 10.5:

Die Wahrscheinlichkeit dafür, daß aufgrund des in Aufgabe 10.4 betrachteten Tests die Nullhypothese fälschlicherweise verworfen wird, ist gleich dem Signifikanz-Niveau α (Fehler 1. Art). Bei dem betragsmäßig relativ großen Wert der Testgröße wäre die Nullhypothese aber auch zu einem sehr viel kleineren Signifikanz-Niveau verworfen worden.

Wir wollen nun unter geeigneten Normalverteilungsannahmen testen, ob bei der Varianz σ^2 bei den Körpergrößen der Mütter der Wert 6.25 zugrunde liegt. Dazu sind aus der StatLab-Population 10 Mütter zufällig ausgewählt worden. Dabei ergaben sich für die Körpergrößen (in inch) die folgenden Werte:

$$58.3 \quad 62.2 \quad 64.6 \quad 65.2 \quad 66.1 \quad 67.9 \quad 60.0 \quad 62.6 \quad 64.8 \quad 65.3$$

Aufgabe 10.6:

Unter der Annahme, daß die 10 Meßwerte Realisierungen von unabhängigen, $N(\mu,\sigma^2)$-verteilten Zufallsvariablen sind, soll zum Niveau $\alpha = 0.05$ die Hypothese $\sigma^2 = 6.25$ getestet werden. Wählen Sie aus den unten aufgeführten Tests den geeigneten Test aus.

1 Gauß-Test
2 Zweistichproben-Gauß-Test
3 t-Test
4 Zweistichproben-t-Test
5 Chi-Quadrat-Streuungstest
6 F-Test

Geben Sie die entsprechende Zahl (1-6) ein:

Bemerkung 10.6:

Für die Überprüfung der Hypothese $\sigma^2 = 6.25$ wird der Chi-Quadrat-Streuungstest verwendet.

Aufgabe 10.7:

Testen Sie mit dem Chi-Quadrat-Streuungstest zum Niveau $\alpha = 0.05$ die Hypothese $\sigma^2 = 6.25$ gegen die Alternative $\sigma^2 \neq 6.25$ aufgrund der angegebenen 10 Meßwerte, bei denen man den Wert 63.7 als arithmetisches Mittel und 8.504 als empirische Varianz erhält.

Bestimmen Sie den Wert der Testgröße durch Ergänzung der folgenden Formel.

$$T(x_1,\ldots,x_{10}) = \qquad /$$

Wird die Hypothese aufgrund dieses Tests verworfen?

Bemerkung 10.7:

Beim Chi-Quadrat-Streuungstest zu Aufgabe 10.7 wird die Hypothese $\sigma^2 = 6.25$ nicht abgelehnt, da der Wert der Testgröße zwischen dem $\alpha/2-$ und $1-\alpha/2-$ Quantil der Chi-Quadrat-Verteilung mit $n-1=9$ Freiheitsgraden liegt; und zwar gilt für die 3 Werte:

$$2.7 < 12.2464 < 19.02$$

Bisher haben wir getestet, ob eine gewisse Gleichheit bei Parametern der entsprechenden Normalverteilung gerechtfertigt erscheint oder ob von Ungleichheit ausgegangen werden muß. Von diesen zweiseitigen Fragestellungen wollen wir uns nun den einseitigen Fragestellungen zuwenden, bei denen die Nullhypothese zusammengesetzt ist.

Aufgabe 10.8:

Bei einer Normalverteilung mit bekanntem $\sigma^2 = 9$ soll $\mu \leq 50$ gegen $\mu > 50$ mit dem Gauß-Test für $n = 9$ und $\alpha = 0.05$ getestet werden. In welchem Bereich muß der Wert der Testgröße T des Gauß-Tests liegen, damit die Hypothese verworfen wird? Dieser Bereich ist das Bild des kritischen Bereichs unter der Abbildung T und läßt sich als Vereinigung von zwei Intervallen $(-\infty , a)$ und $(b , +\infty)$ darstellen, wobei für $a = -\infty$ oder $b = +\infty$ auch nur ein Intervall auftreten kann. Wählen Sie zunächst die richtige unter den 3 nachfolgenden Zahlen aus (Eingabe 1,2 oder 3), geben Sie dann a und/bzw. b mit ↵ ein, und betrachten Sie dazu die folgenden graphischen Darstellungen.

     1.   einseitig links, $(-\infty , a)$
     2.   einseitig rechts, $(b , +\infty)$
     3.   zweiseitig, $(-\infty , a)$ vereinigt $(b , +\infty)$

Ihre Wahl ? (1-3)

Geben Sie den Wert a und dann ↵ ein:
bzw./und
Geben Sie den Wert b und dann ↵ ein:

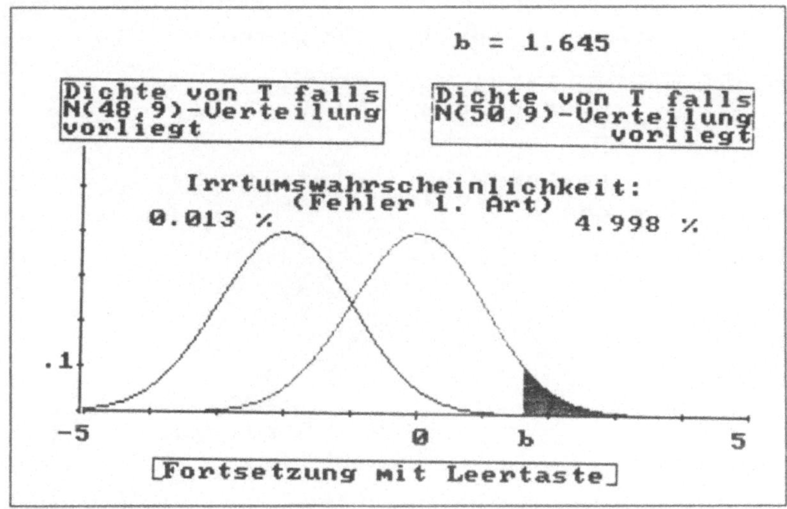

Abbildung 10.1

Bemerkung 10.8:

Da es sich in Aufgabe 10.8 um einen einseitigen Test handelt, ist das Bild des kritischen Bereiches nur ein Intervall. Für den gefragten Bereich erhält man mit dem 0.95-Quantil der N(0,1)-Verteilung das Intervall (1.645 , +∞).

Bei der zusammengesetzten Hypothese $\mu \leq 50$ erhält man im Fall, daß $\mu = 50$ zutrifft, die Irrtumswahrscheinlichkeit (Fehler 1. Art) $\alpha = 0.05$; falls z.B. $\mu = 48$ zutrifft, so ist die Testgröße T, mit der $\mu \leq 50$ gegen $\mu > 50$ getestet wird, nicht N(0,1)-verteilt, sondern N(-2,1)-verteilt (Verschiebung um $-2 \cdot \sqrt{n}/\sigma = -2$). Die Irrtums-Wahrscheinlichkeit ist dann kleiner als α.

In den nachfolgenden Abbildungen werden für den richtig gewählten Bereich die Irrtumswahrscheinlichkeiten für verschiedene Fälle von $\mu \leq 50$ angegeben und die entsprechenden Dichten der Verteilung der Testgröße T skizziert. Sie können durch die Betätigung der Tasten – und + den Wert von μ in ganzzahligen Schritten verkleinern bzw. vergrößern.

Aufgabe 10.9:

Betrachten Sie für verschiedene Werte von μ die graphischen Darstellungen, und vergleichen Sie die Ergebnisse.

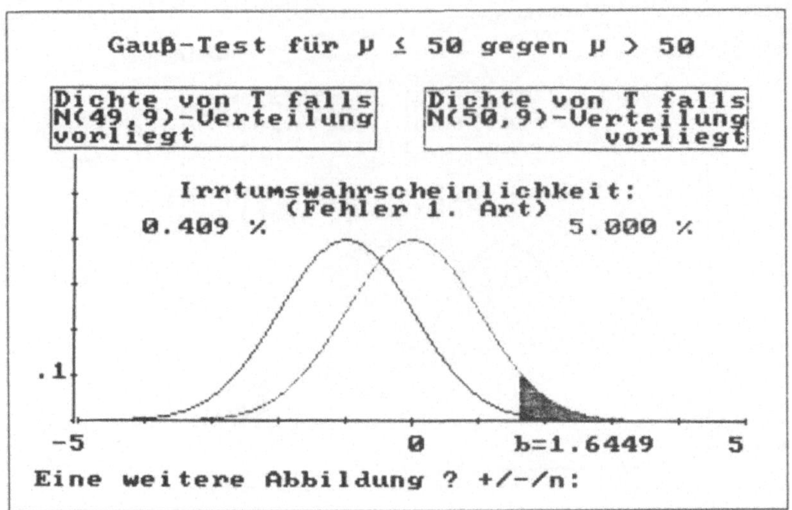

Abbildung 10.2

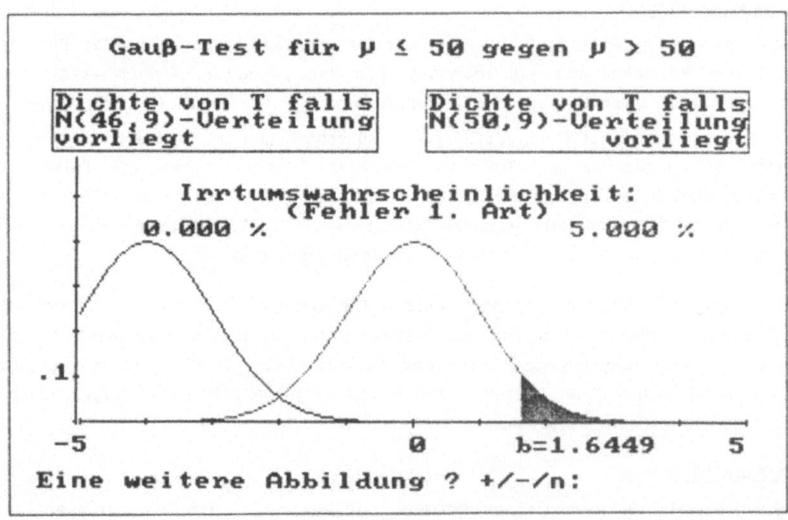

Abbildung 10.3

Wählt man in Aufgabe 10.8 die Bereiche, die man bei der Alternative $\mu \neq 50$ verwenden müßte, so erhält man im Fall, daß z.B. $\mu = 48$ zutrifft eine Irrtumswahrscheinlichkeit größer als α, obwohl $\mu = 48$ zur Nullhypothese gehört. Der Bereich muß also falsch gewählt sein.

Aufgabe 10.10:

Vergleichen Sie die nachfolgenden Abbildungen, und interpretieren Sie die gezeigten Ergebnisse. Variieren Sie dazu durch Betätigung der Tasten − und + den Wert von μ.

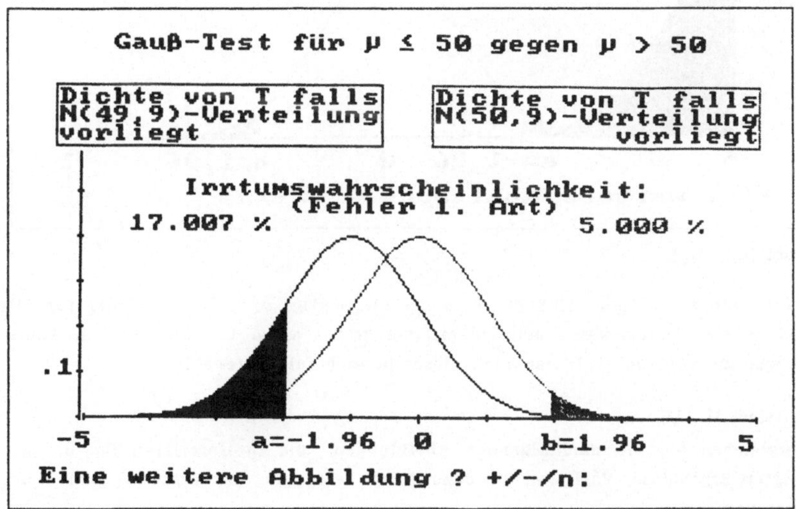

Abbildung 10.4

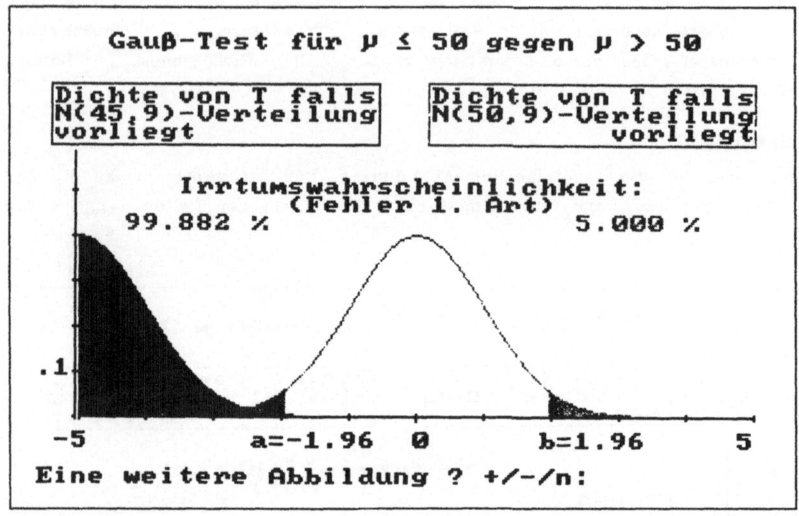

__Abbildung 10.5__

Wählt man in Aufgabe 10.8 die Bereiche linksseitig, so hat man wieder für alle
$\mu < 50$ eine Irrtumswahrscheinlichkeit, die größer als α ist. Wie bei den Abbildungen zu Aufgabe 10.10 ist auch dieser Bereich falsch gewählt.

__Aufgabe 10.11:__

Vergleichen Sie die nachfolgenden Abbildungen, und interpretieren Sie die gezeigten Ergebnisse. Variieren Sie dazu durch Betätigung der Tasten − und + den
Wert von μ.

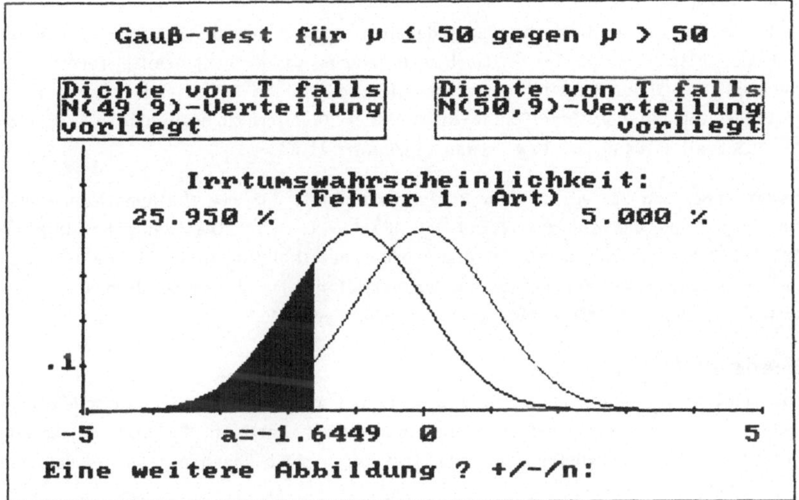

Abbildung 10.6

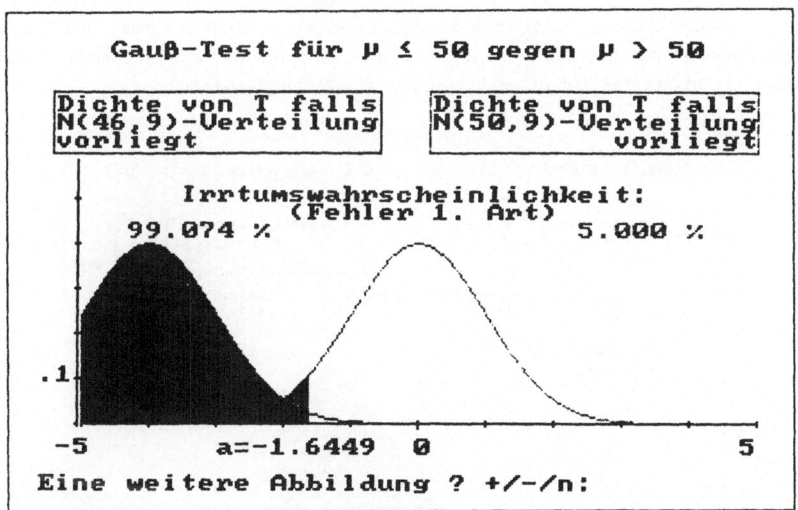

Abbildung 10.7

Bemerkung 10.9:

In den vorherigen Abbildungen wurde deutlich, daß bei dem Gauß-Test von Aufgabe 10.8 der Bereich (Bild des kritischen Bereiches unter T) einseitig rechts liegen muß, damit der Fehler 1. Art für alle $\mu \leq 50$ das betreffende Niveau nicht überschreitet. Zu dem Signifikanz-Niveau $\alpha = 0.05$ erhält man also als Bereich das Intervall $(1.6449, +\infty)$ bzw. etwas ungenauer $(1.64, +\infty)$.

Bisher haben wir immer nur den Fehler betrachtet, daß die Nullhypothese abgelehnt wird, obwohl sie zutreffend ist (Fehler 1. Art). Die Wahrscheinlichkeit für den Fehler 1. Art wurde in den vorherigen Abbildungen durch die entsprechende Fläche unter der Dichte zu der Verteilung der Testgröße dargestellt. Wir wollen uns nun mit dem Fehler 2. Art beschäftigen.

Aufgabe 10.12:

Was versteht man unter dem Fehler 2. Art, und wie läßt sich die Wahrscheinlichkeit für den Fehler 2. Art graphisch darstellen? Fertigen Sie eine Skizze an; betrachten Sie dazu wieder den Gauß-Test für $\mu \leq 50$ gegen $\mu > 50$ als Beispiel.

In den folgenden Abbildungen wird für $\mu = 50$ die Wahrscheinlichkeit für den Fehler 1. Art bei dem betrachteten Gauß-Test graphisch dargestellt. Für den Fehler 2. Art kann μ für die folgenden Abbildungen zwischen 51 und 55 (in ganzzahligen Werten) durch Betätigung der Tasten $-$ und $+$ variiert werden. Die Wahrscheinlichkeit für den Fehler 2. Art wird jeweils durch die entsprechende Fläche unter der Dichte zur jeweiligen Verteilung der Testgröße dargestellt.

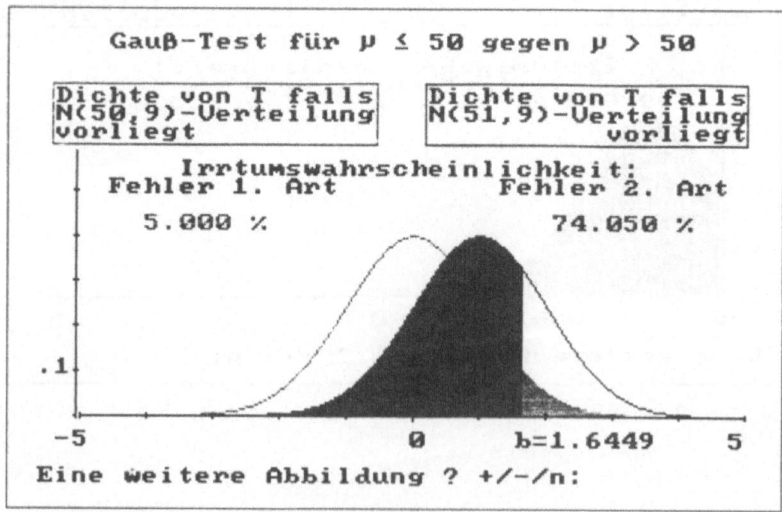

Abbildung 10.8

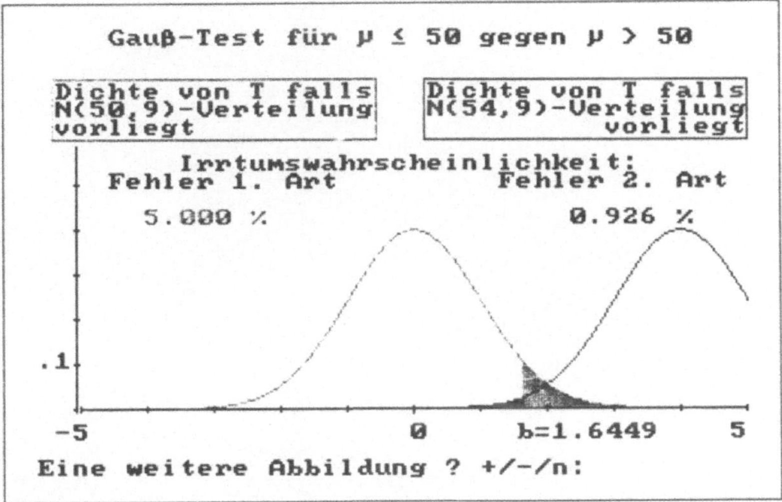

Abbildung 10.9

Bemerkung 10.10:

In den vorherigen Abbildungen wurde deutlich, daß die Wahrscheinlichkeit für
den Fehler 2. Art in dem Beispiel mit zunehmendem μ kleiner wird und relativ
schnell gegen Null strebt. Für einen Wert von μ, der nur um einen sehr kleinen
Wert δ größer als 50 ist, erhielte man eine Wahrscheinlichkeit für den Fehler
2. Art von nahezu 95 %. Die Wahrscheinlichkeit für den Fehler 1. Art bei μ = 50
und die Wahrscheinlichkeit für den Fehler 2. Art bei μ = 50+δ würden sich dabei
annähernd zu 1 addieren.

EINHEIT 11: Chi-Quadrat-Anpassungstest

In der letzten Einheit haben wir uns mit Tests bei Normalverteilungsannahmen beschäftigt. Dabei haben wir auch den Chi-Quadrat-Streuungstest betrachtet. In dieser Einheit wollen wir uns mit dem Chi-Quadrat-Anpassungstest beschäftigen. Doch zunächst eine kurze Zusammenfassung der benötigten Definitionen, Bezeichnungen, Sätze und Formeln:

Für $n \, \varepsilon \, \mathbb{N}$ und $p = (p_1, \ldots, p_r)$ mit $p_1 > 0, \ldots, p_r > 0$ und $p_1 + \ldots + p_r = 1$ heißt die r-dimensionale Zufallsvariable $Y = (Y_1, \ldots, Y_r)$ mit Werten in $(\mathbb{N} \cup \{0\})^r$ multinomialverteilt mit Parametern n und $p_1, \ldots, p_r$ (kurz: $M(n,p)$-verteilt), falls gilt:

$$P(Y_1 = y_1, \ldots, Y_r = y_r) = \begin{cases} n! \cdot p_1^{y_1} \cdot \ldots \cdot p_r^{y_r} / (y_1! \cdot \ldots \cdot y_r!) & \text{für } y_1 + \ldots + y_r = n \\ 0 & \text{sonst} \end{cases}$$

Der Wertebereich einer Zufallsvariablen X sei in die disjunkten Mengen $I_1, \ldots, I_r$ ($r \geq 2$) zerlegt. X nehme Werte in $I_1, \ldots, I_r$ mit den Wahrscheinlichkeiten $p_1, \ldots, p_r$ ($p_1 + \ldots + p_r = 1$) an. Sind $X_1, \ldots, X_n$ unabhängig und identisch (wie X) verteilt, so wird die Anzahl Y_j der $i \, \varepsilon \, \{1, \ldots, n\}$ mit $X_i \, \varepsilon \, I_j$ durch die j-te Komponente der entsprechenden $M(n,p)$-verteilten Zufallsvariablen angegeben.

Beim χ^2-Anpassungstest wird

$$H_0 : (p_1, \ldots, p_r) = (p_1^{\circ}, \ldots, p_r^{\circ}) \qquad \text{gegen} \qquad H_1 : (p_1, \ldots, p_r) \neq (p_1^{\circ}, \ldots, p_r^{\circ})$$

mit Hilfe der Testgröße

$$Q(Y_1, \ldots, Y_r; p_1^{\circ}, \ldots, p_r^{\circ}) = \sum_{i=1}^{r} (Y_i - np_i^{\circ})^2 / np_i^{\circ}$$

(χ^2-Abstandsfunktion) getestet. Die Verteilung der Testgröße kann mit Hilfe der Multinomialverteilung berechnet werden. Zu gegebenem α wird die Nullhypothese abgelehnt, wenn die Testgröße einen Wert größer als eine Schranke c_{α} annimmt, wobei c_{α} so gewählt wird, daß bei richtiger Nullhypothese die Testgröße Q nur mit einer Wahrscheinlichkeit von höchstens α den Wert c_{α} überschreitet. Die Berechnung der Schranke c_{α} ist i.a. recht aufwendig. Bei zutreffender Nullhypothese ist für große n (etwa $n \cdot p_i \geq 5$, $i = 1, \ldots, r$) die Testgröße Q näherungsweise χ^2_{r-1}-verteilt. Daher verwendet man anstelle von c_{α} das Quantil $\chi^2_{r-1;1-\alpha}$.

Zunächst wollen wir eine weitere diskrete Verteilung, die Multinomialverteilung (kurz M(n,p)-Verteilung), betrachten. Dabei ist n eine natürliche Zahl und p ein r-Tupel mit positiven Koordinaten, deren Summe 1 ergibt. Eine M(n,p)-verteilte Zufallsvariable ist eine r-dimensionale Zufallsvariable, die nichtnegative, ganze Zahlen in jeder der r Koordinaten annimmt. Für r = 1 muß p = 1 sein; daher hat man hier eine Einpunktverteilung an der Stelle n. Für r = 2 betrachten wir im folgenden für verschiedene Parameter n und p die Wahrscheinlichkeit, mit der die M(n,p)-verteilte Zufallsvariable Wertepaare mit ganzzahligen Koordinaten annimmt. In den folgenden Abbildungen sind M(n,p)-Verteilungen dargestellt, wobei p = (p1,p2) mit p1 = 0.3 und p2 = 0.7 festgehalten wird. Sie können für n ganzzahlige Werte zwischen 0 und 30 wählen.

Aufgabe 11.1:

Wählen Sie für die nachfolgenden Abbildungen den Parameter n in den angegebenen Schranken, und geben Sie insbesondere die Werte 10 und 30 ein.

Vergleichen Sie die dargestellten M(n,p)-Verteilungen.

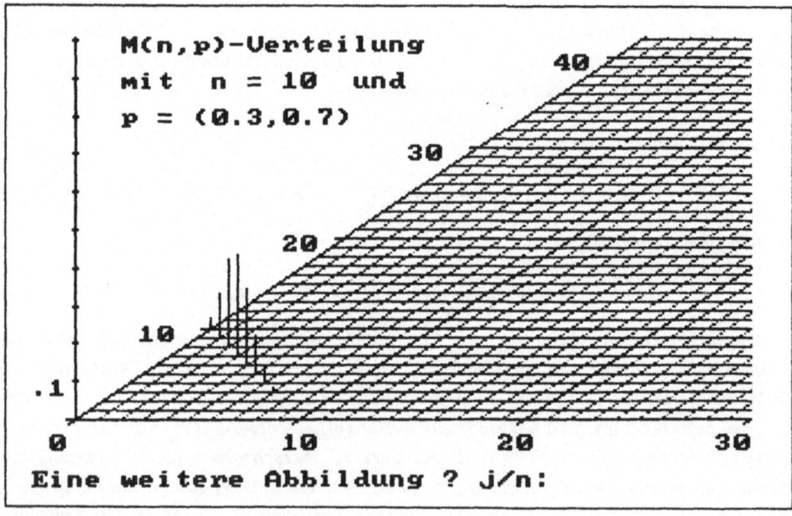

Abbildung 11.1

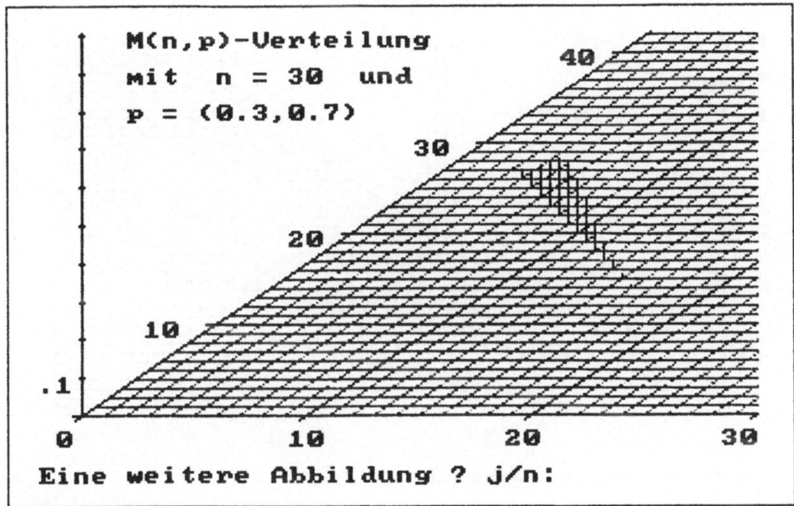

Abbildung 11.2

In Aufgabe 11.1 haben wir die M(n,p)-Verteilung in Abhängigkeit vom Parameter n
betrachtet. In der nächsten Aufgabe wollen wir den zwei-dimensionalen Parameter
p = (p1,p2) variieren. Da p1 + p2 = 1 gelten muß, ist p2 durch die Wahl von p1
von p1 mit 0 < p1 < 1 bestimmt. Für die nachfolgenden Abbildungen können Sie p1
zwischen 0.1 und 0.9 variieren.

Aufgabe 11.2:

Wählen Sie zu festgehaltenem n = 20 die erste Koordinate p1 von p = (p1,p2); p2
wird dann gemäß p1 + p2 = 1 je nach Wahl von p1 entsprechend berechnet. Geben
Sie für p1 insbesondere die Werte 0.1 und 0.5 sowie zwischen 0.1 und 0.9 ggf.
weitere Werte ein.

Vergleichen Sie die dargestellten M(n,p)-Verteilungen.

Geben Sie den Parameter p1 und dann ↵ ein (zwischen 0.1 und 0.9):

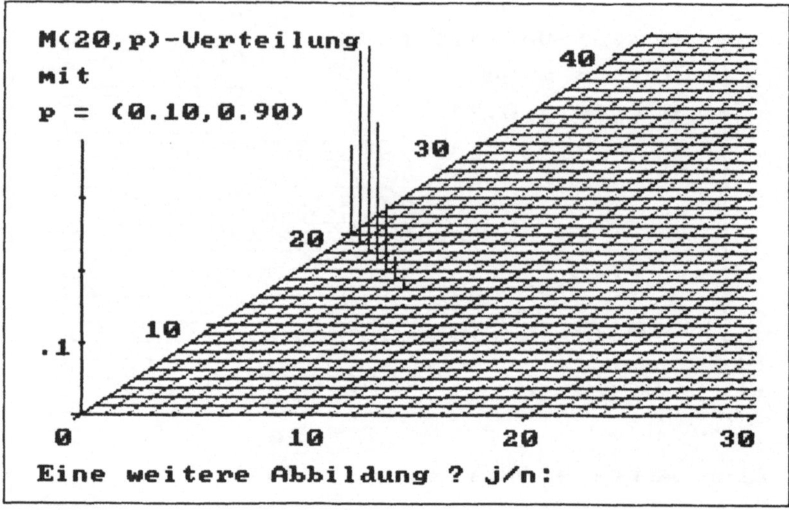

Abbildung 11.3

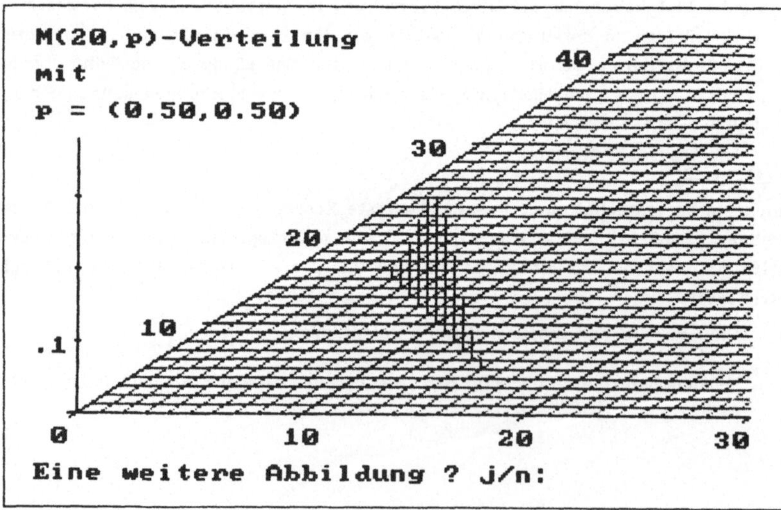

Abbildung 11.4

Bemerkung 11.1:

In den vorherigen Abbildungen wurde deutlich, daß die Multinomialverteilung –
wie man auch aus der Definition ablesen kann – nur auf solchen Gitterpunkten
von Null verschiedene Werte annimmt, bei denen die beiden (positiven) Komponenten die Summe n liefern. Man kann erkennen, wie sich die Linie, auf der diese
Punkte liegen, mit wachsendem n vom Koordinatenursprung weiter entfernt. Auf
Gitterpunkten, die auf dieser Geraden liegen, stellt die Multinomialverteilung
eine entsprechende Binomialverteilung dar. Wenn man die Punkte auf der Linie
entsprechend der ersten Komponente des jeweiligen Punktes von 0 bis n durchnumeriert, entspricht der Parameter p der B(n,p)-Verteilung der ersten Komponente p1 des zweidimensionalen Parameters p = (p1,p2) der M(n,p)-Verteilung.

Wir wollen uns nun mit dem Chi-Quadrat-Anpassungstest beschäftigen. Ähnlich wie
beim Kolmogoroff-Smirnov-Test, den wir in Einheit 8 betrachtet haben, wird beim
Chi-Quadrat-Anpassungstest die Übereinstimmung mit einer gegebenen Verteilungsfunktion geprüft. Man betrachtet n Meßwerte, von denen angenommen wird, daß sie
Realisierungen von n Zufallsvariablen sind.

Aufgabe 11.3:

Was muß für diese Zufallsvariable gelten ?

1   normalverteilt

2   identisch verteilt

3   unabhängig

Geben Sie die entsprechenden Ziffern 1-3 bzw. 0 für keine weitere Eingabe ein:

Aufgabe 11.4:

Wie ist die Testgröße des Chi-Quadrat-Anpassungstests verteilt?

1   multinomialverteilt

2   chi-quadrat-verteilt

0   weder 1 noch 2

Geben Sie die entsprechende Ziffer (0, 1 oder 2) ein:

Bemerkung 11.2:

Die Verteilung der Testgröße beim Chi-Quadrat-Anpassungstest läßt sich aus einer
Multinomialverteilung ermitteln; die Testgröße ist jedoch nicht multinomialverteilt. Die Testgröße ist auch nicht chi-quadrat-verteilt, sondern nur näherungsweise chi-quadrat-verteilt.

Die Approximation durch die Chi-Quadrat-Verteilung wollen wir nun am Würfelbeispiel etwas näher betrachten. Wenn ein Würfel n-mal geworfen wird, ist die 6-
dimensionale Zufallsvariable Y, die die Häufigkeit des Auftretens der einzelnen

Augenzahlen beschreibt, M(n,p)–verteilt, wobei beim Chi–Quadrat–Anpassungstest die Nullhypothese p = (p1,...,p6) = (1/6,...,1/6) lautet. Die Verteilung der Testgröße läßt sich mit der M(n,p)–Verteilung exakt berechnen.

Aufgabe 11.5:

Für das Würfelbeispiel ist in den nachfolgenden Abbildungen für n = 12, 18, 24, 36 und 48 die Verteilung der Testgröße durch Stabdiagramme und Histogramme dargestellt; die Höhe der Stäbe bzw. die Fläche der Rechtecke geben die Wahrscheinlichkeiten an, mit der die Testgröße die entsprechenden Werte annimmt. Zum Vergleich ist die Dichte der approximierenden Chi–Quadrat–Verteilung (mit 5 Freiheitsgraden) eingezeichnet.

Vergleichen Sie die Approximationen. Was ist für den Test wichtig?

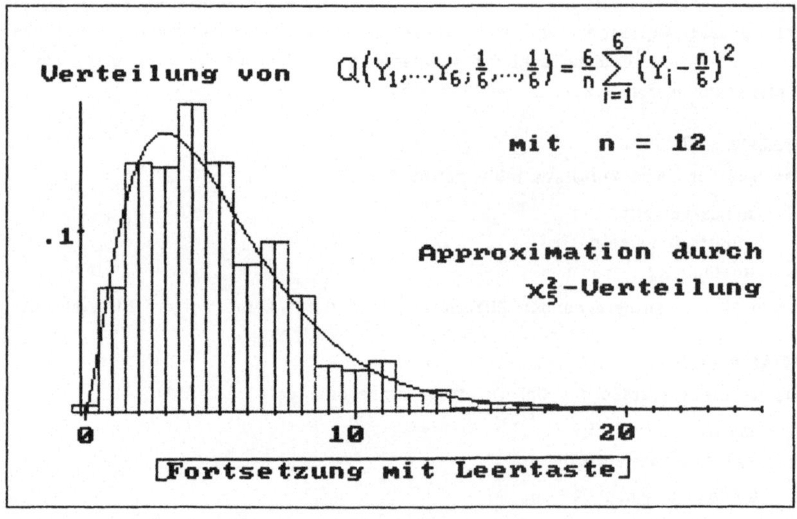

Abbildung 11.5

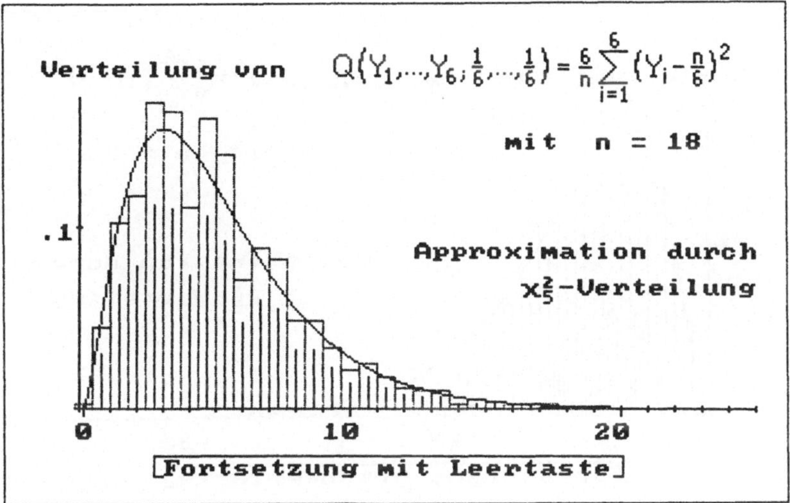

Abbildung 11.6

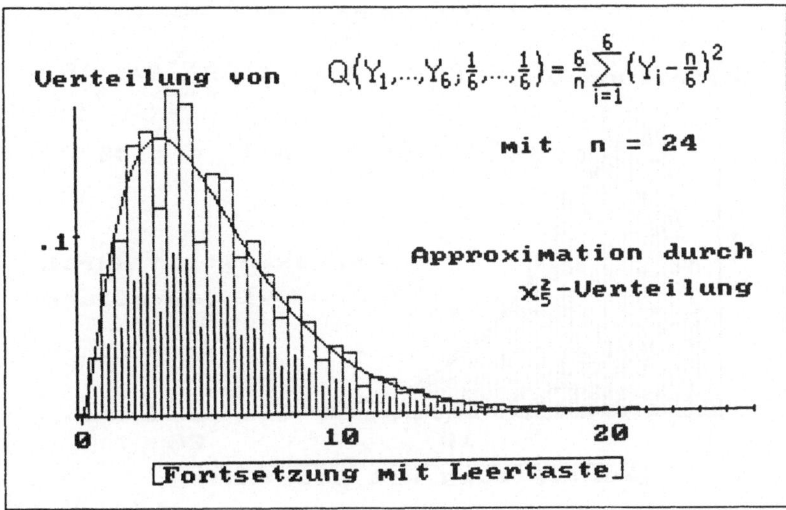

Abbildung 11.7

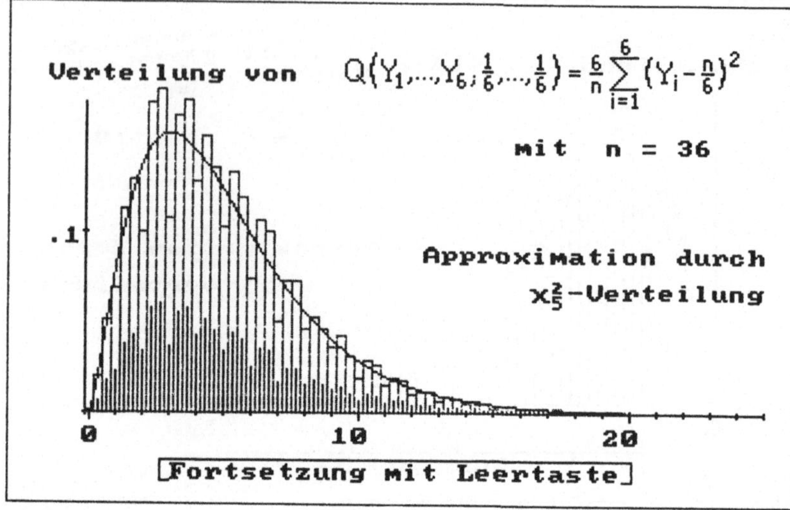

Abbildung 11.8

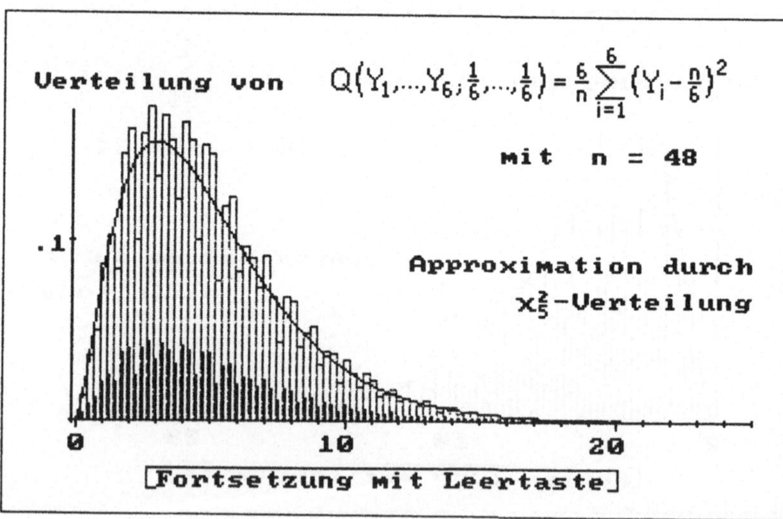

Abbildung 11.9

Bemerkung 11.3:

In den vorherigen Abbildungen war erkennbar, daß die Approximation der Verteilung der Testgröße bei dem betrachteten Chi-Quadrat-Anpassungstest durch die Chi-Quadrat-Verteilung mit 5 Freiheitsgraden zwar mit wachsendem n immer besser wird, jedoch treten auch bei n = 48 noch deutliche Abweichungen auf. Für die Durchführung des Chi-Quadrat-Anpassungstests sind allerdings nur die entsprechenden Quantile der Verteilung wichtig.

Bei der Betrachtung der StatLab-Daten in der Einheit 1 haben wir uns u.a. mit der Genauigkeit der Angaben bei den Körpergrößen der Väter, Mütter, Kinder und Babys der StatLab-Population beschäftigt. Dabei konnte man zu der Vermutung gelangen, daß die Körpergrößen der Väter oft nur auf ganze inch (2.54 cm) genau angegeben wurden, obwohl noch eine Stelle nach dem Dezimalpunkt angegeben ist. Einen ersten Eindruck von der Verteilung der Endziffern (Ziffer nach dem Dezimalpunkt) haben wir in der Einheit 1 durch daß Erstellen von Strichlisten erhalten (vgl. Abb. 1.9 - 1.12). Wir wollen nun mit dem Chi-Quadrat-Anpassungstest prüfen, ob die Hypothese, daß die Ziffern 1,2,...,9,0 alle mit derselben Wahrscheinlichkeit 0.1 vorkommen, zu verwerfen ist, oder ob diese Hypothese nicht abgelehnt wird. Dabei wollen wir die jeweilige Anzahl des Auftretens der Ziffern 1,2,...,9,0 unter n Endziffern in dieser Reihenfolge durch die Zufallsvariablen $Y_1, Y_2, ..., Y_9, Y_{10}$ beschreiben, wobei Y_1 B(n,p$_1$)-verteilt ist.

Bei den Endziffern der Körpergrößen der Mütter und Väter wollen wir mit dem Chi-Quadrat-Anpassungstest jeweils

$$H_0: (p_1,...,p_{10}) = (0.1,...,0.1) \quad \text{gegen} \quad H_1: (p_1,...,p_{10}) \neq (0.1,...,0.1)$$

auf dem 5%-Niveau überprüfen. Dazu wurden 100 Familien der StatLab-Population zufällig ausgewählt und die Endziffern (Ziffer nach dem Dezimalpunkt) bei den Körpergrößen der Mütter und Väter ermittelt.

Die 100 Endziffern der Körpergrößen der Mütter sind:

```
8 8 5 4 8 7 9 2 2 0 9 0 3 4 0 6 4 9 9 3 0 1 3 4 7
1 1 2 3 8 7 4 7 3 7 9 7 6 1 4 6 5 6 8 8 9 1 7 8 0
6 8 8 0 7 9 1 9 6 8 0 1 5 5 0 6 3 2 7 4 4 3 1 0 0
0 0 5 5 6 7 8 3 0 6 1 1 4 8 0 0 3 7 1 6 7 0 4 5 3
```

Aufgabe 11.6:

Bestimmen Sie die Häufigkeiten $y_1, y_2, ..., y_9, y_{10}$ der Ziffern 1,2,...,9,0.

$$y_1 = \qquad y_2 = \qquad y_3 = \qquad y_4 = \qquad y_5 =$$

$$y_6 = \qquad y_7 = \qquad y_8 = \qquad y_9 = \qquad y_{10} =$$

Geben Sie den jeweiligen Wert und dann ↵ ein.

Aufgabe 11.7:

Führen Sie aufgrund der oben berechneten Daten den Chi-Quadrat-Anpassungstest auf dem 5%-Niveau durch.

Die 100 Endziffern der Körpergrößen der Väter sind:

```
0 0 5 0 8 3 0 0 0 0 5 3 5 0 6 0 0 0 0 0 6 5 0 0 0
0 0 0 0 0 3 0 5 0 0 0 6 0 0 0 0 0 0 0 7 0 0 0 0 0
0 5 5 9 0 0 5 0 8 5 0 0 3 5 0 0 0 5 5 5 0 0 0 0 6
5 0 0 0 9 0 0 0 0 0 0 0 5 0 0 0 8 0 0 0 0 6 0 0 5 0
```

Aufgabe 11.8:

Bestimmen Sie die Häufigkeiten $y_1, y_2, ..., y_9, y_{10}$ der Ziffern $1, 2, ..., 9, 0$.

$$y_1 = \qquad y_2 = \qquad y_3 = \qquad y_4 = \qquad y_5 =$$

$$y_6 = \qquad y_7 = \qquad y_8 = \qquad y_9 = \qquad y_{10} =$$

Geben Sie den jeweiligen Wert und dann ⤶ ein.

Für die Durchführung des Chi-Quadrat-Anpassungstests müssen die quadratischen Abweichungen der oben bestimmten Häufigkeiten von der 'erwarteten Anzahl' 10 berechnet und aufsummiert werden. Diese Summe hat den Wert 4072.

Aufgabe 11.9:

Führen Sie aufgrund der oben berechneten Daten den Chi-Quadrat-Anpassungstest auf dem 5%-Niveau durch.

Vergleichen Sie das Ergebnis mit dem Ergebnis zu Aufgabe 11.7.

Bemerkung 11.4:

Bei den in den Aufgaben 11.7 und 11.9 betrachteten Chi-Quadrat-Anpassungstests ist die Testgröße Q jeweils näherungsweise chi-quadrat-verteilt mit 9 Freiheits-heitsgraden. Zum 5%-Niveau wird daher die Nullhypothese abgelehnt, falls die Testgröße einen Wert größer als 16.92 hat. In Aufgabe 11.7 erhält man den Wert 9.4, so daß die Nullhypothese nicht verworfen wird. Bei den Endziffern der Körpergrößen der Väter erhält man 407.2 in Aufgabe 11.9 als Wert der Testgröße; daher ist in diesem Fall die Nullhypothese zu verwerfen! Diese Ergebnisse können als Bestätigung der in Bemerkung 1.3 geäußerten Vermutungen angesehen werden.

Wir haben bisher den Chi-Quadrat-Anpassungstest für eine diskrete Verteilung betrachtet, bei der nur die Werte $1, 2, ..., 9, 0$ angenommen werden konnten. Bei einer stetigen Verteilung zerlegt man den Wertebereich der entsprechenden Zufallsvariablen in r ($r \geq 2$) disjunkte Teile (z.B. Intervalle bzw. Halbachsen). Für jeden der r Teile wird davon die Wahrscheinlichkeit bestimmt, mit der die Zufallsvariable Werte in dem betreffenden Teil annimmt. Beim Chi-Quadrat-Anpassungstest werden dann diese berechneten Wahrscheinlichkeiten mit den entsprechenden empirischen Werten bei einer Meßreihe verglichen.

Aufgabe 11.10:

Welcher Zusammenhang läßt sich zwischen dem zuvor geschilderten Vorgehen beim Chi-Quadrat-Anpassungstest und der Betrachtung von Histogrammen angeben?

Aufgabe 11.11:

In der nachfolgenden Abbildung ist die Dichte einer Normalverteilung mit zwei zusätzlich eingezeichneten Histogrammen dargestellt. Interpretieren Sie die graphische Darstellung.

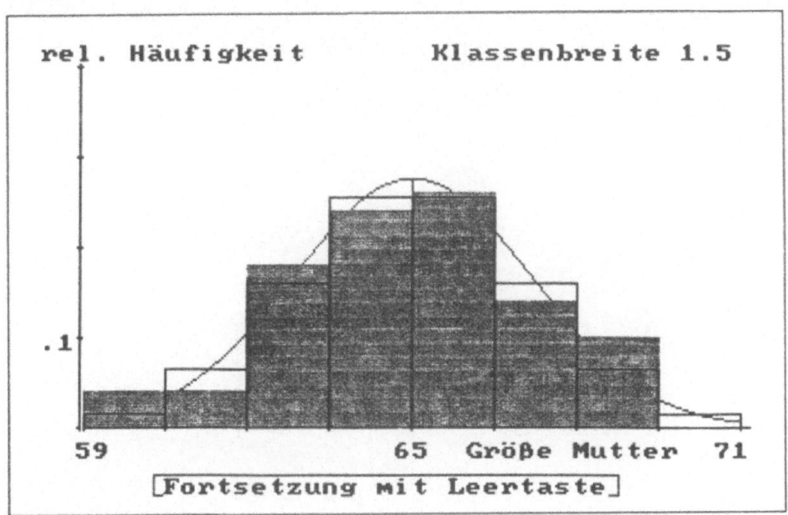

Abbildung 11.10

Bemerkung 11.5:

In der vorherigen Abbildung war zu erkennen, daß die Dichte der dargestellten Normalverteilung zunächst bei vorgegebener Klasseneinteilung durch eine diskrete Verteilung approximiert wurde. Das zusätzlich eingezeichnete Histogramm wird beim Chi-Quadrat-Anpassungstest mit dem 'Histogramm' der diskreten Verteilung verglichen. Der Chi-Quadrat-Anpassungstest prüft nämlich nicht die Anpassung des Histogramms an die Dichte, sondern nur die Anpassung an die entsprechende diskrete Verteilung.

Bemerkung 11.6:

Die vorherigen Betrachtungen kann man als Rechtfertigung ansehen für das heuristische Vorgehen in der Einheit 6, in der wir Anpassungen von Histogrammen und Dichten betrachtet haben.

EINHEIT 12: Unabhängigkeitstests

In der letzten Einheit haben wir uns mit dem Chi-Quadrat-Anpassungstest beschäftigt. Auf diesem Test beruht der Chi-Quadrat-Unabhängigkeitstest, den wir in dieser Einheit betrachten wollen. Ferner wollen wir uns mit weiteren Unabhängigkeitstests beschäftigen. Doch zunächst eine kurze Zusammenfassung der benötigten Definitionen, Bezeichnungen, Sätze und Formeln:

Zur Überprüfung der Unabhängigkeit der beiden Komponenten X und Y einer zweidimensionalen Zufallsvariablen (X,Y) zerlegt man beim χ^2-Unabhängigkeitstest entsprechend dem Vorgehen beim χ^2-Anpassungstest den Wertebereich von X in disjunkte Mengen $I_1,...,I_k$ und den Wertebereich von Y in disjunkte Mengen $J_1,...,J_l$. Seien $p_{ij}=P(X\varepsilon I_i, Y\varepsilon J_j)$, $p_{i.}=p_{i1}+...+p_{il}=P(X\varepsilon I_i)$ und $p_{.j}=p_{1j}+...+p_{kj}=P(Y\varepsilon J_j)$ für $i=1,...,k$ und $j=1,...,l$. Für unabhängige, identisch wie (X,Y) verteilte zweidimensionale Zufallsvariablen $(X_1,Y_1),...,(X_n,Y_n)$ sei die Zufallsvariable N_{ij} die Anzahl der $m\varepsilon\{1,...,n\}$ mit $X_m\varepsilon I_i$ und $Y_m\varepsilon J_j$. Es bezeichne $N_{i.}=N_{i1}+...+N_{il}$ und $N_{.j}=N_{1j}+...+N_{kj}$. Dann wird die Nullhypothese H_0: $p_{ij}=p_{i.}\cdot p_{.j}$ für alle i und j bei der Gegenhypothese H_1: $p_{ij}\neq p_{i.}\cdot p_{.j}$ für mindestens ein Paar (i,j) mit der Testgröße

$$Q((X_1,Y_1),...,(X_n,Y_n)) = \sum_{i=1}^{k}\sum_{j=1}^{l}\frac{(N_{ij}-N_{i.}\cdot N_{.j}/n)^2}{N_{i.}\cdot N_{.j}/n} = n\cdot[(\sum_{i=1}^{k}\sum_{j=1}^{l}\frac{N_{ij}^2}{N_{i.}\cdot N_{.j}}) - 1]$$

getestet. Unter H_0 ist die Testgröße Q näherungsweise $\chi^2_{(k-1)(l-1)}$-verteilt.

Zur Durchführung des χ^2-Unabhängigkeitstests trägt man die aus einer Meßreihe $(x_1,y_1),...,(x_n,y_n)$ für jedes Paar (i,j) ermittelte Anzahl n_{ij} (Realisierung von N_{ij}) in eine Kontingenztafel ein, um als Zeilen- bzw. Spaltensumme die Werte $n_{i.}$ bzw. $n_{.j}$ zu berechnen.

y-Werte $\quad$ x-Werte	J_1	J_2	...	J_l	
I_1	n_{11}	n_{12}	...	n_{1l}	$n_{1.}$
I_2	n_{21}	n_{22}	...	n_{2l}	$n_{2.}$
.	.	.	.	.	.
.	.	.	.	.	.
.	.	.	.	.	.
I_k	n_{k1}	n_{k2}	...	n_{kl}	$n_{k.}$
	$n_{.1}$	$n_{.2}$	...	$n_{.l}$	n

Falls die Testgröße Q mit den Werten aus der Kontingenztafel einen Wert größer als das Quantil $\chi^2_{(k-1)(l-1);1-\alpha}$ annimmt, so wird zum Niveau α die Nullhypothese verworfen.

Im Spezialfall $k=l=2$ (Vierfeldertafel) ist $n \cdot (n_{11} \cdot n_{22} - n_{12} \cdot n_{21})^2 / (n_{1.} \cdot n_{2.} \cdot n_{.1} \cdot n_{.2})$ der Wert der Testgröße Q. Wegen $\chi^2_{1;1-\alpha} = (u_{1-\alpha/2})^2$ wird die Nullhypothese verworfen, falls

$$\sqrt{n} \cdot |n_{11} \cdot n_{22} - n_{12} \cdot n_{21}| / \sqrt{n_{1.} \cdot n_{2.} \cdot n_{.1} \cdot n_{.2}} \; > \; u_{1-\alpha/2}$$

gilt. (Wegen $\sqrt{Q} \geq 0$ ist $\sqrt{Q}$ aber nicht $N(0,1)$-verteilt!)

*Im Fall der Vierfeldertafel kann auch ein **exakter Test** (von Fisher) durchgeführt werden. Dabei wird die Hypothese verworfen, falls n_{11} entweder kleiner als $h_{\alpha/2}$ oder größer als $h_{1-\alpha/2}$ ist, wobei h_p für das p-Quantil der $H(n_{1.},n,n_{.1})$-Verteilung steht.*

Mit den obigen Unabhängigkeitstests können auch qualitative Merkmale wie z.B. die Haarfarbe betrachtet werden. Beim Testen auf Unabhängigkeit mit der Hotelling-Pabst-Statistik muß für jedes Merkmal eine Rangordnung gegeben sein. Für die unabhängigen, identisch verteilten, zweidimensionalen Zufallsvariablen $(X_1,Y_1),...,(X_n,Y_n)$ werden zunächst bei beiden Komponenten jeweils die einzelnen Ränge (zwischen 0 und $n-1$) bestimmt. Für $i=1,...,n$ wird der Rang des i-ten x-Wertes mit dem Rang des i-ten y-Wertes verglichen (vgl. Spearman-Rangkorrelationskoeffizient). Die Hotelling-Pabst-Statistik ist die Summe D der quadratischen Abweichungen der Ränge. Die Unabhängigkeitshypothese wird zum Niveau α verworfen, falls $D < h_{n;\alpha/2}$ oder $D > h_{n;1-\alpha/2}$ gilt, wobei $h_{n;p}$ das p-Quantil der Verteilung der Hotelling-Pabst-Statistik ist.

Die benötigten Quantile können in manchen Fällen aus Tabellen entnommen werden. Stehen diese nicht zur Verfügung, so kann man ausnutzen, daß die standardisierte Hotelling-Pabst-Statistik näherungsweise $N(0,1)$-verteilt ist.

Unter der Voraussetzung, daß die Werte der Merkmale paarweise verschieden sind, besitzt die Hotelling-Pabst-Statistik den Erwartungswert $E(D) = n \cdot (n^2-1)/6$ und die Varianz $Var(D) = (n-1) \cdot (n+1)^2 \cdot n^2/36$. Man berechnet also

$$T = (D - E(D)) / \sqrt{Var(D)}$$

und verwirft die Nullhypothese, falls T betragsmäßig größer ist als das $(1-\alpha/2)$-Quantil der $N(0,1)$-Verteilung.

Wir wollen zunächst den Chi-Quadrat-Unabhängigkeitstest betrachten. Damit wollen wir testen, ob bei der StatLab-Population die Ausbildung der Mutter von der Ausbildung des Vaters unabhängig ist. Dazu sind aus der StatLab-Population 150 Familien zufällig ausgewählt worden. Für die Ausbildung werden jeweils nur 3 Klassen betrachtet: $0-2 \approx$ keine Hochschulausbildung; $3 \approx$ Hochschulausbildung ohne Abschluß; $4 \approx$ Hochschulausbildung mit Abschluß (vgl. Einheit 1). Die entsprechenden Daten sind in der nachfolgend aufgeführten Kontingenztafel zusammengestellt.

Aufgabe 12.1:

a) Äußern Sie eine Vermutung bezüglich der Unabhängigkeit der Ausbildung von Mutter und Vater.

b) Ergänzen Sie für die Durchführung des Chi-Quadrat-Unabhängigkeitstests zunächst die folgende Kontingenztafel.

Geben Sie jeweils an der markierten Stelle den richtigen Wert und dann ↵ ein.

Vater \ Mutter	0-2	3	4	
0-2	48	18	2	→
3	13	13	3	
4	8	11	34	

Aufgabe 12.2:

Berechnen Sie den Wert der Testgröße des Chi-Quadrat-Unabhängigkeitstests mit Hilfe der folgenden Gleichung:

$(48)^2/(68 \cdot 69) + (13)^2/(29 \cdot 69) + 8^2/(53 \cdot 69) + (18)^2/(68 \cdot 42) + (13)^2/(29 \cdot 42)$

$+ (11)^2/(53 \cdot 42) + 2^2/(68 \cdot 39) + 3^2/(29 \cdot 39) + (34)^2/(53 \cdot 39) = 1.46829256$

Ergänzen Sie dazu die folgende Formel:

$Q((x_1,y_1),...,(x_{150},y_{150})) = \quad (1.46829256 \quad)$

Aufgabe 12.3:

Bei den in die 3x3 Klassen der vorher angegebenen Kontingenztafel einsortierten 150 Datenpaaren wurde in der Aufgabe 13.2 der Wert 70.24388 für die Testgröße des Chi-Quadrat-Unabhängigkeitstests berechnet. Wird aufgrund dieses Wertes zum Niveau $\alpha=5\%$ die Nullhypothese (Unabhängigkeitsannahme) verworfen?

Bemerkung 12.1:

Da der Wert der Testgröße (70.24388) größer als das 95%-Quantil der Chi-Quadrat-Verteilung mit 4 Freiheitsgraden (= 9.49) ist, wird die Nullhypothese abgelehnt.

Wurde Ihre Vermutung von Aufgabe 12.1 bestätigt?

Wir wollen nun einen Spezialfall des Chi-Quadrat-Unabhängigkeitstest betrachten. Wählt man für beide Merkmale eine Einteilung in zwei Klassen, so erhält man als Kontingenztafel eine Vierfeldertafel. Hierbei ist es angebracht, $\sqrt{Q}$ statt Q als Testgröße zu verwenden.

162   *Unabhängigkeitstests*

Aufgabe 12.4:

Wann wird zum Niveau α die Nullhypothese (Unabhängigkeitsannahme) bei diesem Spezialfall des Chi-Quadrat-Unabhängigkeitstests (Vierfeldertafel) verworfen?

Falls $\sqrt{Q}$ gößer ist als das

1    $(1-\alpha)$-Quantil der Chi-Quadrat-Verteilung mit einem Freiheitsgrad ?

2    $(1-\alpha)$-Quantil der $N(0,1)$-Verteilung ?

3    $(1-\alpha/2)$-Quantil der $N(0,1)$-Verteilung ?

Geben Sie Ihr Ergebnis (1-3) ein.

Aufgabe 12.5:

Wieso tritt bei diesem Spezialfall des Chi-Quadrat-Unabhängigkeitstests das $(1-\alpha/2)$-Quantil der $N(0,1)$-Verteilung auf? (Herleitung!)

Wir wollen nun testen, ob bei den StatLab-Familien die Rauchgewohnheiten von Vater und Mutter unabhängig sind. Da wir in Einheit 1 bei der Betrachtung der StatLab-Daten festgestellt haben, daß die Angaben über frühere Rauchgewohnheiten nicht zuverlässig sind, wollen wir unabhängig von früherem Rauchverhalten die Rauchgewohnheiten zur Zeit des Tests (10 Jahre nach der Geburt des Kindes) betrachten. Dabei wollen wir nur zwischen Raucher und Nichtraucher unterscheiden. Dann bedeutet N und Q 'Nichtraucher' (im folgenden kurz N) und 1-99 'Raucher' (im folgenden kurz R).

Bei 40 zufällig herausgeriffenen Familien (Vater,Mutter) ergaben sich die Paare:

```
N N    R R    R N    R R    N N    R R    N N    R N    N N    N N
N N    R R    R R    N R    N N    N N    R R    N N    R N    N N
N N    R R    R N    N R    N N    N N    R R    N N    R R    N R
R N    N N    R N    N N    N N    R N    N R    N N    N N    N N
```

Aufgabe 12.6:

Erstellen Sie zunächst die zu den Daten gehörige Vierfeldertafel.

Geben Sie jeweils an der markierten Stelle den richtigen Wert und dann ↵ ein.

Vater	Mutter Raucherin Nichtraucherin	
Raucher Nichtraucher	→	

Aufgabe 12.7:

Berechnen Sie den Wert der Testgröße $\sqrt{Q}$ des speziellen Chi-Quadrat-Unabhängig-keitstests aufgrund obiger Vierfeldertafel. Wird zum 5%-Niveau die Nullhypothese (Unabhängigkeitsannahme) verworfen?

Ergänzen Sie dazu die folgende Formel, wobei SQR(z) für Wurzel aus z und ABS(z) für den Absolutbetrag von z steht.

$$\text{SQR}(Q((x_1,y_1),...,(x_{40},y_{40}))) = \text{SQR}(\quad)\cdot\text{ABS}(\qquad)/\text{SQR}(\qquad)$$

Bemerkung 12.2:

Da der Wert der Testgröße (2.6185) größer als das 97.5%-Quantil der N(0,1)-Ver-teilung (= 1.96) ist, wird die Nullhypothese abgelehnt.

Welche Schlüsse ziehen Sie daraus?

Die Testgröße Q des Chi-Quadrat-Unabhängigkeitstests ist nur näherungsweise chi-quadrat-verteilt (vgl. Einheit 11). Die verwendeten Quantile der Chi-Qua-dratverteilung bzw. der N(0,1)-Verteilung sind also nur Näherungswerte. Bei einer Vierfeldertafel läßt sich zur Überprüfung der Unabhängigkeitsannahme auch der exakte Test von Fischer anwenden, dessen Testgröße für kleine Stichproben-umfänge leicht exakt berechnet werden kann. Für diesen Test wollen wir wieder die oben betrachtete Vierfeldertafel zugrundelegen:

Vater	Mutter		
	Raucherin	Nichtraucherin	
Raucher	9	7	16
Nichtraucher	4	20	24
	13	27	40

Aufgabe 12.8:

a) Bei der obigen Vierfeldertafel tritt bei dem exakten Test von Fisher eine H(16,40,13)-verteilte Zufallsvariable auf. Was ist unter welchen Umständen H(16,40,13)-verteilt?

b) Führen Sie zum Niveau $\alpha=5\%$ aufgrund obiger Vierfeldertafel den exakte Test von Fisher durch. Die benötigten Quantile der H(16,40,13)-Verteilung können aus der nachfolgenden Abbildung abgelesen werden, in der die H(16,40,13)-Verteilung dargestellt ist. Links und rechts sind 2.5% Abschnitte markiert. Wird aufgrund obiger Daten die Nullhypothese (Unabhängigkeitsannahme) ver-worfen?

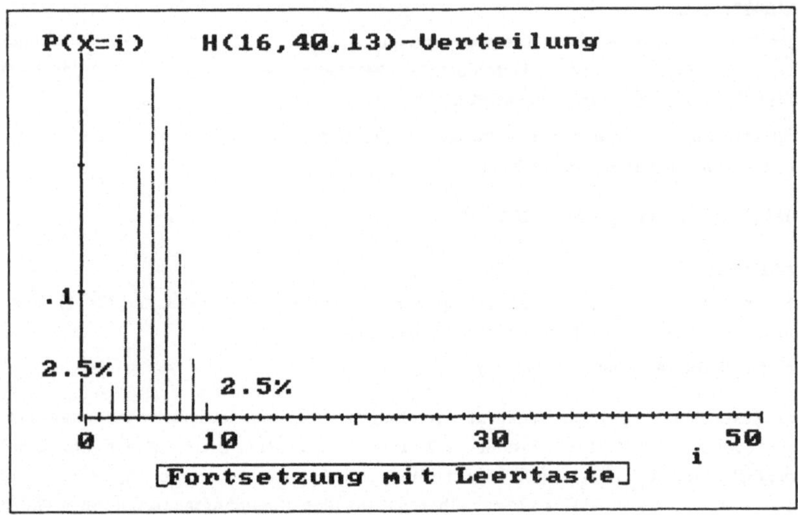

Abbildung 12.1

Bemerkung 12.3:

a) Bei den 40 Familien gibt es 13 Mütter, die rauchen. Unter der Unabhängigkeitsannahme können die 16 Familien, bei denen die Väter rauchen als zufällige Auswahl ('ohne Zurücklegen') interpretiert werden. Dann läßt sich
   bei dieser Stichprobe vom Umfang 16 die Anzahl der Familien, bei denen die
   Mutter raucht, durch eine H(16,40,13)-Verteilung beschreiben.

b) Die Testgröße beim exakten Test von Fisher hat aufgrund der angegebenen
   Vierfeldertafel den Wert 9. Aus der vorherigen Abbildung läßt sich der Wert
   2 für das 2.5%-Quantil und der Wert 8 für das 97.5%-Quantil der H(16,40,13)-
   Verteilung ablesen. Da der Wert der Testgröße größer als das 97.5%-Quantil
   ist, wird die Nullhypothese (Unabhängigkeitsannahme) verworfen.

Wir wollen uns nun der Frage zuwenden, ob bei den Kindern der StatLab-Population die Ergebnisse der beiden Intelligenztests, des Peabody- und Raven-Tests,
unabhängig sind. In gewisser Weise haben wir uns mit dieser Frage schon in der
Einheit 3 bei der Betrachtung von empirischen Korrelationskoeffizienten beschäftigt. In der Aufgabe 3.13 sind für eine zweidimensionale Stichprobe vom Umfang
10 jeweils die Ränge der Meßwerte für beide Merkmale bestimmt worden. Es wurden
für i=1,...,10 die Differenzen der Ränge der jeweiligen x- und y-Werte berechnet und deren Quadrate aufaddiert. Dabei erhielten wir die Summe 44. Durch eine
geeignete Normierung ergab dies den Wert 0.7333333 für den Spearman-Rangkorre-

lationskoeffizienten. Ein Test auf Unabhängigkeit der beiden Meßreihen benutzt als Testgröße D die Summe der quadrierten Differenzen der Ränge. Diese Testgröße wird HOTELLING–PABST–STATISTIK genannt.

Die Unabhängigkeitsannahme wird zum Niveau α verworfen, falls für die Testgröße

$$D < h_{n;\alpha/2} \qquad \text{oder} \qquad D > h_{n;1-\alpha/2}$$

gilt, wobei $h_{n;p}$ das p–Quantil der Verteilung der Hotelling–Pabst–Statistik ist.

Die benötigten Quantile können in manchen Fällen aus Tabellen entnommen werden. Stehen diese nicht zur Verfügung, so kann man ausnutzen, daß die standardisierte Hotelling–Pabst–Statistik näherungsweise N(0,1)–verteilt ist.

Unter der Voraussetzung, daß die Werte der Merkmale paarweise verschieden sind, besitzt die Hotelling–Pabst–Statistik den Erwartungswert $E(D) = n \cdot (n^2-1)/6$ und die Varianz $Var(D) = (n-1) \cdot (n+1)^2 \cdot n^2/36$. Man berechnet also

$$T = (D - E(D)) / \sqrt{Var(D)}$$

und verwirft die Nullhypothese, falls T betragsmäßig größer ist als das $(1-\alpha/2)$–Quantil der N(0,1)–Verteilung.

Wir wollen für einige Stichprobenumfänge n die exakte Verteilung der standardisierten Hotelling–Pabst–Statistik T und die Approximation durch die Standardnormalverteilung betrachten.

Aufgabe 12.9:

In den folgenden Abbildungen ist für n = 4,...,8 die Verteilung der Testgröße T jeweils durch ein Stabdiagramm und ein Histogramm dargestellt. Die Höhe der Stäbe bzw. die Fläche der Rechtecke geben die Wahrscheinlichkeit an, mit der die Testgröße die entsprechenden Werte bzw. Werte im entsprechenden Intervall annimmt. Zur Bewertung der Approximation durch die N(0,1)–Verteilung ist die Dichte der Standardnormalverteilung eingezeichnet.

Betrachten Sie die Verteilung der standardisierten Hotelling–Pabst–Statistik, und vergleichen Sie die Approximation durch die N(0,1)–Verteilung.

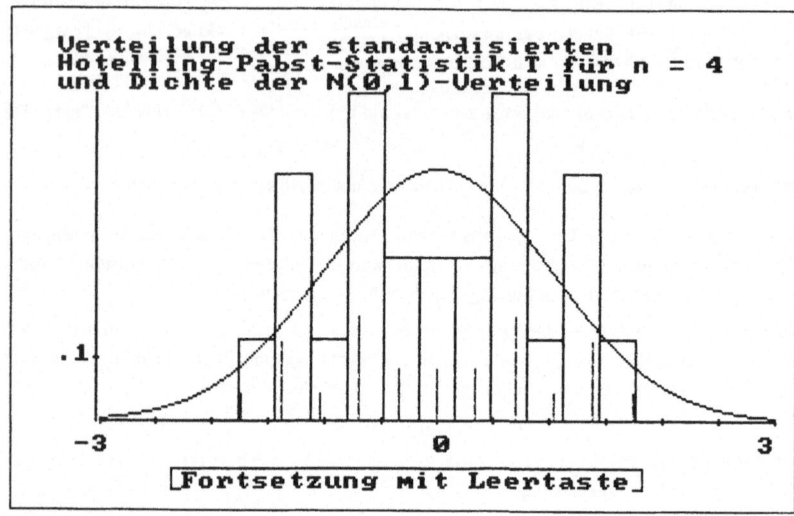

Abbildung 12.2

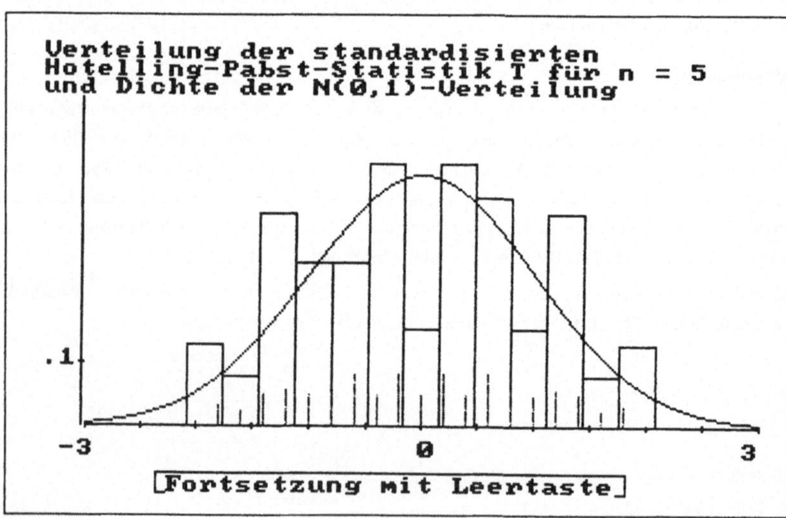

Abbildung 12.3

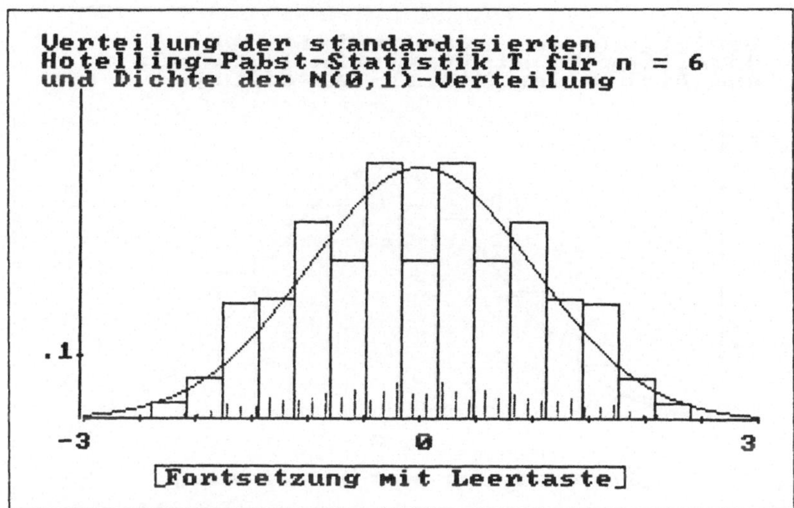

Abbildung 12.4

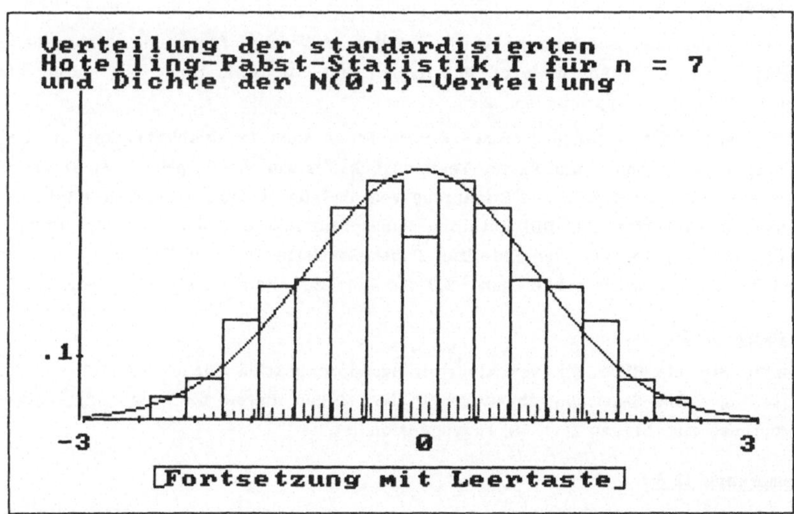

Abbildung 12.5

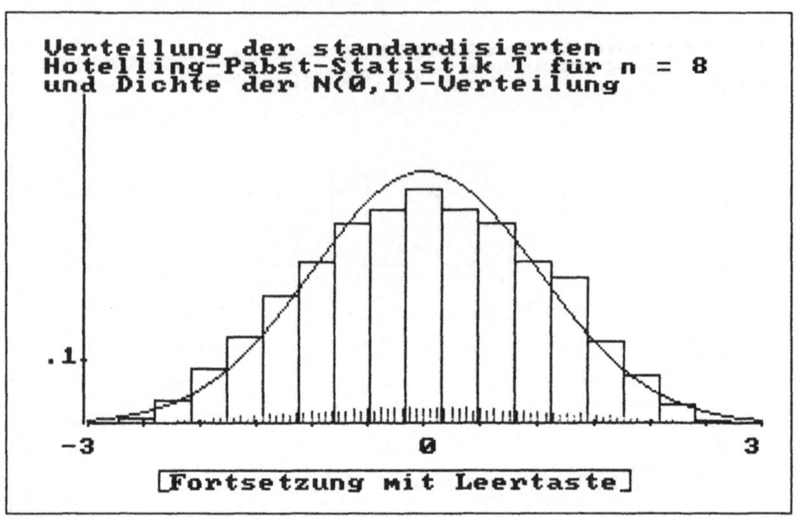

Abbildung 12.6

Bemerkung 12.4:

In den vorherigen Abbildungen wurde deutlich, daß schon für kleine Stichproben-
unfänge n die standardisierte Hotelling-Pabst-Statistik recht gut durch die
N(0,1)-Verteilung approximiert wird.

Nach diesen Vorbereitungen kommen wir zur Frage nach der Unabhängigkeit der Ergebnisse des Peabody- und Raven-Tests zurück. Wir wollen nun prüfen, ob aufgrund
der in Einheit 3 betrachteten Stichprobe vom Umfang 10 die Unabhängigkeitshypothese zu verwerfen ist. Die Hotelling-Pabst-Statistik hat den Wert 44, Erwartungswert und Varianz der Hotelling-Pabst-Statistik für den Fall n = 10 sind
165 bzw. 3025. Damit erhält man −2.2 als Wert der standardisierten Testgröße T.

Aufgabe 12.10:

Testen Sie mit Hilfe der Normalverteilungsapproximation für die Verteilung der
Hotelling-Pabst-Statistik, ob aufgrund der obigen Daten die Unabhängigkeitshypothese zum Niveau α = 5% zu verwerfen ist.

Bemerkung 12.5:

Da der Wert der Testgröße T (−2.2) betragsmäßig größer als das 97.5%-Quantil
der N(0,1)-Verteilung (1.96) ist, wird die Unabhängigkeitshypothese abgelehnt.

Welche Schlüsse ziehen Sie daraus?

EINHEIT 13:Verteilungsunabhängige Tests

In Einheit 10 haben wir uns mit Tests bei Normalverteilungsannahmen beschäftigt.
Wenn nicht bekannt ist, ob eine Normalverteilung vorliegt, bzw. wenn die Normalverteilungsannahmen nicht gerechtfertigt sind, ist man auf Tests angewiesen, bei
denen diese Voraussetzungen nicht nötig sind. In dieser Einheit wollen wir uns
daher mit verteilungsunabhängigen Tests beschäftigen. Wir wollen den Vorzeichentest, den Zwei-Stichproben-Test von Wilcoxon-Mann-Whitney und den Run-Test von
Wald und Wolfowitz betrachten. Doch zunächst eine kurze Zusammenstellung der benötigten Definitionen, Bezeichnungen, Sätze und Formeln:

*Beim Vorzeichentest geht man von zweidimensionalen Meßreihen bzw. von zugehörigen
Zufallsvariablen $X_1,...,X_n,Y_1,...,Y_n$ aus. Dabei wird angenommen, daß die Paare
$(X_1,Y_1),...,(X_n,Y_n)$ und die Differenzen X_i-Y_i unabhängig und identisch (stetig) verteilt sind $(P(X_i=Y_i)=0)$. Mit*

$$D_i = \begin{cases} 1, & \text{falls } X_i > Y_i \quad \text{(Vorzeichen +)} \\ 0, & \text{falls } X_i \leq Y_i \quad \text{(Vorzeichen -)} \end{cases} \quad , \quad i=1,...,n$$

*wird die Hypothese $H_0: P(D_i=1)=P(D_i=0)=1/2$ für alle $i=1,...,n$ mit der Testgröße
$V(X_1,...,X_n;Y_1,...,Y_n) = \sum_{i=1}^{n} D_i$ getestet. Unter H_0 ist V $B(n,1/2)$-verteilt. Aufgrund der
Normalapproximation bestimmt man zum Niveau α den kritischen Wert k als*

$$k = (n + u_{1-\alpha/2} \cdot \sqrt{n})/2$$

*und verwirft die H_0, falls V einen Wert größer als k oder kleiner als $n-k$ an-
nimmt. Für $\alpha = 0.05$ wird für k auch die etws gröbere Näherung $k = n/2 + \sqrt{n}$ verwendet.*

*Beim Zwei-Stichproben-Test von Wilcoxon-Mann-Whitney werden die Zufallsvaria-
blen $X_1,...,X_m$ mit derselben stetigen Verteilungsfunktion F und $Y_1,...,Y_n$ mit der
stetigen Verteilungsfunktion G sowie $X_1,...,X_m,Y_1,...,Y_n$ als unabhängig angenommen.
Mit*

$$Z_{ij} = \begin{cases} 1, & \text{falls } X_i > Y_j \quad \text{(Inversion)} \\ 0, & \text{falls } X_i \leq Y_j \end{cases} \quad , \quad i=1,...,m; \; j=1,...,n$$

*wird die Hypothese $H_0: F=G$ gegen die Alternative $H_1: F>G$ oder $F<G$ mit der
Testgröße $U(X_1,...,X_m;Y_1,...,Y_n) = \sum_{i=1}^{m} \sum_{j=1}^{n} Z_{ij}$ getestet. Unter H_0 gilt $E(U)=m \cdot n/2$ und
$Var(U)=m \cdot n \cdot (m+n+1)/12$. Aufgrund der Normalapproximation bestimmt man zum
Niveau α den kritischen Wert k als*

$$k = m \cdot n/2 + u_{1-\alpha/2} \cdot \sqrt{m \cdot n \cdot (m+n+1)/12}$$

und verwirft H_0, falls U einen Wert größer als k oder kleiner als $m \cdot n - k$ annimmt.

Beim Run-Test von Wald und Wolfowitz werden die Zufallsvariablen $X_1,...,X_m$ mit derselben stetigen Verteilungsfunktion F und $Y_1,...,Y_n$ mit der stetigen Verteilungsfunktion G sowie $X_1,...,X_m;Y_1,...,Y_n$ als unabhängig angenommen. Die beobachteten x- und y-Werte werden der Größe nach geordnet, so daß man ein Folge aus m x-Werten und n y-Werten erhält. Eine Teilfolge gleicher Zeichen (x bzw. y), bei der vor dem ersten und nach dem letzten Zeichen ein Zeichen der anderen Sorte (oder kein weiteres Zeichen) steht, heißt Run. Die Anzahl der Runs wird mit $R = R(X_1,...,X_m;Y_1,...,Y_n)$ bezeichnet. Mit der Testgröße R wird die Hypothese $H_0: F=G$ gegen die Alternative $H_1: F \neq G$ getestet. Für $i=1,2,...,\min\{n,m\}$ gilt $P(R=2i) = 2\cdot\binom{m-1}{i-1}\binom{n-1}{i-1}/\binom{m+n}{m}$ und $P(R=2i+1) = (\binom{m-1}{i-1}\binom{n-1}{i}+\binom{m-1}{i}\binom{n-1}{i-1})/\binom{m+n}{m}$ sowie $E(R)=1+2\cdot m\cdot n/(m+n)$ und $Var(R)=2\cdot m\cdot n(2\cdot m\cdot n-m-n)/((m+n)^2(m+n-1))$, falls H_0 zutrifft. Aufgrund der Normalapproximation bestimmt man zum Niveau α den kritischen Wert k als

$$k = 1+2\cdot m\cdot n/(m+n)+u_\alpha\cdot\sqrt{2\cdot m\cdot n(2\cdot m\cdot n-m-n)/(m+n)^2(m+n-1)}$$

und verwirft H_0, falls R einen Wert kleiner als k annimmt.

Zunächst wollen wir uns mit dem Vorzeichentest beschäftigen.

Aufgabe 13.1:

Von welchen Voraussetzungen geht man bei der Anwendung des Vorzeichentests aus ?

1     $(X_1,Y_1),...,(X_n,Y_n)$ unabhängig
2   Differenzen $X_i - Y_i$ unabhängig $(1 \leq i \leq n)$
3   Differenzen $X_i - Y_i$ $(1 \leq i \leq n)$ identisch verteilt
4   X_i und Y_i unabhängig $(1 \leq i \leq n)$
5     $P(D_i < 0) = 1/2$ $(1 \leq i \leq n)$

Geben Sie die Kennziffern (1-5) der Voraussetzungen bzw. 0 für keine weitere Voraussetzung ein.

Aufgabe 13.2:

Was wird durch den Vorzeichentest überprüft ?

1   X_i und Y_i identisch verteilt $(1 \leq i \leq n)$
2   Differenzen $X_i - Y_i$ $(1 \leq i \leq n)$ identisch verteilt
3     $P(X_i < Y_i) = 1/2$ $(1 \leq i \leq n)$
4     $E(X_i - Y_i) = 0$ $(1 \leq i \leq n)$

Geben Sie Ihr Ergebnis (1-4) ein.

In den folgenden Abbildungen ist die Verteilung der Standardisierung der Testgröße V des Vorzeichentests durch ein Stabdiagramm und ein Histogramm skizziert. Zum Vergleich ist die Dichte der Standardnormalverteilung eingezeichnet. Für $\alpha = 5\%$ sind die Stäbe der Werte, bei denen die Hypothese verworfen wird, skizziert. Die $\alpha/2$ und $(1-\alpha/2)$-Quantile der Standardnormalverteilung sind durch Pfeile markiert. Sie können für die folgenden Abbildungen den Stichprobenumfang n (zwischen 2 und 300) wählen.

Aufgabe 13.3:

Variieren Sie für die folgenden Abbildungen den Stichprobenumfang n in den angegebenen Schranken. Geben Sie insbesondere die Werte 10 und 100 ein, und beurteilen Sie die Approximation der kritischen Werte durch die entsprechenden Quantile der Standardnormalverteilung.

Geben Sie den Stichprobenumfang n und dann ↵ ein (zwischen 2 und 300):

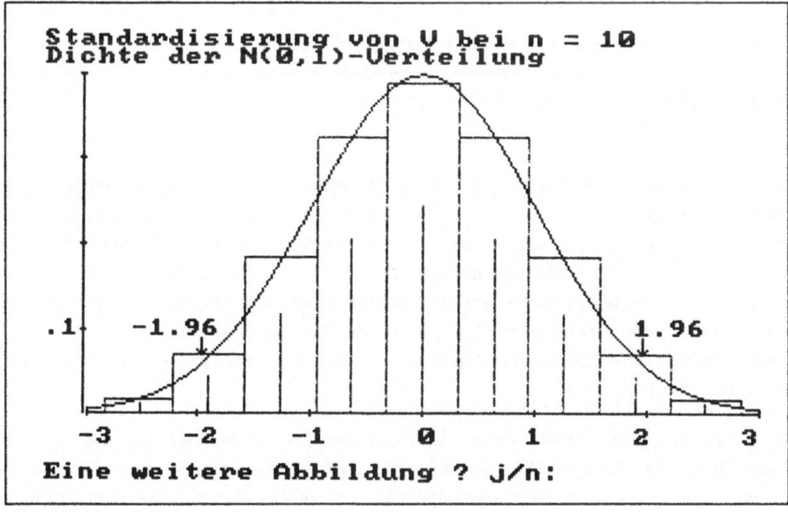

Abbildung 13.1

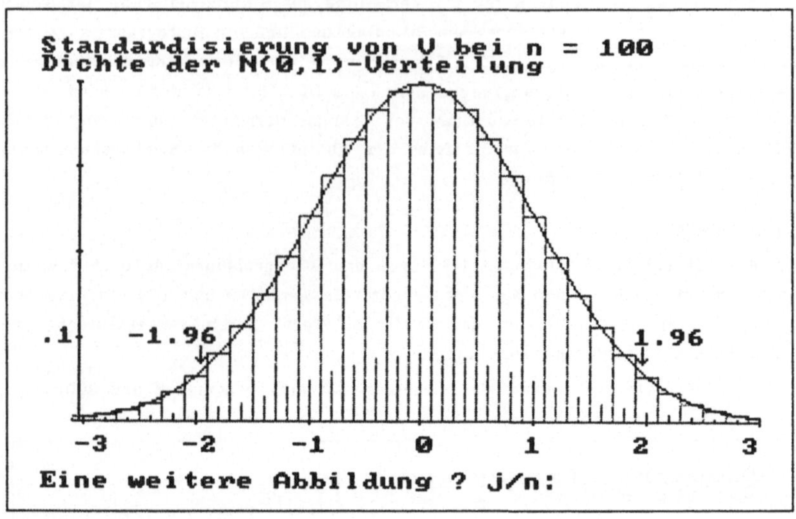

Abbildung 13.2

Bemerkung 13.1:

Wie in den vorherigen Abbildungen deutlich wurde, werden die kritischen Werte
insbesondere für größere n recht gut durch die entsprechenden Quantile der
Standardnormalverteilung approximiert. Dabei wurde in den Abbildungen von der
Testgröße V zu deren Standardisierung übergegangen; entsprechend wurden auch
die kritischen Werte k durch die Standardisierung verschoben. Bei der Durchführung des Vorzeichentests wird mit V (ohne Standardisierung) gerechnet, dabei
werden die Quantile der N(0,1)-Verteilung zu den entsprechenden kritischen Werten umgerechnet.

Wir wollen nun den Vorzeichentest in einem Beispiel anwenden, bei dem wir die
beiden Merkmale 'Gewicht der Mutter' und 'Gewicht des Vaters' betrachten . Es
müssen keine Annahmen über spezielle Verteilungen (wie z.B. Normalverteilungsannahmen) über die entsprechenden Zufallsvariablen gemacht werden.

Bei einer zweidimensionalen Stichprobe vom Umfang 36 erhält man 7 Datenpaare,
bei denen das Gewicht der Mutter größer ist als das Gewicht des Vaters (d.h. 7
mal Vorzeichen + und 29 mal Vorzeichen −).

Aufgabe 13.4:

Überprüfen sie aufgrund der obigen Stichprobe mit dem Vorzeichentest zum Niveau $\alpha = 5\%$, ob die Wahrscheinlichkeit dafür, daß das Gewicht eines Vaters größer ist als das Gewicht einer Mutter, gleich 1/2 ist. Verwenden Sie als kritischen Wert k den durch die Normalapproximation berechneten Wert.

Geben Sie den Wert k und dann ↵ ein:

Wird die Nullhypothese damit abgelehnt?

Bemerkung 13.2:

Mit den Näherungsformeln

$$k \approx \tfrac{1}{2}(n + u_{1-\alpha/2}\cdot\sqrt{n}) \quad \text{bzw.} \quad k \approx \tfrac{n}{2} + \sqrt{n} \quad \text{für} \quad \alpha = 5\%$$

erhält man k = 23.88 bzw. etwas ungenauer k = 24 als kritischen Wert. Da die Testgröße den Wert 7 hat, der kleiner als 12.12 (= n−k) ist, ist die Hypothese zu verwerfen.

Wir wollen uns nun mit dem Zwei-Stichproben-Test von Wilcoxon-Mann-Whitney beschäftigen.

Aufgabe 13.5:

Von welchen Voraussetzungen geht man bei der Anwendung des Tests von Wilcoxon-Mann-Whitney aus?

1   X_i und Y_j sind identisch verteilt ($1 \le i \le m$, $1 \le j \le n$)
2   $X_1, \ldots, X_m$ sind identisch verteilt
3   $Y_1, \ldots, Y_n$ sind identisch verteilt
4   $X_1, \ldots, X_m, Y_1, \ldots, Y_n$ sind unabhängig

Geben Sie die Kennziffern (1–4) der Voraussetzungen bzw. 0 für keine weitere Voraussetzung ein.

Aufgabe 13.6:

Überlegen Sie, was durch den Test von Wilcoxon-Mann-Whitney überprüft wird.

1   $X_1, \ldots, X_m$ identisch verteilt
2   X_i und Y_j identisch verteilt ($1 \le i \le m$, $1 \le j \le n$)
3   $X_1, \ldots, X_m, Y_1, \ldots, Y_n$ unabhängig

Geben Sie Ihr Ergebnis (1–3) ein.

In der folgenden Abbildung ist die Verteilung der Testgröße U für den Fall m=5 und n=8 durch ein Stabdiagramm skizziert. Zum Vergleich ist die Dichte der Normalverteilung mit Erwartungswert 20 und Varianz 560/12 eingezeichnet. Für $\alpha=5\%$ sind die Stäbe der Werte, bei denen die Hypothese verworfen wird, markiert. Die $\alpha/2$ und $(1-\alpha/2)$-Quantile der Normalverteilung sind durch Pfeile angedeutet.

Aufgabe 13.7:

Beurteilen Sie die Approximation der kritischen Werte durch die entsprechenden Quantile der Normalverteilung.

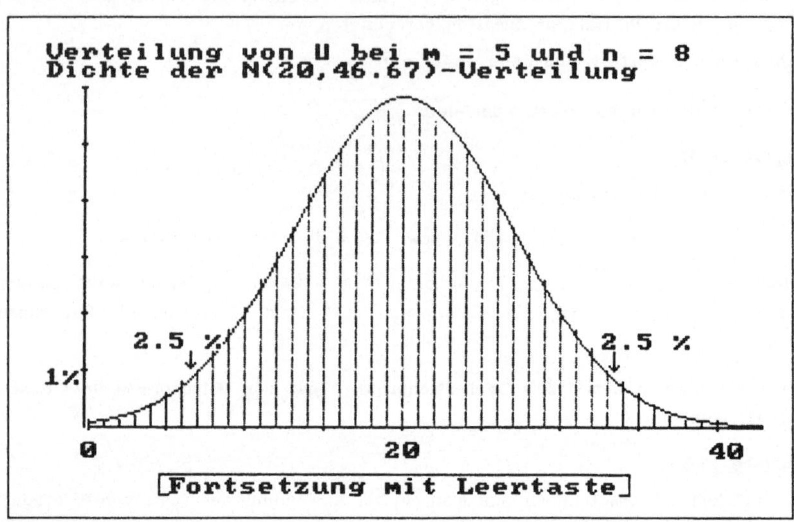

Abbildung 13.3

Bemerkung 13.3:

Wie in der vorherigen Abbildung deutlich wurde, werden die kritischen Werte recht gut durch die entsprechenden Quantile der N(20,46.67)-Verteilung approximiert.

Wir wollen nun den Test von Wilcoxon–Mann–Whitney anwenden. Dazu betrachten wir eine Stichprobe von Umfang 10 des Merkmals 'Gewicht der Mutter' und eine Stichprobe vom Umfang 8 des Merkmals 'Gewicht des Vaters'. Hier sind die beiden Meßreihen:

Mütter :   111   113   125   130   132   138   142   154   160   184

Väter :   145   162   170   175   180   185   200   225

Aufgabe 13.8:

Bestimmen Sie die Anzahl u der Inversionen.

Geben Sie den Wert u und dann ↵ ein:

Bemerkung 13.4:

In den betrachteten Stichproben treten 7 Inversionen auf. Für den kritischen Wert k beim Test zum Niveau α = 5% erhält man im Fall m = 10 und n = 8 den Wert

$$40 + 1.96 \cdot \sqrt{10 \cdot 8 \cdot 19/12} = 62.06$$

Aufgabe 13.9:

Wird aufgrund obiger Werte die Nullhypothese beim Zwei–Stichproben–Test von Wilcoxon–Mann–Whithney abgelehnt?

Bemerkung 13.5:

Da die Testgröße den Wert 7 hat, der kleiner als 17.94 (= m·n – k) ist, ist die Hypothese zu verwerfen.

Aufgabe 13.10:

Vergleichen Sie den Test von Wilcoxon–Mann–Whitney mit dem vorher betrachteten Vorzeichentest. Welche Vor– bzw. Nachteile haben diese Tests im Vergleich untereinander?

Bemerkung 13.6:

Der Test von Wilcoxon–Mann–Whitney hat gegenüber dem Vorzeichentest insbesondere den Vorteil, daß die verwendeten Stichproben unterschiedliche Länge haben können; beim Vorzeichentest müssen stets Paare von Meßwerten betrachtet werden. Ein Vorteil des Vorzeichentests ist, daß der Wert der Testgröße etwas einfacher zu bestimmen ist als beim Test von Wilcoxon–Mann–Whitney. Verwendet man zur Bestimmung der kritischen Werte jeweils die Normalapproximationen, so ist dies bei den beiden Tests etwa gleich aufwendig.

Wir wollen uns jetzt mit dem Run–Test von Wald und Wolfowitz beschäftigen. Die Voraussetzungen und die Hypothese des Run–Tests sind mit denen vom Test von Wilcoxon–Mann–Whitney identisch bis auf die Alternative. Beim Test von Wilcoxon–Mann–Whitney wird F = G gegen F > G oder F < G getestet und beim Run–Test F = G gegen F $\neq$ G .

Da die Verteilung der Testgröße des Run–Tests aufgrund der vorkommenden Binomialkoeffizienten recht aufwendig zu berechnen ist, ist die Approximation durch eine Normalverteilung von großem Interesse. In den nachfolgenden Abbildungen ist die Verteilung der Testgröße R durch ein Stabdiagramm skizziert. Zum Vergleich ist die Dichte der approximierenden Normalverteilung eingezeichnet. Für α=5% sind die Stäbe der Werte, bei denen die Hypothese verworfen wird, markiert. Das α–Quantile der entsprechenden Normalverteilung ist durch einen Pfeil angedeutet. Sie können für die folgenden Abbildungen die Werte m zwischen 5 und 30 und n zwischen 10 und 100 wählen.

Aufgabe 13.11:

Variieren Sie für die folgenden Abbildungen die Stichprobenumfänge m und n in den angegebenen Schranken. Geben Sie insbesondere die Werte m=20, n=50 und m=10, n=30 ein, und beurteilen Sie die Approximation der kritischen Werte durch die entsprechenden Quantile der jeweiligen Normalverteilung.

Geben Sie den Stichprobenumfang n und dann ↵ ein (zwischen 10 und 100):
Geben Sie den Stichprobenumfang m und dann ↵ ein (zwischen 5 und 30):

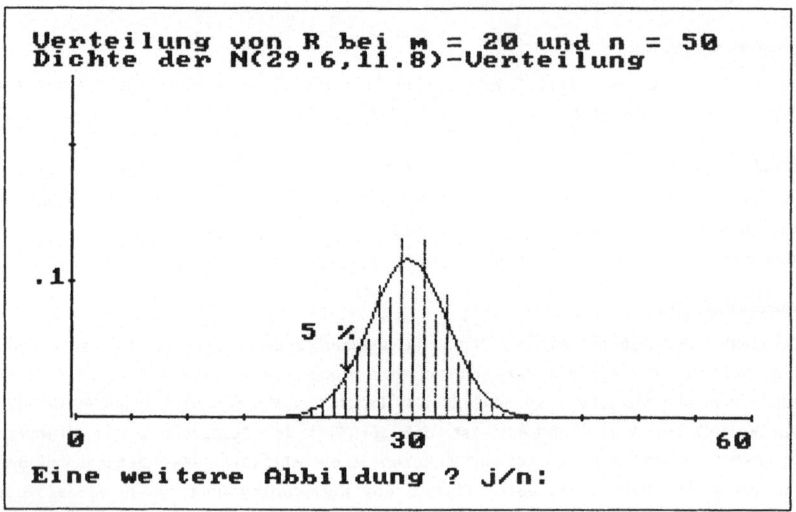

Abbildung 13.4

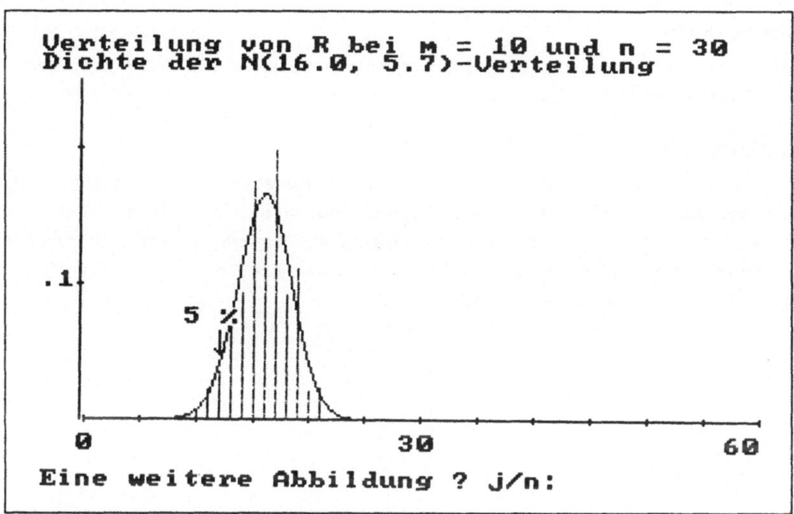

Abbildung 13.5

Wir wollen nun den Run-Test anwenden. Dazu betrachten wir die oben bereits be-
nutzten Stichproben der Merkmale 'Gewicht der Mutter' und 'Gewicht des Vaters'.
Hier sind noch einmal die beiden Stichproben:

Mütter :   111   113   125   130   132   138   142   154   160   184

Väter :   145   162   170   175   180   185   200   225

Aufgabe 13.12:

Bestimmen Sie die Anzahl r der Runs.
Geben Sie den Wert r und dann ⏎ ein:

Bemerkung 13.7:

In den betrachteten Stichproben treten 6 Runs auf. Für den kritischen Wert k
beim Test zum Niveau α=5% erhält man im Fall m=10 und n=8 den Wert 6.56 .

Aufgabe 13.13:

Wird aufgrund obiger Werte die Nullhypothese beim Run-Test abgelehnt?

Bemerkung 13.8:

Da die Testgröße den Wert 6 hat, der kleiner als 6.56 ist, ist die Hypothese zu
verwerfen.

Aufgabe 13.14:

Vergleichen Sie die drei verteilungsunabhängigen Tests. Welche Vor- bzw. Nachteile haben diese Test im Vergleich untereinander ?

Bemerkung 13.9:

Die Aussagen in Bemerkung 13.6 gelten entpsrechend auch für den Vergleich von
Run-Test und Vorzeichentest. Beim Vergleich des Run-Tests mit den Test von
Wilcoxon-Mann-Whitney sind die unterschiedlichen Gegenhypothesen zu nennen.
Dies wurde bereits oben erwähnt. Insgesamt ist der Run-Test von Wald/Wolfowitz
als stärkster der drei Tests zu bezeichnen.

Lösungen zu den Aufgaben

Für die meisten Aufgaben werden die Lösungen bereits in den einzelnen Einheiten in Bemerkungen angegeben. In diesen Fällen ist nachfolgend zu der betreffenden Aufgabe nur ein Verweis auf die entsprechende Bemerkung zu finden. Zur besseren Orientierung wird zu jeder angesprochenen Bemerkung bzw. Abbildung die zugehörige Seitennummer ergänzt.

1.1: Siehe Bemerkung 1.1 (S. 3).

1.2: Siehe Bemerkung 1.2 (S. 8).

1.3: Siehe Bemerkung 1.3 (S. 11).

2.1: Siehe Bemerkung 2.1 (S. 15) und Abbildung 2.1 (S. 16).

2.2: a) Man kann als geignete Klassenbreite z.B. 1 inch wählen.
b) Siehe Abbildung 2.3 (S. 18).

2.3: Siehe Abbildung 2.2 bis Abbildung 2.6 (S. 17−19).
a) Ein Schätzwert für den empirischen Mittelwert ist z.B. 65 inch. Bei der (noch nicht zu groben) Klassenbreite von 2 inch ist das Histogramm annähernd symmetrisch zum Wert 65 inch. Die in Aufgabe 2.1 gewählte Klassenbreite 1 inch ist auch für das Schätzen des empirischen Mittelwertes recht brauchbar.
b) Man wähle die Klassenbreite geringfügig kleiner als die eigentlich gewollte, d.h. z.B. 0.9999 statt 1 (vgl. Abbildung 2.6 (S. 19)). Damit erhält man im wesentlichen das Histogramm für die entsprechenden rechts offenen, links abgeschlossenen Klassen.

2.4: Man kann z.B. die Klassenbreite 50 wählen (entspricht 5000 $).

2.5: a) Siehe Abbildung 2.7 (S. 21).
b) Siehe Abbildung 2.8 bis Abbildung 2.10 (S. 21−22).
c) Ein Schätzwert für den empirischen Mittelwert ist z.B. der Wert 150, d.h. 15000 $. Bei dem Histogramm mit der Klassenbreite 40 (4000 $) schätzt man den empirischen Mittelwert etwas kleiner als die Klassengrenze 160 (16000 $).

2.6: Siehe Bemerkung 2.4 (S. 23).

2.7: Siehe Bemerkung 2.5 (S. 24) Meßreihe 1.

2.8: Siehe Bemerkung 2.5 (S. 24) Meßreihe 2.

2.9: Siehe Bemerkung 2.6 (S. 24) und Abbildung 2.11 (S. 25).

2.10: Siehe Bemerkung 2.7 (S. 25).

2.11: Siehe Abbildung 2.12 (S. 26).

2.12: Siehe Abbildung 2.13 (S. 28).

3.1: Siehe Bemerkung 3.1 (S. 30).

3.2: $s_x = SQR((83525.03-20 \cdot 64.575 \cdot 64.575)/19) = 2.579493$

3.3: $s_{xy} = (177926.1-20 \cdot 64.575 \cdot 137.55)/19 = 14.75082$

3.4: 3

3.5: Der nicht besonders große Wert des empirischen Korrelationskoeffizienten kann nur bedingt als Bestätigung der in Bemerkung 3.1 a) (S. 30) geäußerten Vermutung angesehen werden. Siehe auch Bemerkung 3.1 b) (S. 30).

3.6: Als Schätzwert für den empirischen Korrelationskoeffizienten läßt sich 0 anangeben, da keine Abhängigkeiten zwischen den beiden Merkmalen gegeben zu sein scheinen.

3.7: Siehe Bemerkung 3.4 (S. 37) und Abbildung 3.9 (S. 37).

3.8: Siehe Bemerkung 3.4 (S. 37) und Abbildung 3.9 (S. 37).

3.9: Als Schätzwert für den empirischen Korrelationskoeffizienten läßt sich z.B. 0.5 wählen, da man einen gewissen linearen Zusammenhang zwischen den beiden Merkmalen vermuten kann.

3.10: Das Punktediagramm scheint den Schätzwert 0.5 zu bestätigen. (Vgl. auch Bemerkung 3.5 (S. 39).)

3.11: Siehe Bemerkung 3.6 (S. 40).

3.12: Wenn die Differenzen d_i alle 0 sind, d.h. die x- und y- Werte haben dieselbe Rangordnungen, so ist r'_{xy} gleich 1 (maximaler Wert). Der minimale Wert wird erreicht, wenn die x- und y-Werte die entgegengesetzt angeordnet sind, so daß der kleinste x-Wert mit dem größten y-Wert ein Datenpaar bildet usw. und der größte x-Wert mit dem kleinsten y-Wert zusammenfällt. Falls n gerade ist, erhält man für d_i die Werte $-(n-1),-(n-3),\dots,-3,-1,$ $1,3,\dots,(n-3),(n-1)$ deren Quadratsumme den Wert $n(n^2-1)/3$ ergibt (vgl. Hinweis mit n=2k). Dann hat r'_{xy} den minimalen Wert -1. Falls n ungerade ist, erhält man für d_i die Werte $-(n-1),-(n-3),\dots,2,0,2,\dots,(n-3),(n-1)$. Mit n=2k+1 in der zweiten Formel des Hinweises erhält man auch hier den minimalen Wert -1 für r'_{xy}. Somit nimmt der Spearman-Rangkorrelationskoeffizient stets Werte zwischen -1 und 1 an.

3.13: Siehe Abbildung 3.14 (S. 42).

4.1: Siehe Bemerkung 4.1 (S. 45).

4.2: Durch Differenzieren werden die Werte a und b bestimmmt, für die die Funktion s(a,b) minimal wird. Damit erhält man die auf Seite 43 angegebenen Formeln für a und b.

4.3: $a = (7661.12-50 \cdot 7.448 \cdot 20.38)/(2870.481-50 \cdot 7.448 \cdot 7.448) = 0.7394071$
$b = 20.38-0.7394071 \cdot 7.448 = 14.8729$

4.4: Siehe Bemerkung 4.2 (S. 48).

4.5: Um Schätzwerte für c und d zu erhalten kann man die Gleichung $y = a \cdot x + b$ nach x auflösen. Damit erhält man 1/a als Schätzwert für c und $-b/a$ als

Schätzwert für d (vgl. auch Bemerkung 4.4 (S. 49)).

4.6: Siehe Bemerkung 4.4 (S. 49).

4.7: Man versucht die Punktewolke der Datenpaare durch eine Parabel anzunähern.

4.8: Siehe Bemerkung 4.5 (S. 51).

4.9: Siehe Bemerkung 4.7 (S. 53).

4.10: Siehe Bemerkung 4.8 (S. 54).

5.1: Siehe Bemerkung 5.1 (S. 58).

5.2: Der Schnittpunkt der Höhen eines gleichseitigen Dreiecks teilt jede Höhe im Verhältnis 1:2. Daher entnimmt man der Skizze in der Abbildung 5.2 (S. 59): $\Omega=[-1,1]$, $A=(-0.5,0.5)$ und $P(A)=1/2$ (vgl. auch Abbildung 5.14 (S. 68)).

5.3: $\Omega=[0,2\pi]$, $A=(2\pi/3,4\pi/3)$ und $P(A)=1/3$ (vgl. auch Abbildung 5.14 (S. 68)).

5.4: $\Omega=[0,180]$, $A=(60,120)$ und $P(A)=1/3$ (vgl. auch Abbildung 5.14 (S. 68)).

5.5: $\Omega=\{(x,y)\varepsilon\mathbb{R}^2 : x^2 + y^2 \leq 1\}$, $A=\{(x,y)\varepsilon\mathbb{R}^2 : x^2 + y^2 < 0.5\}$ und $P(A)=1/4$ (vgl. auch Abbildung 5.14 (S. 68)).

5.6: $\Omega=\{(x,y)\varepsilon\mathbb{R}^2 : x^2 + y^2 \leq 1\}$, $A=\{(x,y)\varepsilon\Omega : x+3y/\sqrt{3}<0.5, \; x-3y/\sqrt{3}<0.5\}$, d.h. A besteht aus der in der Abbildung 5.10 (S. 65) eingezeichneten Dreiecksfläche und dem linken Kreissegment. Die Dreiecksfläche ist $3/4\sqrt{3}$, die Fläche des Kreissegmentes ist $(\pi-3/4\sqrt{3})/3$. Damit berechnet man $P(A)=1/3+\sqrt{3}/2\pi$ (vgl. auch Abbildung 5.14 (S. 68)).

5.7: Wenn der erste zufällig ausgewählte Punkt im Kreis $K=\{(x,y)\varepsilon\mathbb{R}^2 : x^2 + y^2 < 0.5\}$ liegt, so erhält man unabhängig von der Lage des zweiten Punktes immer eine Sehne, die länger ist als die Dreiecksseite. Liegt der erste Punkt außerhalb des Kreises K, so zeichnet man durch diesen Punkt die beiden Tangenten an den Kreis K, um den Bereich B zu bestimmen, in dem der zweite Punkt liegen muß, damit die Sehne länger ist als die Dreiecksseite (siehe Skizze).

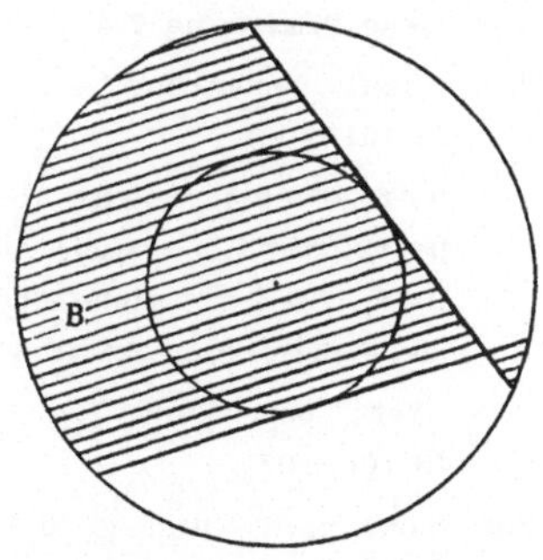

Der zu schätzende Wert P(A) muß natürlich größer sein als der entsprechende Wert in Aufgabe 5.5. Da der Bereich B in der obigen Skizze (der die entsprechende bedingte Wahrscheinlichkeit skizziert) etwa vergleichbar mit A aus Aufgabe 5.6 ist, kann man hier insgesamt P(A) größer als 0.6, d.h. etwa 0.7 schätzen (vgl. auch Bemerkung 5.2 (S. 67)).

6.1: Siehe Bemerkung 6.1 (S. 71).

6.2: Siehe Bemerkung 6.1 (S. 71) und Abbildung 6.1 bis Abbildung 6.3 (S. 72–73).

6.3: Siehe Bemerkung 6.2 (S. 75) und Abbildung 6.4 bis Abbildung 6.5 (S. 74).

6.4: Siehe Bemerkung 6.3 (S. 75) und Abbildung 6.7 (S. 76).

6.5: Siehe Bemerkung 6.4 (S. 77).

6.6: Siehe Bemerkung 6.5 (S. 78) und Abbildung 6.9 bis Abbildung 6.10 (S. 77–78).

6.7: Siehe Bemerkung 6.6 (S. 82) und Abbildung 6.11 bis Abbildung 6.16 (S. 79–81).

6.8: Siehe Bemerkung 6.7 (S. 82) (Mit $\alpha=1$ ist das Integral von 0 bis c über $x \cdot f(x)$ gleich $(1/2\pi) \cdot \log(1+c^2)$; dies strebt gegen ∞ für c $\longrightarrow \infty$.)

6.9: Siehe Bemerkung 6.8 (S. 83).

6.10: Siehe Abbildung 6.19 bis Abbildung 6.20 (S. 84).

6.11: Siehe Abbildung 6.21 bis Abbildung 6.23 (S. 85–86).

6.12: Siehe Abbildung 6.24 bis Abbildung 6.26 (S. 87–88).

7.1: Siehe Abbildung 7.1 bis Abbildung 7.2 (S. 91) (vgl. auch Bemerkung 7.1 (S. 92)).

7.2: $n = 10$, $p = 0.4$ – siehe Abbildung 7.4 (S. 93);
$n = 12$, $p = 0.1$ – siehe Abbildung 7.6 (S. 94);
$n = 20$, $p = 0.25$ – siehe Abbildung 7.8 (S. 95);
siehe Bemerkung 7.2 (S. 95).

7.3: Siehe Bemerkung 7.3 (S. 97) und Abbildung 7.9 bis Abbildung 7.11 (S. 96–97).

7.4: $\alpha = 4$ – siehe Abbildung 7.13 (S. 98);
$\alpha = 10$ – siehe Abbildung 7.15 (S. 99);
$\alpha = 18$ – siehe Abbildung 7.17 (S. 100);
siehe Bemerkung 7.4 (S. 101).

7.5: Siehe Bemerkung 7.5 (S. 102) und Abbildung 7.18 bis Abbildung 7.19 (S. 101–102).

7.6: $\mu = 6$, $\sigma^2 = 2.4$ – siehe Abbildung 7.21 (S. 103);
$\mu = 12$, $\sigma^2 = 7.2$ – siehe Abbildung 7.23 (S. 104);
$\mu = 8$, $\sigma^2 = 6.4$ – siehe Abbildung 7.25 (S. 105);
siehe Bemerkung 7.6 (S. 106).

7.7: Siehe Bemerkung 7.7 (S. 107) und Abbildung 7.26 bis Abbildung 7.28 (S. 106–107).

7.8: Seien g_1, g_2 und g_3 die Dichten von X_1, X_2 bzw. X_3 (jeweils R(-1,1)-verteilt). Wegen $Var(X_1) = 1/3$ gilt $f_1(x) = g_1(x/\sqrt{3})/\sqrt{3}$, d.h. $f_1(x) = 1/(2\sqrt{3})$ für $-\sqrt{3} \leq x \leq \sqrt{3}$ und $f_1(x) = 0$ sonst.
Wegen der Unabhängigkeit von X_1 und X_2 ist $Var(X_1+X_2) = 2 \cdot 1/3$. Die Dichte f_2 läßt sich (analog zu f_1) berechnen, wenn die Dichte von $X_1 + X_2$ bestimmt ist. Wegen der Unabhängigkeit von X_1 und X_2 läßt sich die Dichte der zweidimensionalen Zufallsvariablen (X_1, X_2) als Produkt von g_1 und g_2 schreiben. Die Dichte von $X_1 + X_2$ ist damit $\int_{-\infty}^{\infty} g_1(t) \cdot g_2(x-t)\, dt$ für $x \in \mathbb{R}$. Der Integrand ist nur dann verschieden von Null, falls $-1 \leq t \leq 1$ und $-1 \leq x-t \leq 1$ gilt, d.h. falls $-1 \leq t \leq 1$ und $x-1 \leq t \leq x+1$ ist. Wenn x größer als 2 oder kleiner als -2 ist, ist das Integral Null. Für $|x| \leq 2$ wird von $t = \max\{-1, x-1\}$ bis $t = \min\{1, x+1\}$ der

Wert 1/4 integriert. Damit hat die Dichte von $X_1 + X_2$ für $|x| \leq 2$ den Wert $(\min\{1,x+1\} - \max\{-1,x-1\})/4$, d.h. sie hat den Wert $(2-x)/4$ für $0 \leq x \leq 2$ und $(2+x)/4$ für $-2 \leq x < 0$ sowie den Wert 0 für $|x| > 2$. Wegen $Y_2 = (X_1 + X_2) \cdot \sqrt{3}/\sqrt{2}$ kann nun wie bei der Berechnung von f_1 verfahren werden; damit erhält man die in der Bemerkung 7.8 (S. 108) angegebene Dichte f_2.

Zur Berechnung der Dichte f_3 wird wieder analog obiger Rechnung verfahren. Im Integranden des 'Faltungsintegrals' ist nun die Dichte g_1 durch die oben berechnete Dichte von $X_1 + X_2$ (und die Dichte g_2 durch g_3) zu ersetzen, wodurch man zu dem Integral von $t = \max\{x-1,0\}$ bis $t = \min\{x+1,2\}$ über $(2-t)/8$ gelangt. Durch die Fallunterscheidung $0 \leq x < 1$, $1 \leq x < 3$, $-1 < x < 0$, $-3 < x \leq -1$, $|x| > 3$ erhält man nach anschließender Standardisierung von $X_1 + X_2 + X_3$ die in der Bemerkung 7.8 (S. 108) angegebene Dichte f_3.

8.1: Siehe Bemerkung 8.1 (S. 112).

8.2: Siehe Bemerkung 8.2 (S. 113).

8.3: Siehe Bemerkung 8.3 (S. 115) und Abbildung 8.5 bis Abbildung 8.6 (S. 114).

8.4: Siehe Bemerkung 8.4 (S. 117) und Abbildung 8.7 bis Abbildung 8.9 (S. 116–117).

8.5: Siehe Bemerkung 8.5 (S. 118) und Abbildung 8.11 (S. 119).

8.6: $\mu = 64.5$ und $\sigma = 2.7$ – siehe Abbildung 8.12 (S. 119).

8.7: Siehe Bemerkung 8.6 (S. 120).

8.8: Man erhält $D_n(x_1,\ldots,x_n) = |F_n(x_{(4-1)}; x_1,\ldots,x_n) - F(x_{(4)})| = 0.215$ als maximale Abweichung. Da dieser Wert nicht größer als $1.36/\sqrt{n} \approx 0.43$ ist, wird (bei diesem kleinen Stichprobenumfang $n = 10$) mit dem Kolmogoroff–Smirnov–Test zum 5 % Niveau die Hypothese nicht verworfen. Daraus läßt sich jedoch noch nicht schließen, daß eine Normalverteilung (und erst recht nicht die spezielle) vorliegt.

9.1: 2

9.2: Siehe Bemerkung 9.1 (S. 124)
$I(x_1,\ldots,x_{10}) = [64.43 - 2.26 \cdot SQR(10.55/10), 64.43 + 2.26 \cdot SQR(10.55/10)]$

9.3: 1.96

9.4: Siehe Bemerkung 9.2 (S. 126).

9.5: Siehe Bemerkung 9.3 (S. 127) und Abbildung 9.2 bis Abbildung 9.3 (S. 126–127).

9.6: Siehe Bemerkung 9.4 (S. 127).

9.7: Siehe Bemerkung 9.5 (S. 129).

9.8: Siehe Bemerkung 9.6 (S. 129).

9.9: Siehe Bemerkung 9.7 (S. 130) $I(x_1,\ldots,x_{10}) = [9 \cdot 6.2/19.02 , 9 \cdot 6.2/2.70]$

9.10: Siehe Bemerkung 9.8 (S. 131).

9.11: Seien $X_1,\ldots,X_{10}$ unabhängige, $N(70.1,7.9)$-verteilte Zufallsvariablen, und sei $Q = \sum_{i=1}^{10} (X_i - 70.1)^2$. Dann ist $Q/7.9$ eine Summe von 10 Quadraten unab-

hängiger, N(0,1)-verteilter Zufallsvariablen und somit χ^2_{10}-verteilt. Dies wird
in der Abbildung 9.6 (S. 132) dargestellt. Realisierungen dieser Zufallsvariablen nehmen also mit einer Wahrscheinlichkeit von $1-\alpha$ Werte zwischen dem
$\alpha/2$-Quantil und dem $(1-\alpha/2)$-Quantil der χ^2_{10} -Verteilung an. Dies ist gleich-
bedeutend damit, daß das im Konfidenzschätzverfahren 3 angegebene Konfidenzintervall den Parameter σ^2 mit Wahrscheinlich $1-\alpha$ überdeckt.

10.1: 3 (vgl. Bemerkung 10.1 (S. 135)).

10.2: Siehe Bemerkung 10.2 (S. 135).

$$T(x_1,...,x_{30}) = (64.31-64.5)/SQR(11.101/30) = -0.3123$$

10.3: 2 (vgl. Bemerkung 10.3 (S. 136)).

10.4: Siehe Bemerkung 10.4 (S. 137).

$$T(x_1,...,x_{20};y_1,...,y_{15}) = (64.673-69.995)/SQR(7.9/20+6.25/15) = -5.906885$$

10.5: Siehe Bemerkung 10.5 (S. 137).

10.6: 5 (vgl. Bemerkung 10.6 (S. 137)).

10.7: Siehe Bemerkung 10.7 (S. 138).

$$T(x_1,...,x_{10}) = 9*8.504/6.25 = 12.2464$$

10.8: Siehe Bemerkung 10.8 (S. 139).

10.9: Siehe Abbildung 10.2 bis Abbildung 10.3 (S. 140).
(Vgl. auch Bemerkung 10.9 (S. 144)).

10.10: Siehe Abbildung 10.4 bis Abbildung 10.5 (S. 141-142).
(Vgl. auch Bemerkung 10.9 (S. 144)).

10.11: Siehe Abbildung 10.6 bis Abbildung 10.7 (S. 143).
(Vgl. auch Bemerkung 10.9 (S. 144)).

10.12: Siehe Bemerkung 10.10 (S. 145) und Abbildung 10.8 bis Abbildung 10.9
(S. 144-145).

11.1: Siehe Bemerkung 11.1 (S. 151) und Abbildung 11.1 bis Abbildung 11.2
(S. 148-149).

11.2: Siehe Bemerkung 11.1 (S. 151) und Abbildung 11.3 bis Abbildung 11.4
(S. 150).

11.3: 2 und 3

11.4: 0 (vgl. Bemerkung 11.2 (S. 151).

11.5: Siehe Bemerkung 11.3 (S. 155) und Abbildung 11.5 bis Abbildung 11.9
(S. 152-154).

11.6: $y_1 = 11$ $y_2 = 4$ $y_3 = 10$ $y_4 = 10$ $y_5 = 7$
$y_6 = 10$ $y_7 = 12$ $y_8 = 12$ $y_9 = 8$ $y_{10} = 16$

11.7: Siehe Bemerkung 11.4 (Lös. 156).

11.8: $y_1 = 0$ $y_2 = 0$ $y_3 = 4$ $y_4 = 0$ $y_5 = 16$
$y_6 = 5$ $y_7 = 1$ $y_8 = 3$ $y_9 = 2$ $y_{10} = 69$

11.9: Siehe Bemerkung 11.4 (S. 156).

11.10: Siehe Bemerkung 11.5 (S. 157).

11.11: Siehe Bemerkung 11.5 (S. 157).

12.1: a) Aufgrund sozialpolitischer Betrachtungen kann man zur Vermutung gelangen, daß bei der Ausbildung von Mutter und Vater (insbesondere bei der Klasseneinteilung) wohl keine Unabhängigkeit vorliegt.

b)

Vater \\ Mutter	0−2	3	4	
0−2	48	18	2	68
3	13	13	3	29
4	8	11	34	53
	69	42	39	150

12.2: $Q((x_1,y_1),...,(x_{150},y_{150})) = 150 \cdot (1.46829256-1) = 70.24388$

12.3: Siehe Bemerkung 12.1 (S. 161).

12.4: 3

12.5: Bei zutreffender Nullhypothese ist Q χ_1^2−verteilt (Quadrat einer N(0,1)-Verteilung). Da $\sqrt{Q}$ keine negativen Werte annimmt, kann $\sqrt{Q}$ natürlich nicht N(0,1)-verteilt sein. Jedoch ist das Quadrat des $(1-\alpha/2)$-Quantils der N(0,1)-Verteilung gleich dem $(1-\alpha)$-Quantil der χ_1^2-Verteilung.

12.6: Siehe Kontingenztafel vor Aufgabe 12.8 (S. 163).

12.7: Siehe Bemerkung 12.2 (S. 163).

$Q((x_1,y_1),...,(x_{40},y_{40})) = SQR(40) \cdot ABS(9 \cdot 20-7 \cdot 4)/SQR(16 \cdot 24 \cdot 13 \cdot 27) = 2.6185$

12.8: Siehe Bemerkung 12.3 (S. 164).

12.9: Siehe Bemerkung 12.4 (S. 168).

12.10: Siehe Bemerkung 12.5 (S. 168).

13.1: 1, 2 und 3

13.2: 3

13.3: Siehe Bemerkung 13.1 (S. 172) und Abbildung 13.1 bis Abbildung 13.2 (S. 171−172).

13.4: Siehe Bemerkung 13.2 (S. 173).

13.5: 2, 3 und 4

13.6: 2

13.7: Siehe Bemerkung 13.3 (S. 174).

13.8: $u = 7$ (vgl. Bemerkung 13.4 (S. 175).

13.9: Siehe Bemerkung 13.5 (S. 175).

13.10: Siehe Bemerkung 13.6 (S. 175).

13.11: Siehe Abbildung 13.4 bis Abbildung 13.5 (S. 176–177).

13.12: $r = 6$ (vgl. Bemerkung 13.7 (S. 177).

13.13: Siehe Bemerkung 13.8 (S. 177).

13.14: Siehe Bemerkung 13.9 (S. 178).

Tabellen

Quantile u_p der $N(0,1)$-Verteilung

p	0.80	0.90	0.95	0.975	0.99	0.995	0.999	0.9995
u_p	0.84	1.28	1.64	1.96	2.33	2.58	3.09	3.29

Weiter Quantile für $0 \leq p \leq 0.5$ gemäß: $u_p = -u_{1-p}$

Quantile $t_{r;p}$ von t_r-Verteilungen

n \ p	0.80	0.90	0.95	0.975	0.99	0.995
1	1.83	3.08	6.31	12.71	31.82	63.66
2	1.06	1.89	2.92	4.30	6.96	9.92
3	0.98	1.64	2.35	3.18	4.54	5.84
6	0.91	1.44	1.94	2.45	3.14	3.71
9	0.88	1.38	1.83	2.26	2.82	3.25
10	0.88	1.37	1.81	2.23	2.76	3.17
20	0.86	1.33	1.72	2.09	2.53	2.85
25	0.86	1.32	1.71	2.06	2.49	2.79
28	0.85	1.31	1.70	2.05	2.47	2.76
29	0.85	1.31	1.70	2.05	2.46	2.76
30	0.85	1.31	1.70	2.04	2.46	2.75
50	0.85	1.30	1.68	2.01	2.40	2.68
100	0.85	1.29	1.66	1.98	2.36	2.63

Weiter Quantile für $0 \leq p \leq 0.5$ gemäß: $t_{r,p} = -t_{r,1-p}$

Quantile $\chi^2_{r;p}$ von χ^2_r-Verteilungen

n \ p	0.01	0.025	0.05	0.10	0.90	0.95	0.975	0.99
1	0.00	0.00	0.00	0.02	2.71	3.84	5.02	6.64
2	0.02	0.05	0.10	0.21	4.60	5.99	7.38	9.22
3	0.11	0.22	0.35	0.58	6.25	7.82	9.36	11.32
4	0.30	0.48	0.71	1.06	7.78	9.49	11.14	13.28
5	0.55	0.83	1.15	1.61	9.24	11.07	12.84	15.09
6	0.87	1.24	1.63	2.20	10.65	12.60	14.46	16.81
7	1.24	1.69	2.17	2.83	12.02	14.07	16.01	18.48
8	1.65	2.18	2.73	3.49	13.36	15.51	17.53	30.09
9	2.09	2.70	3.32	4.17	14.68	16.92	19.02	21.67
10	2.55	3.24	3.94	4.86	15.99	18.31	20.50	23.19
12	3.57	4.40	5.23	6.30	18.55	21.03	23.34	26.22
15	5.23	6.26	7.26	8.55	22.31	25.00	27.49	30.58
20	8.25	9.59	10.85	12.44	28.42	31.42	34.18	37.59
50	29.68	32.35	34.76	37.69	63.16	67.50	71.42	76.17

Quantile $F_{m,n;p}$ von $F_{m,n}$-Verteilungen

p m, n	0.01	0.025	0.05	0.10	0.50	0.90	0.95	0.975	0.99
2, 9	0.01	0.03	0.05	0.11	0.75	3.01	4.26	5.71	8.02
2, 10	0.01	0.03	0.05	0.11	0.74	2.92	4.10	5.46	7.56
2, 12	0.01	0.03	0.05	0.11	0.73	2.81	3.89	5.10	6.93
2, 15	0.01	0.03	0.05	0.11	0.73	2.70	3.68	4.76	6.36
4, 9	0.07	0.11	0.17	0.25	0.91	2.69	3.63	4.72	6.42
4, 10	0.07	0.11	0.17	0.26	0.90	2.61	3.48	4.47	5.99
4, 12	0.07	0.11	0.17	0.26	0.89	2.48	3.26	4.12	5.41
4, 15	0.07	0.12	0.17	0.26	0.88	2.36	3.06	3.80	4.89
8, 12	0.18	0.24	0.30	0.40	0.97	2.24	2.85	3.51	4.49

Weitere Quantile für $0 < p < 1$ gemäß: $\quad F_{m,n;p} = 1/F_{n,m;1-p} \quad$ und $\quad F_{1,n;p} = (t_{n;(1+p)/2})^2$

Werte $\Phi(x)$ der Verteilungsfunktion der $N(0,1)$-Verteilung

x	-.-0	-.-1	-.-2	-.-3	-.-4	-.-5	-.-6	-.-7	-.-8	-.-9
0.0	0.500	0.504	0.508	0.512	0.516	0.520	0.524	0.528	0.532	0.536
0.1	0.540	0.544	0.548	0.552	0.556	0.560	0.564	0.567	0.571	0.575
0.2	0.579	0.583	0.587	0.591	0.595	0.599	0.603	0.606	0.610	0.614
0.3	0.648	0.622	0.626	0.629	0.633	0.637	0.641	0.644	0.648	0.652
0.4	0.655	0.659	0.663	0.666	0.670	0.674	0.677	0.681	0.684	0.688
0.5	0.691	0.695	0.698	0.702	0.705	0.709	0.712	0.716	0.719	0.722
0.6	0.726	0.729	0.732	0.736	0.739	0.742	0.745	0.749	0.752	0.755
0.7	0.758	0.761	0.764	0.767	0.770	0.773	0.776	0.779	0.782	0.785
0.8	0.788	0.791	0.794	0.797	0.800	0.802	0.805	0.808	0.811	0.813
0.9	0.816	0.819	0.821	0.824	0.826	0.829	0.831	0.834	0.836	0.839
1.0	0.841	0.844	0.846	0.848	0.851	0.853	0.855	0.858	0.860	0.862
1.1	0.864	0.866	0.869	0.871	0.873	0.875	0.877	0.879	0.881	0.883
1.2	0.885	0.887	0.889	0.891	0.893	0.894	0.896	0.898	0.900	0.901
1.3	0.903	0.905	0.907	0.908	0.910	0.911	0.913	0.915	0.916	0.918
1.4	0.919	0.921	0.922	0.924	0.925	0.926	0.928	0.929	0.931	0.932
1.5	0.933	0.934	0.936	0.937	0.938	0.939	0.941	0.942	0.943	0.944
1.6	0.945	0.946	0.947	0.948	0.949	0.951	0.952	0.953	0.954	0.954
1.7	0.955	0.956	0.957	0.958	0.959	0.960	0.961	0.962	0.962	0.963
1.8	0.964	0.965	0.966	0.966	0.967	0.968	0.969	0.969	0.970	0.971
1.9	0.971	0.972	0.973	0.973	0.974	0.974	0.975	0.976	0.976	0.977
2.0	0.977	0.978	0.978	0.979	0.979	0.980	0.980	0.981	0.981	0.982
2.1	0.982	0.983	0.983	0.983	0.984	0.984	0.985	0.985	0.985	0.986
2.2	0.986	0.986	0.987	0.987	0.987	0.988	0.988	0.988	0.989	0.989
2.3	0.989	0.990	0.990	0.990	0.990	0.991	0.991	0.991	0.991	0.992
2.4	0.992	0.992	0.992	0.992	0.993	0.993	0.993	0.993	0.993	0.994
2.5	0.994	0.994	0.994	0.994	0.994	0.995	0.995	0.995	0.995	0.995
2.6	0.995	0.995	0.996	0.996	0.996	0.996	0.996	0.996	0.996	0.996
2.7	0.997	0.997	0.997	0.997	0.997	0.997	0.997	0.997	0.997	0.997
2.8	0.997	0.998	0.998	0.998	0.998	0.998	0.998	0.998	0.998	0.998
2.9	0.998	0.998	0.998	0.998	0.998	0.998	0.998	0.999	0.999	0.999

Weitere Funktionswerte für $x < 0$ gemäß: $\quad \Phi(x) = 1 - \Phi(-x)$

Werte $K(y)$ der Kolmogoroffschen Verteilungfunktion auf Seite 110.

Symbole

$B(n,p)$	Binomialverteilung	70
$H(n,N,M)$	hypergeometrische Verteilung	90
h_p	p-Quantil der hypergeometrischen Verteilung	160
$M(n,p)$	Multinomialverteilung	147
$Ex(\alpha)$	Exponentialverteilung	70
$R(a,b)$	Rechteckverteilung	89
$N(\mu,\sigma^2)$	Normalverteilung	70
$\Phi(\cdot)$	Verteilungsfunktion der $N(0,1)$-Verteilung	90
u_p	p-Quantil der $N(0,1)$-Verteilung	123
χ_r^2	χ_r^2-Verteilung	109
$\chi_{r;p}^2$	p-Quantil der χ_r^2-Verteilung	123
t_r	t-Verteilung	109
$t_{r;p}$	p-Quantil der t_r-Verteilung	123
$F_{m,n}$	F-Verteilung	133
$F_{m,n;p}$	p-Quantil der $F_{m,n}$-Verteilung	133
$K(\cdot)$	Kolmogoroffsche Verteilungsfunktion	110
$h_{n;p}$	p-Quantil der Hotelling-Pabst-Statistik	160
$x_{(1)},\ldots,x_{(n)}$	geordnete Meßreihe	14
x_p	p-Quantil	14
$\tilde{x}$	Median	14
$\bar{x}$	empirischer Mittelwert	14
$s^2,\ s_x^2,\ s_y^2$	empirische Varianz	29
$s,\ s_x,\ s_y$	empirische Standardabweichung	29
s_{xy}	empirische Kovarianz	29
r_{xy}	empirischer Korrelationskoeffizient	29
r'_{xy}	Spearman-Rangkorrelationskoeffizient	29
$F_n(\cdot;x_1,\ldots,x_n)$	empirische Verteilungsfunktion	109
Ω	Ergebnismenge	55
$\mathfrak{A}$	σ-Algebra	55
$P,\ P_\theta$	Wahrscheinlichkeitsmaß	55, 123
$F,\ F_\theta$	Verteilungsfunktion	69, 123
$f,\ g$	Dichtefunktion	69, 89
$E(X)$	Erwartungswert	69
$Var(X)$	Varianz	70
$X,\ X_{(n)}$	arithmetisches Mittel	123
$S^2,\ S_{(n)}^2$	Stichprobenvarianz	123
$I(X_1,\ldots,X_n)$	Konfidenzintervall	123
H_0	Nullhypothese	133, 147, 159, 169
H_1	Alternative	133, 147, 169
$Q(\cdot,p^\circ)$	χ^2-Abstandsfunktion	147

IN	Menge der natürlichen Zahlen
IR	Menge der reellen Zahlen
↵	Enter-Taste (Return-Taste, Eingabe-Taste)
■	Verweis auf Abbildungen

Sachverzeichnis

Bemerkungen zu den Programmdisketten

Zu dem Statistik-Praktikum ist ein Programmpaket (vier 360 K-formatierte 5 ¼ Zoll bzw. zwei 720 K-formatierte 3½ Zoll Disketten) für den IBM PC bzw. für das IBM PS/2 erhältlich. (Mindestens 256 K Haupspeicher; Menü-Programmsteuerung ab Betriebssystem DOS 3.0; ohne Menü-Programmsteuerung Betrieb ab DOS 2.0 möglich.)

Die Programme sind für den IBM PC (XT, AT und Kompatible) mit Color-Graphics-Adapter (CGA-Farbgraphik-Karte), d.h. insbesondere auch EGA- und Professional-Graphik sowie IBM Personal System / 2 Farbgraphik, geschrieben. (Anpassung auf Monochromgraphik in Vorbereitung.)

Die Programmpakete mit Seriennummern für die Individualnutzung werden vom **Teubner-Verlag** über den Buchhandel vertrieben.

Campus-/Pool-Lizenzen mit speziellen Seriennummern sind zu beziehen von:
Dr. Lothar Afflerbach
Auf den Weiherhöfen 23
5928 Bad Laasphe 2

Teubner Studienbücher zur Statistik

Grundkurs Stochastik
Eine integrierte Einführung in Wahrscheinlichkeitstheorie und Mathematische Statistik
Von Dr. rer. nat. K. Behnen, Prof. an der Universität Hamburg
und Dr. rer. nat. G. Neuhaus, Prof. an der Universität Hamburg
2. Aufl. 376 Seiten mit 33 Bildern, 253 Aufgaben und zahlreichen Beispielen. Kart. DM 36,—

Optimale Wareneingangskontrolle
Das Minimax-Regret-Prinzip für Stichprobenpläne beim Ziehen ohne Zurücklegen
Von Dr. rer. nat. habil. E.v. Collani, Priv.-Doz. an der Universität Würzburg
150 Seiten mit 3 Bildern und 18 Tabellen. Kart. DM 29,80

Prinzipien der Stochastik
Von Dr. rer. nat. H. Dinges, Prof. an der Universität Frankfurt
und Dr. rer. nat. H. Rost, Prof. an der Universität Heidelberg
294 Seiten mit 34 Bildern, 98 Aufgaben und zahlreichen Beispielen. Kart. DM 36,—

Maß- und Integrationstheorie
Eine Einführung
Von Dr. rer. nat. K. Floret, Prof. an der Universität Oldenburg
360 Seiten mit 302 Übungen. Kart. DM 34,—

Stochastische Methoden des Operations Research
Von Dr. phil. J. Kohlas, Prof. an der Universität Freiburg i. Ue./Schweiz
192 Seiten mit 107 Beispielen. Kart. DM 26,80

Einführung in die Statistik
Von Dr. rer. nat. J. Lehn, Prof. an der Technischen Hochschule Darmstadt
und Dr. rer. nat. H. Wegmann, Prof. an der Technischen Hochschule Darmstadt
220 Seiten mit zahlreichen Bildern und Beispielen. Kart. DM 24,80

Spieltheorie
Eine Einführung in die mathematische Theorie strategischer Spiele
Von Dr. rer. nat. B. Rauhut, Prof. an der Technischen Hochschule Aachen, Dr. rer. nat.
N. Schmitz, Prof. an der Universität Münster und Dr. rer. nat. E.-W. Zachow, Hamburg
400 Seiten mit 35 Bildern, 50 Aufgaben und zahlreichen Beispielen. Kart. DM 34,—

Informationstheorie
Eine Einführung
Von Dr. phil. F. Topsøe, Universität Kopenhagen
88 Seiten mit 22 Bildern und 21 Tabellen. Kart. DM 16,80

Statistische Qualitätskontrolle
Eine Einführung
Von Dr. rer. nat. W. Uhlmann, Prof. an der Universität Würzburg
2. Aufl. 292 Seiten mit 35 Bildern, 10 Tabellen und 93 Aufgaben. Kart. DM 39,—

Vorlesungen zur Mathematischen Statistik
Von Dr. rer. nat. habil. W. Winkler, Prof. an der Technischen Universität Dresden
276 Seiten mit 6 Bildern. Kart. DM 28,80

Preisänderungen vorbehalten

B. G. Teubner Stuttgart

Mathematische Methoden in der Technik

Band 1: **Törnig/Gipser/Kaspar, Numerische Lösung von partiellen Differentialgleichungen der Technik**
183 Seiten. DM 34,–

Band 2: **Dutter: Geostatistik**
159 Seiten. DM 32,–

Band 3: **Spellucci/Törnig, Eigenwertberechnung in den Ingenieurwissenschaften**
196 Seiten. DM 36,–

Band 4: **Buchberger/Kutzler/Feilmeier/Kratz/Kulisch/Rump, Rechnerorientierte Verfahren**
281 Seiten. DM 48,–

Band 5: **Babovsky/Beth/Neunzert/Schulz-Reese, Mathematische Methoden in der Systemtheorie: Fourieranalysis**
173 Seiten. DM 34,–

Band 8: **Weiß, Stochastische Modelle für Anwender**
192 Seiten. DM 36,–

In Vorbereitung

Band 6: **Krüger/Scheiba, Mathematische Methoden in der Systemtheorie: Stochastische Prozesse**

Band 7: **Becker, Parameter-Optimierung ohne Restriktionen**

Band 9: **Antes, Anwendungen der Methode der Randelemente in der Elastodynamik und Fluiddynamik**

Preisänderungen vorbehalten

B. G. Teubner Stuttgart